LES SERVITEURS

716. — Abbeville. — Typ. et stér. Gustave Retaux.

LA
SCIENCE ÉLÉMENTAIRE

LECTURES ET LEÇONS POUR TOUTES LES ÉCOLES

PAR

J. HENRI FABRE

Ancien élève de l'École normale primaire de Vaucluse,
Docteur ès sciences.
Lauréat de l'Institut et de la Sorbonne,
Officier de l'Instruction publique, Chevalier de la Légion d'honneur.

LES SERVITEURS
RÉCITS DE L'ONCLE PAUL
SUR
LES ANIMAUX DOMESTIQUES

DEUXIÈME ÉDITION

PARIS
LIBRAIRIE CH. DELAGRAVE
15, RUE SOUFFLOT, 15
—
1879

LES SERVITEURS

RÉCITS DE L'ONCLE PAUL

SUR

LES ANIMAUX DOMESTIQUES

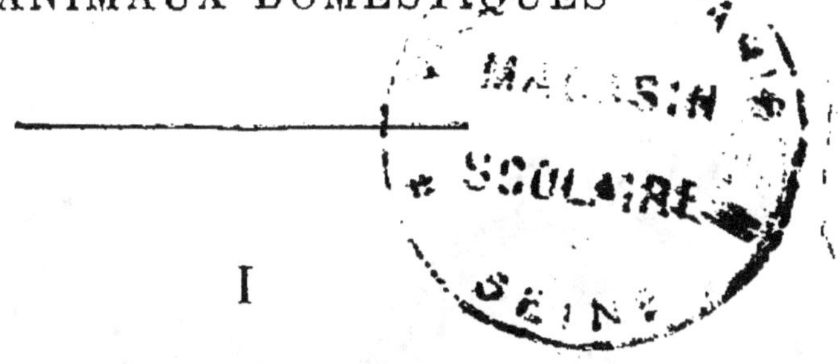

I

Le Coq et la Poule.

Sous le grand sureau du jardin, l'oncle Paul a réuni pour la troisième fois son habituel auditoire, Émile, Jules et Louis. Après l'histoire des *Ravageurs*, qui détruisent nos récoltes, et celle des *Auxiliaires*, qui les défendent, il se propose aujourd'hui l'histoire des *Serviteurs* ou des animaux domestiques.

Paul. — Le coq et la poule, les plus précieux oiseaux de nos basses-cours, nous sont venus de l'Asie, à une époque si reculée, que le souvenir s'en est perdu. Ils sont aujourd'hui répandus à peu près dans toutes les parties du monde.

Est-il besoin de vous décrire le coq? Qui n'a admiré ce bel oiseau, au regard vif, à la contenance fière, à la démarche lente et grave? Une lame de chair d'un rouge écarlate lui forme sur la tête une crête dentelée; sous la base du bec pendent deux barbillons semblables à des lames de corail. Sur chaque tempe, à côté de l'oreille, est une plaque de peau nue et d'un blanc mat. Une riche pèlerine d'un roux doré lui descend du col et retombe sur les épaules et la poitrine; deux plumes à reflets verts et métalliques se recourbent gracieusement en panache au-dessus de la queue. Le talon est armé d'un éperon de corne, d'un ergot dur et pointu, arme redoutable dont le coq poignarde son rival dans une lutte à mort. Son chant

Fig. 1. — Le Coq. (Race de la Campine.)

est un éclat de voix sonore, qu'il fait entendre à toute heure, de nuit aussi bien que de jour. A peine le ciel commence-t-il à blanchir des douteuses clartés de l'aube, que, debout sur son perchoir, il jette aux échos de la nuit son perçant *coquerico,* réveille-matin de la ferme.

ÉMILE. — C'est le chant qui me plaît tant le matin, lorsque je commence à ne dormir que d'un œil.

LOUIS. — C'est au chant du coq que je m'éveille quand il faut, avant le jour, se rendre au marché de la ville voisine.

PAUL. — Le coq est le roi de la basse-cour. Plein de soin pour ses poules, il les conduit, les défend, les gourmande, les châtie. Il surveille du regard celles qui s'écartent ; il va chercher les vagabondes et les ramène avec de petits cris d'impatience, qui, sans doute, sont des admonestations. Un coup de bec au besoin achève de persuader les plus récalcitrantes. Mais s'il découvre des vivres, grains, insectes, vermisseaux, il convie aussitôt de la voix les poules au régal. Lui cependant, superbe, généreux, se tient au milieu de la foule, grattant la terre pour mettre à jour les vers, et distribuer, de çà, de là, aux convives, la nourriture déterrée. Si quelque poule gloutonne se fait la part trop grosse, il la rappelle aux devoirs de la communauté et la réprimande d'un coup de bec sur la tête. Quand toutes ses compagnes sont rassasiées, il se contente des restes.

Plus simple de costume, la poule, joie de la fermière, trottine dans la basse-cour, gratte et becquette en caquetant. L'œuf pondu, elle annonce ses joies avec un enthousiasme que ses compagnes partagent, si bien que tout le poulailler éclate en un chœur général d'allégresse pour acclamer l'heureux événement. Dans un recoin poudreux et visité du soleil, elle s'accroupit, se trémousse avec délices et fait voler une fine pluie de poussière entre ses plumes pour apaiser les démangeaisons qui la tourmentent. Puis, la patte allongée, l'aile étendue, elle sommeille dans son nid de terre aux heures les plus chaudes du jour ; ou bien, sans se déranger de son voluptueux repos, épie la mouche posée contre le mur et la saisit d'un coup de bec prestement dardé. Comme le coq, elle avale de petits graviers qui lui tiennent lieu de dents et servent à broyer le grain dans le gésier. Elle boit en relevant la tête au ciel pour faire descendre chaque gorgée ; elle dort sur une patte, l'autre retirée dans la plume, et la tête cachée sous l'aile.

JULES. — Ces curieuses particularités des mœurs de la poule nous sont à tous assez familières, nous en sommes journellement témoins. Une seule m'est inconnue. Les poules, dites-vous avalent de menus grains de sable qui

Fig. 2. — La Poule. (Race de la Campine.)

leur tiennent lieu de dents pour broyer la nourriture dans le gésier. J'ignore ce que c'est que le gésier et ne vois pas comment de petites pierres avalées peuvent servir de dents.

PAUL. — Une courte digression sur l'organe digestif des oiseaux va vous mettre au courant de la chose.

Les oiseaux ne mâchent pas leur nourriture, ils l'avalent telle qu'elle a été saisie, ou à peu près. Le bec, toujours dépourvu de dents, n'est, par cela même, nullement apte à broyer. Il saisit seulement; il frappe, cueille, fouille, perce, casse, déchire, suivant le genre de nourriture dévolue à l'oiseau. Une corne solide revêt la charpente osseuse des deux mandibules et en rend les bords tranchants, fort convenables pour dépecer s'il le faut, mais impropres à triturer.

Les oiseaux rapaces, qui se nourrissent de proie vivante, ont la mandibule supérieure courte, forte, crochue et terminée par une pointe aiguë, quelquefois dentelée sur les bords. Avec cette arme, l'oiseau chasseur tue sa proie et la dépèce par lambeaux tandis que la maintiennent des serres vigoureuses, armées d'ongles recourbés et acérés.

Les oiseaux piscivores qui, pour l'avaler, mettent en lambeaux le poisson saisi, ont le bec crochu des rapaces; ceux qui l'engloutissent entier ont le bec droit, à longues et amples mandibules. Quelques-uns le rejettent en l'air pour le recevoir une seconde fois dans le bec, la tête la première, et l'avaler ainsi sans obstacle, malgré les arêtes des nageoires, qui se couchent d'avant en arrière quand le poisson franchit le défilé du gosier. Un oiseau éminent pêcheur, le pélican, a dans sa mandibule inférieure une vaste poche membraneuse, sorte de vivier où il emmagasine le poisson tant que dure la pêche. La provision faite, il gagne une retraite tranquille, sur quelque corniche de rocher au bord des eaux, et reprend un à un les poissons amassés dans la poche pour s'en repaître à loisir.

ÉMILE. — A mon avis, le pélican est un avisé pêcheur. Sans perdre un moment pour avaler, il commence par remplir largement la sacoche de dessous son bec. Le temps viendra plus tard de passer en revue la pêche et de savourer les poissons tout à l'aise, sans se presser. Je voudrais bien le voir sur son rocher avec la sacoche pleine.

JULES. — Et cet autre qui lance en l'air le poisson saisi, pour le recevoir la tête la première afin de ne pas s'étrangler en l'avalant, n'est-il pas aussi bien avisé?

PAUL. — Chaque espèce a son talent, qu'elle exerce avec

l'outil par excellence de l'oiseau, le bec. Si l'histoire des Auxiliaires, racontée dans le temps, est encore présente à votre mémoire, vous devez vous rappeler que les oiseaux vivant d'insectes ont le bec faible, menu, quelquefois très-allongé pour fouiller les fissures des bois morts et des écorces. Ceux qui saisissent les insectes au vol, comme l'hirondelle et l'engoulevent, ont le bec très-court, mais excessivement large, de manière que le gibier poursuivi s'engouffre de lui-même dans le gosier ouvert et enduit d'une salive visqueuse, qui le retient englué. J'appellerai enfin vos souvenirs sur les granivores, le moineau, la linotte, le verdier le pinson, et tant d'autres. Tous ces oiseaux, dont la principale nourriture consiste en graines, ont le bec court, épais, conique, propre enfin à becqueter les semences sur le sol, à les extraire de leurs enveloppes, à casser leurs coques pour obtenir l'amande. Par ses robustes mandibules, le bec de la poule appartient à cette dernière catégorie ; néanmoins sa forme un peu allongée et son extrémité faiblement crochue dénotent, en même temps, des goûts carnivores. Il faut à pareil bec, non-seulement la dure semence, mais encore la petite proie, insectes et vermisseaux.

II

Le Gésier.

Paul. — Presque tous les animaux supérieurs ou mammifères, tels que le chien, le chat, le loup, le cheval, n'ont qu'une poche digestive, un *estomac,* où les aliments sont dissous et rendus fluides afin de pouvoir s'infiltrer dans les veines et devenir le sang, dont toutes les parties du corps sont nourries. Néanmoins le bœuf, la chèvre et la brebis, enfin les ruminants, ont quatre cavités digestives, que je vous ferai connaître plus tard. Je vous dirai comment, au pâturage, ces animaux avalent à la hâte l'herbe à peine mâchée et en font provision dans un volumineux réservoir nommé panse, d'où la nourriture remonte après, aux heures de repos, pour être remâchée à loisir, par petites bouchées.

Eh bien, les oiseaux sont organisés, pour le manger, d'une façon analogue. Ne pouvant mâcher puisqu'ils sont dépourvus de dents, ils avalent la nourriture sans préparation, à peu près telle que le bec l'a saisie, et en amassent provision dans un spacieux estomac ainsi que le fait le bœuf dans sa panse. De ce réservoir, les aliments passent petit à petit dans deux autres cavités digestives, dont l'une les imbibe d'un liquide propre à les dissoudre et dont l'autre les broie, les triture, mieux que ne le feraient les meilleures mâchoires. Il y a là comme une sorte de rumination ; seulement la nourriture, au lieu de remonter dans le bec, où les dents manquent pour la travailler à point, continue son trajet et trouve en chemin la machine triturante. Les oiseaux sont donc en général pourvus de trois cavités digestives.

La première est le *jabot*, situé tout à la base du cou. C'est un sac à parois flexibles et minces, d'autant plus vaste que les aliments sont de nature plus résistante. Il est très-ample dans les oiseaux qui se nourrissent de grains, dans la poule en particulier ; il est médiocre ou même nul dans les oiseaux qui vivent de proie, bien plus facile à digérer que de sèches et dures semences. Dans le jabot séjournent, des heures, des journées même, comme dans un réservoir, les aliments avalés à la hâte ; ils s'y ramollissent un peu, puis sont soumis, portion par portion, au travail des autres poches digestives. Le jabot représente, en quelque sorte, la sacoche où le pélican entasse sa pêche ; il représente la panse du bœuf et des autres ruminants.

A la suite du jabot est une seconde dilatation, nommée *ventricule succenturié*, de faible capacité mais remarquable par un liquide à saveur aigre qui suinte en fines gouttes de sa paroi et imbibe les aliments à mesure qu'ils passent.

Ce liquide est un suc digestif: il a la propriété de dissoudre

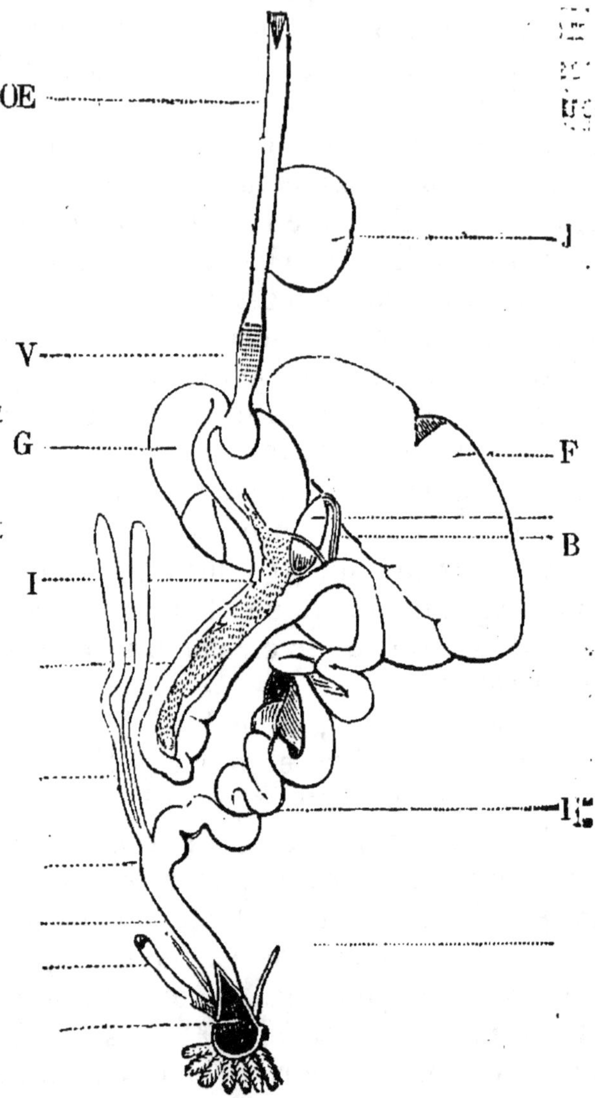

Fig. 3. — Organes digestifs de la Poule.

OE, œsophage ; J, jabot ; V, ventricule succenturié ; G, gésier ; F, foie ;
B, vésicule du fiel ; I, I, intestin.

les matières alimentaires, une fois que la trituration a fait
le gros du travail. La nourriture ne séjourne pas dans ce

deuxième estomac ; elle ne fait qu'y passer pour s'imprégner du suc digestif.

Le troisième et le dernier estomac se nomme *gésier*. Il est de forme arrondie et légèrement plat sur les deux faces à la manière d'une boîte de montre. Il se compose, surtout pour les oiseaux vivant de grains, d'une paroi charnue très-épaisse, doublée à l'intérieur d'une sorte de cuir dur et tenace qui protége l'organe contre les violences de la friction. Enfin l'oiseau, en même temps qu'il avale du grain, a soin d'avaler quelques menus graviers, quelques petits cailloux, qui doivent, au sein du gésier, faire office de dents.

ÉMILE. — Je vois ce que c'est que le gésier. Quand on nettoie un poulet pour la cuisine, on retire du corps quelque chose de rond, que l'on ouvre en deux au couteau. On rejette une peau épaisse, toute ridée et bourrée de grains de sable ; le reste est remis dans la bête.

PAUL. — C'est bien là le gésier. Complétons ces notions venues de la cuisine. L'oiseau, qui n'a pas au bec les mâchoires nécessaires pour broyer sous leur meule la semence difficile à écraser, garnit son gésier de dents artificielles, renouvelées à chaque repas, c'est-à-dire avale de petites pierres. Le grain, ramolli dans le jabot, imbibé du suc digestif pendant son passage à travers le ventricule succenturié, arrive dans le gésier mélangé avec les menus cailloux qui doivent favoriser l'action triturante. Le travail qui s'effectue alors est facile à comprendre. Si vous serriez dans la main une poignée de froment mélangé à du gravier, et si les doigts, par un mouvement continuel, faisaient frotter avec force les divers grains les uns contre les autres, n'est-il pas vrai que le blé ne tarderait pas à être mis en poudre ? Ainsi fait le gésier. Ses robustes parois charnues se contractent puissamment et remuent leur contenu de sable et de semences, sans être endommagées elles-mêmes par la friction à cause de la peau tenace qui les tapisse à l'intérieur et les protége contre les aspérités du gravier. Dans pareil moulin, les grains les plus durs sont rapidement mis en purée.

Pour vous instruire de la prodigieuse puissance du gésier, je ne peux mieux faire que de vous rapporter quelques expériences dues à un savant italien, à l'abbé Spallanzani. Il y a maintenant un siècle, le célèbre abbé, poursuivant ses recherches sur l'histoire des animaux, faisait avaler à des poules des globes de verre. Ces globes, dit-il, étaient assez gros pour ne pouvoir être cassés quand on les jetait avec force contre terre. Au bout de trois heures de séjour dans le gésier des poules, ils étaient, pour la plupart, réduits en très-petits morceaux, qui n'avaient rien de tranchant et dont les angles étaient parfaitement émoussés, comme si on les avait passés sur une meule. Je remarquai encore que plus ces petites billes de verre séjournaient dans l'estomac, et plus la poussière en laquelle elles se trouvaient réduites était fine. Après quelques heures, elles étaient brisées en une multitude de particules vitreuses, pas plus grosses que des grains de sable.

Jules. — Un estomac qui met en poudre des billes de verre est un fier moulin à trituration.

Paul. — Vous en verrez de plus étonnantes encore; attendez. Comme ces billes, continue l'abbé, étaient polies et sans aspérités, elles ne pouvaient causer dans le gésier aucune espèce de dérangement. Il était donc curieux de savoir ce qui arriverait en y introduisant des corps aigus et tranchants. On sait avec quelle facilité les petits morceaux de verre déchirent les chairs, lorsqu'ils ont été faits par le choc d'un corps dur. Eh bien, ayant cassé une lame de verre, je choisis les morceaux de la largeur d'un pois, et les enveloppai d'une carte à jouer pour qu'ils ne déchirassent pas le gosier en le traversant. Ainsi disposés, je les fis avaler à un coq, sachant bien que l'enveloppe faite avec la carte se romprait à son entrée dans l'estomac et laisserait au verre la liberté d'agir avec toutes ses pointes et ses vives arêtes.

Jules. — Avec tous ces petits morceaux de verre dans le ventre, l'animal ne peut manquer de périr?

Paul. — Pas le moins du monde. L'oiseau se serait fort

bien tiré d'affaire si l'expérimentateur ne l'avait pas sacrifié pour juger du résultat. Le coq fut tué au bout de vingt heures. Les morceaux de verre étaient toûs dans le gésier; mais leurs arêtes et leurs pointes avaient disparu, au point qu'ayant mis ces morceaux de verre sur la paume de la main, je pouvais, raconte l'abbé, les frotter fortement avec l'autre main sans amener la moindre blessure.

Le lecteur, continue-t-il, est sûrement curieux de savoir quel est l'effet produit sur le gésier par ces corps tranchants et aigus, qui y roulent sans cesse pendant qu'ils y sont usés au point de perdre leurs arêtes et leurs pointes. Ouvrant le gésier du coq, je visitai attentivement la peau intérieure après l'avoir bien lavée et nettoyée. Je la séparai même du gésier, ce qui se fait très-facilement, et il me fut aisé de l'examiner aussi scrupuleusement que je le souhaitais. Eh bien, malgré tous mes soins, je la trouvai parfaitement intacte, sans déchirures ni coupures, enfin sans la moindre égratignure. Cette peau me parut absolument semblable à celle dès coqs qui n'avaient point avalé du verre.

JULES. — Ainsi l'oiseau à qui l'on fait avaler de force une pincée de morceaux de verre broie impunément, sans une égratignure, la dangereuse matière que nous ne pourrions nous-mêmes saisir du bout des doigts sans nous blesser. Cette puissance du gésier est vraiment inconcevable.

PAUL. — Ce qui suit est plus étonnant encore. Les expériences du verre, continue Spallanzani, n'ayant causé aucun mal aux oiseaux, j'en instituai deux autres bien plus périlleuses. Je fixai dans une balle de plomb douze grosses aiguilles d'acier qui débordaient la balle de plus d'un demi-centimètre, et je fis avaler cette balle, hérissée de pointes et pliée dans une carte, à un dindon qui la garda un jour et demi dans son estomac. Pendant ce temps, l'oiseau ne me parut éprouver aucun malaise. Et cela devait être, car sacrifiant l'animal, je trouvai que son estomac n'avait pas reçu la plus légère blessure de ce barbare appareil. Toutes les aiguilles étaient rompues et séparées de la balle de plomb. Deux se trouvaient encore dans le gésier; leur pointe était fortement émoussée. Les dix autres avaient disparu, évacuées avec les excréments.

Enfin dans une balle de plomb, je fixai douze petites lancettes d'acier, très-aiguës et très-tranchantes; et je fis avaler la terrible pilule à un autre dindon. Elle séjourna seize heures dans le gésier. J'ouvris alors l'oiseau. Je ne trouvai que la balle privée de ces lancettes; celles-ci avaient été toutes rompues. Trois d'entre elles, dont les pointes et le tranchant étaient absolument émoussés, se trouvaient encore dans l'intestin; les neuf autres avaient été rejetées. Quant au gésier, il ne présentait aucune trace de blessure.

Vous voyez, mes amis, que le gésier des oiseaux est un organe à trituration comme il n'y en a pas de pareil au monde. Que sont les mâchoires les mieux armées en comparaison de cette robuste poche qui, sans en être seulement égratignée, met en poudre le verre, casse, émousse les aiguilles et les lancettes d'acier? Vous devez comprendre maintenant avec quelle facilité les semences les plus dures doivent être broyées quand le gésier de l'oiseau granivore les presse et les roule pêle-mêle avec de menus cailloux.

Émile. — Là où le verre se brise et l'acier se casse, le grain doit devenir farine tout aussi bien qu'au moulin.

III

Principales races de Poules.

Paul. — Diverses espèces de coqs, origines premières de nos races domestiques, vivent encore aujourd'hui à l'état sauvage dans les forêts de l'Asie, notamment aux Indes, aux îles Philippines, à Java. Le plus remarquable est le coq *Bankiva,* qui par sa forme, son plumage, ses mœurs, rappelle le mieux le vulgaire coq de nos basses-cours. Sa taille n'arrive pas à celle d'une perdrix. Il a la crête rouge et dentelée, la queue recourbée en panache et le cou garni d'un camail de plumes tombantes d'un superbe roux doré. Ce gracieux petit coq, tout pétulant, tout batailleur, a les mœurs du nôtre. Il marche fièrement en tête de son troupeau de poules, à la sûreté desquelles il veille avec un soin extrême. Si des chasseurs parcourent le bois, si quelque chien rôde dans le voisinage, le vigilant oiseau a bientôt aperçu, soupçonné l'ennemi. Il vole à l'instant sur quelque haute branche, d'où il jette le cri d'alarme pour avertir les poules, qui, à la hâte, se dissimulent sous les feuilles ou se blottissent dans les trous des arbres, et attendent, immobiles, que le danger soit passé. S'en approcher à portée de fusil est à peu près impossible; et pour capturer ces oiseaux, il faut recourir aux mêmes lacets qui nous servent à prendre les alouettes.

JULES. — Un coq moindre qu'une perdrix et que l'on prend dans les bois avec des lacets pour alouettes doit être un bien gracieux oiseau, mais de peu de profit s'il était élevé dans les basses-cours. Notre volaille proviendrait-elle d'une espèce aussi petite?

PAUL. — Elle a certainement pour origine soit le coq Bankiva, soit les autres espèces, tout aussi petites, qui vivent à l'état sauvage dans les forêts de l'Asie; mais à quelle époque et comment la poule et le coq sont-ils devenus des oiseaux domestiques, c'est ce que l'on ignore complétement. Dès les temps les plus reculés de l'histoire, l'homme est en possession du coq, du moins en Asie, d'où l'espèce nous est plus tard venue, déjà domestiquée. Pendant de longs siècles, améliorée par nos soins, qui lui assurent nourriture abondante et gîte abrité, la petite espèce primitive a produit de nombreuses races très-différentes entre elles de plumage et de taille. On les classe en trois groupes : les petites races, les moyennes et les grandes.

Au premier groupe appartiennent les *poules de Bantam* ou *petites poules anglaises*, de la grosseur environ d'une perdrix. Ce sont d'élégants oiseaux, à pattes courtes, qui laissent traîner à terre le bout de l'aile, aux allures vives, aux mœurs douces et familières. Leurs œufs, proportionnés au faible volume de la pondeuse, pèsent à peine une trentaine de grammes, tandis que ceux des autres poules atteignent de soixante à quatre-vingt-dix grammes. Ces gentilles poulettes sont élevées comme ornement de la basse-cour plutôt que pour leur faible produit.

Louis. — Ces petites poules se rapprochent, pour la taille, de l'espèce primitive.

Paul. — C'est à peu près ainsi apparemment qu'était la volaille lorsque l'homme s'avisa d'apprivoiser le coq sauvage. Dans les basses-cours de ces vieux temps vivaient, non les massives races de nos jours, mais des oiseaux aussi petits de taille, aussi prompts de l'aile que la perdrix. Je vous laisse à penser la vigilance et les soins nécessaires pour ne pas effaroucher les craintives poulettes et leur faire regagner les bois dont elles gardaient encore souvenir.

Louis. — Les soins devaient être les mêmes que si nous nous proposions d'apprivoiser une compagnie de perdrix. Pareille entreprise ne serait pas facile. Nous sommes bien loin de ces premiers essais de domestication avec notre poule d'aujourd'hui, si familière, si importune même, qui vient hardiment, jusque sous la table, recueillir les miettes de pain.

Paul. — La *poule commune,* celle qui peuple la plupart des fermes, appartient aux races moyennes. Son plumage prend toutes les colorations, depuis le blanc jusqu'au roux et au noir. Sa tête est petite et ornée d'une crête rouge, tantôt simple, tantôt double, coquettement rejetée sur le côté. Le coq, pour la fierté d'allure et la magnificence du plumage, n'a pas son pareil parmi les autres races. La poule commune est la plus facile à nourrir car son activité lui permet de chercher et de trouver elle-même, en grattant la terre, une grande partie de sa nourriture, semences et vermisseaux. On peut lui reprocher son humeur vagabonde favorisée par une aile vi-

goureuse, dont elle profite pour franchir haies et clôtures
et aller dévaster les jardins du voisinage.

Parmi les autres races moyennes qui, associées à la
poule commune, apparaissent dans les basses-cours

Fig. 4. — Coq de Padoue.

tantôt comme ornement tantôt comme oiseaux de pro-
duction, je vous citerai les suivantes.

Et d'abord la *poule de Padoue*, reconnaissable à son
riche plumage et surtout à la huppe touffue qui lui coiffe

la tête. Cette belle chevelure de fines plumes, si fièrement
épanouie par un beau temps, n'est plus, une fois mouillée
par la pluie, qu'un chiffon disgracieux, pesant et empêtré,

Fig. 5. — Coq de Houdan.

qui fatigue l'oiseau et lui rend impossible la vie rustique
de la basse-cour.

La *poule de Houdan* a la huppe moins fournie, et rejetée en arrière sur la nuque. Parfois cette coiffure couvre
tellement les yeux, que l'oiseau ne peut voir devant lui

ni à côté, mais seulement à terre, ce qui le rend inquiet au moindre bruit. Le plumage est bariolé de blanc et de noir avec des reflets violets et verts. Les joues et la base du bec sont cravatées de petites plumes retroussées. Chaque patte a cinq doigts, au lieu du nombre habituel

Fig. 6. — Coq de Crèvecœur.

quatre, non compris l'ergot du coq, qui est une simple pointe de corne, un éperon de combat et non un doigt. Trois sont dirigés en avant et deux en arrière.

Les *poules de la Flèche,* si renommées pour la délicatesse de leur chair et leur aptitude à l'engraissement, n'ont pas de huppe et sont hautes de jambes, avec un plumage

noir, à reflets verts et violets. Les pattes sont bleuâtres,
et la crête se dresse en deux petites cornes rouges.

Fig. 7. — Coq Cochinchinois.

De pareilles cornes, mais plus développées encore et
accompagnées d'une épaisse coiffure de plumes, ornent la

tête de la race de *Crèvecœur*. La poule est d'un beau noir; le coq, sur un fond de la même couleur, porte une riche pèlerine dorée ou argentée.

Enfin aux grandes races appartient la poule *Cochinchinoise*, oiseau disgracieux, de très-forte taille, à plumage informe, ébouriffé, généralement d'un blanc roussâtre. Ses œufs sont couleur café au lait.

IV

L'Œuf.

PAUL. — En trempant vos mouillettes de pain dans un œuf à la coque, avez-vous eu jamais l'idée d'examiner un peu la structure de ce qui fait votre régal? Je crois que non. Je veux aujourd'hui vous renseigner sur ce point; je veux vous montrer dans ses détails cette merveille qui s'appelle un œuf.

Examinons d'abord la coque. Dans les œufs de la poule, elle est toute blanche; comme aussi dans les œufs du canard et de l'oie. La dinde a les siens tiquetés d'une multitude de petits points d'un roux pâle. Mais ce sont surtout les œufs des oiseaux non soumis à la domesticité qui sont remarquables par leur coloration. Il y en a d'un beau bleu de ciel, tels que ceux de certains merles; de roses, pour quelques fauvettes; d'un vert sombre, presque bronzé, comme ceux du rossignol. La coloration est tantôt uniforme, et tantôt rehaussée par des taches plus sombres, par des ponctuations jetées au hasard, par des traits bizarres qui rappellent une écriture indéchiffrable. Beaucoup d'oiseaux rapaces, principalement ceux de la mer, pondent des œufs mouchetés de larges taches fauves, qui leur donnent l'aspect du pelage d'un léopard. Je ne m'arrêterai pas davantage sur ce sujet, si intéressant qu'il soit, puisque déjà, en vous racontant l'histoire des oiseaux auxiliaires, je vous ai décrit les œufs des principales espèces.

JULES. — J'ai gardé bon souvenir de la curieuse variété de coloration des œufs. Je me rappelle fort bien ceux du rossignol, verts comme une olive ; ceux du chardonneret, ponctués de brun rougeâtre, surtout au gros bout ; ceux du corbeau, d'un vert bleuâtre avec des taches brunes ; et tant d'autres entre lesquels ma préférence hésite, tant ils sont beaux, ceux-ci comme ceux-là.

PAUL. — Informons-nous maintenant de la nature de la coquille. La matière de la coque est, dans l'œuf de la poule, aussi blanche que marbre ; sa propre couleur n'y est masquée par aucune coloration étrangère. Ce blanc pur et les autres caractères, dureté et nette cassure, ne vous disent-ils pas de quelle substance la coquille de l'œuf est composée ?

LOUIS. — Ou les apparences me trompent beaucoup, ou la coquille est tout simplement de la pierre.

PAUL. — Oui, mon ami, c'est bel et bien de la pierre ; mais de la pierre triée avec un soin exquis et raffinée, pour ainsi dire, dans le corps de l'oiseau.

Par sa nature, la coquille de l'œuf ne diffère pas de la vulgaire pierre à bâtir ; ou mieux, à cause de son extrême pureté, elle ne diffère pas de la craie dont vous vous servez au tableau, et du magnifique marbre blanc que le sculpteur recherche pour les chefs-d'œuvre de son ciseau. La pierre à bâtir, le marbre et la craie sont au fond une même matière, que l'on nomme *calcaire, pierre calcaire, carbonate de chaux*. Les différences, si grandes qu'elles soient, ont pour cause l'état de pureté et le degré de consistance. Ce que la pierre à bâtir contient, souillé par d'autres choses, le marbe blanc et la craie le contiennent aussi, mais pur de tout mélange. Eh bien, quant à sa nature, la coque de l'œuf est identique à la craie et au marbre ; plus dure que la première, moins dure que le second, elle est entre les deux un état intermédiaire du calcaire pur. Ainsi, pour revêtir l'œuf d'une enveloppe solide, la poule et tous les oiseaux sans exception mettent en œuvre la même matière que travaille le sulpteur dans son atelier et qu'emploie l'écolier devant le tableau noir.

Or, aucun animal ne crée de la matière, aucun ne fait de rien son corps et tout ce qui en provient. L'oiseau ne trouve donc pas en lui-même les matériaux pour la coquille de l'œuf; il les prend au dehors avec sa nourriture. Parmi le grain qu'on lui jette, la poule trouve des parcelles de pierre qu'a laissées un nettoyage très-imparfait; elle les avale sans hésiter, reconnaissant très-bien pourtant que ce sont de petites pierres et non des grains de blé. Cela ne lui suffit pas : vous la verrez toute la journée gratter et becqueter d'ici et de là dans la basse-cour. De temps en temps, elle déterre quelque vermisseau, sa grande friandise; de temps en temps aussi, quelque fragment de pierre calcaire, dont elle fait profit, tout aussi satisfaite que de la trouvaille d'un ver dodu.

Émile. — Bien des fois, j'ai vu les poules avaler ainsi de petites pierres. Je croyais que c'était distraction de leur part, précipitation de gloutonnerie; mais je commence à soupçonner la vérité. Ces petites pierres ne serviraient-elles pas à faire la coquille de l'œuf?

Paul. — Vous l'avez dit, mon petit ami. Les particules calcaires avalées avec la nourriture sont converties en fine bouillie, dissoutes, par la force digestive de l'estomac. Un triage rigoureux est fait de ce qu'il y a de plus pur, et il en résulte une sorte de purée crayeuse qui, au moment opportun, suinte tout autour de l'œuf et se durcit en coquille. En avalant de menus grains calcaires, la poule fait, vous le voyez, provision de matériaux pour la coque de l'œuf. Si ces matériaux venaient à lui manquer, si la nourriture qu'on lui donne ne renfermait pas de calcaire, si, prisonnière dans une cage, elle ne pouvait se procurer elle-même le carbonate de chaux en becquetant le sol, elle pondrait des œufs sans coquille et simplement enveloppés d'une peau flasque.

Louis. — Les œufs mous que les poules donnent parfois proviennent alors du manque de calcaire?

Paul. — Ils proviennent soit de ce que l'oiseau n'a pas trouvé dans sa nourriture et dans la terre becquetée le carbonate de chaux nécessaire, soit de ce que son état maladif n'a pas permis la transformation des petites pierres en cette bouillie de craie qui se moule sur l'œuf et devient la coque. Dans les pays où le carbonate de chaux est rare dans le sol et même manque totalement, on est dans l'usage de broyer les coquilles des œufs et d'en mélanger la poudre grossière à la nourriture de la volaille. C'est un fort judicieux moyen de donner à la poule, sous la forme la plus convenable, la matière pierreuse nécessaire à la perfection de l'œuf.

Louis. — Dans les tas de fumier se rencontrent parfois des œufs d'une forme particulière et mous comme ceux de poule sans coquille. Au lieu d'un poulet, il en sort un serpent. On les dit pondus par les jeunes coqs.

Paul. — Vous répétez là, d'après les préjugés répandus dans nos campagnes, une sottise qui a pour point de départ des faits réels. Il est parfaitement vrai que des œufs mous, un peu allongées, presque cylindriques et d'égale grosseur aux deux bouts, peuvent se trouver sous la fourche de celui qui remue la couche chaude d'un fumier; il est parfaitement vrai encore que de ces œufs éclot un serpent, à la grande surprise du naïf qui croit y voir le produit de quelque sortilége. Ce qui est faux, c'est l'origine prétendue. Au grand jamais, le coq, qu'il soit jeune ou qu'il soit vieux, n'a la faculté réservée exclusivement à la poule, la faculté de pondre. Ces œufs trouvés dans les fumiers et remarquables par leur forme étrange, ne proviennent pas de la volaille; ce sont tout simplement les œufs d'un serpent, d'une inoffensive couleuvre, qui, lorsque l'occasion s'en présente, enterre sa ponte dans la masse tiède d'un fumier pour en favoriser l'éclosion. Il est tout naturel alors que de ces œufs de serpent il sorte des serpents.

Louis. — Le merveilleux ridicule des prétendus œufs de coq devient ainsi chose très-simple, mais il faut savoir d'abord que les serpents font des œufs.

Paul. — Vous saurez désormais que non-seulement les serpents mais encore tous les reptiles pondent à la manière des oiseaux. Les œufs de couleuvre sont flasques et n'ont pour enveloppe qu'une sorte de peau semblable à du parchemin mouillé ; ils ont en outre une forme allongée qui s'éloigne beaucoup de la configuration habituelle. Mais ceux de quelques reptiles, notamment des lézards, ont la coque solide et la belle forme ovalaire de ceux des oiseaux. Si jamais vous rencontrez dans les cavités des murs ou des sables secs bien exposés au soleil, des œufs mignons, tout blancs, à coque fine, comme pourrait en donner quelque petit serin, n'allez pas vous récrier sur l'étrangeté de votre trouvaille : vous aurez tout simplement mis la main sur la ponte du lézard gris, hôte habituel des vieux murs.

V

L'Œuf (Suite).

Paul. — Revenons à l'œuf de la poule. Nous connaissons la nature calcaire de la coquille, voyons maintenant la structure. Ouvrez vos yeux tout grands et regardez avec attention : vous distinguerez sur la coque, principalement au gros bout, une multitude de très-petits enfoncements comme pourrait en faire la pointe d'une fine aiguille. A chacun de ces enfoncements correspond un trou invisible, qui perce de part en part la coquille et fait communiquer l'intérieur avec l'extérieur. Ces trous, beaucoup trop étroits pour laisser transpirer au dehors le contenu liquide de l'œuf, suffisent néanmoins au passage soit des vapeurs humides qui s'exhalent hors de la coque, soit de l'air qui pénètre au dedans et remplace l'humidité disparue.

La présence de ces innombrables ouvertures est d'absolue nécessité pour l'éveil et l'entretien de la vie dans le poulet futur. Tout être vivant respire, toute vie naît et se continue par l'action de l'air. Il faut de l'air à la semence qui germe sous terre. Enfoncée trop profondément, elle dépérit tôt ou tard sans pouvoir lever, parce que l'épaisse couche du sol empêche l'air de parvenir jusqu'à elle. Il faut de l'air à l'œuf pour que sa substance, doucement chauffée par la mère qui couve, prenne vie et devienne petit poulet; sans discontinuer, il en faut à celui-ci, tout enfermé qu'il est dans sa coquille. Grâce aux ouvertures dont la coque est criblée, l'air pénètre à mesure que l'exigent les besoins de la respiration; il vivifie la matière de l'œuf et le petit être qui lentement se forme.

Émile. — On pourrait dire que ces trous de la coque sont autant de petites fenêtres par lesquelles l'air arrive à l'oiseau dans l'étroite cellule de l'œuf.

Paul. — Ces fenêtres, comme les appelle Émile, méritent notre attention sous un autre aspect. Les œufs sont une précieuse provision alimentaire; le difficile est de les conserver longtemps. S'ils vieillissent trop, ils se gâtent et répandent alors une infecte puanteur. Eh bien, la cause qui fait gâter les œufs et les change en une ordure à odeur repoussante, c'est encore l'air, le même air indispensable à la formation du poulet. Ce qui vivifie l'œuf soumis à la chaleur de la couveuse amène aussi rapidement sa destruction lorsque cette chaleur fait défaut. Si donc l'on se propose de conserver aussi longtemps que possible, dans un état de fraîcheur convenable, des œufs destinés à l'alimentation, il faut empêcher l'accès de l'air dans leur intérieur, ce que l'on fait en bouchant les ouvertures de la coquille. Plusieurs moyens peuvent être employés. Tantôt on plonge un instant les œufs dans de la graisse fondue, d'où on les retire revêtus d'une couche qui obstrue tous les orifices; tantôt on les enduit au pinceau d'une enveloppe de vernis. Le plus simple consiste à les tenir dans de l'eau où l'on a délayé un peu de chaux. La chaux dissoute se dépose sur la coque et en bouche les ouvertures. Ces précautions prises, l'air ne trouve plus de passages pour pénétrer à l'intérieur et les œufs se conservent en bon état plus longtemps qu'ils ne le feraient sans cette préparation ; néanmoins, ils finissent toujours par se gâter.

Jules. — Si j'ai bien compris ce que vous venez de nous dire sur la nécessité de l'air pour l'éveil de la vie, les œufs ainsi enduits de vernis ou de chaux ne parviendraient pas à éclore, confiés à la couveuse?

Paul. — Évidemment. Rendus impénétrables à l'air par le vernis, la chaux, la graisse ou toute autre chose, les œufs pourraient rester indéfiniment sous la couveuse sans jamais s'animer ; faute de l'action vivifiante de l'air, la vie ne s'éveillerait pas en eux pas plus que dans de simples cailloux. Vous comprenez alors que la méthode de conservation au moyen d'un enduit fermant les orifices de la coquille ne doit être employée que pour les œufs destinés à la nourriture, et qu'il faut bien se garder d'en faire usage pour ceux dont on veut l'éclosion.

Mais en voilà bien assez sur le dehors de l'œuf. Cassons maintenant la coquille. Que trouvons-nous dessous? Nous trouvons une fine membrane, une peau souple, qui de partout tapisse l'intérieur de la coque et forme une espèce de sac sans ouverture, que remplissent le blanc et le jaune. Lorsque accidentellement la couche calcaire fait défaut, cette membrane constitue à elle seule l'enveloppe de l'œuf, enveloppe molle comme le serait un mince parchemin imbibé d'eau.

Jules. — Les œufs mous, sans coquille, ont alors cette membrane à découvert?

Paul. — C'est cela même. Récemment pondu, un œuf a la capacité de sa coque exactement pleine; mais il ne tarde pas à perdre une partie de son humidité, qui s'exhale à travers les orifices de la coquille. Un vide se fait donc à l'intérieur, du côté du gros bout, où l'exhalaison est plus rapide. Alors, en cette partie, la membrane se détache de la coque qu'elle tapissait d'abord, et recule à l'intérieur, avec le contenu de l'œuf amoindri par l'évaporation. Il se produit de la sorte, au gros bout, une cavité que l'air du dehors vient occuper et qu'on appelle, pour ce motif, *chambre à air*. Cette chambre, nulle au début, s'agrandit peu à peu à mesure que l'évaporation de l'humidité laisse plus d'espace libre; elle est par conséquent d'autant plus spacieuse que l'œuf est plus vieux. Si l'œuf est mis couver, la chaleur de la mère active l'évaporation et fait rapidement apparaître la chambre à air. Là s'amasse, comme dans un réservoir, la provision d'air nécessaire à la vitalité de l'œuf et à la respiration de l'oiseau naissant. L'espace vide du gros bout est donc un entrepôt respiratoire.

Quand vous mangerez un œuf cuit dans sa coque, cassez-le avec soin du côté du gros bout. Si l'œuf est très-récent, sous la coquille se montrera immédiatement le blanc, sans intervalle vide; mais s'il est vieux, vous trouverez un creux inoccupé plus ou moins grand. C'est là la chambre à air. D'après son étendue, vous pourrez juger du degré du fraîcheur de l'œuf. Mais il serait préférable de pouvoir reconnaître, avant de l'employer et de le casser, si un œuf est frais ou vieux. J'ai vu employer le moyen suivant, qui semblerait bien étrange si ce que je viens de vous apprendre sur la chambre à air n'en donnait l'explication. On applique l'extrémité de la langue sur le gros bout. Si l'œuf est récent, on éprouve une légère impression de fraîcheur; s'il est vieux, la langue reste tiède. Ce petit mystère est basé sur la manière différente dont les liquides et les gaz se comportent par rapport à la chaleur. L'eau et les liquides en général enlèvent assez rapidement la chaleur des corps en contact; l'air et les autres gaz ne l'enlèvent, au contraire, qu'avec beaucoup de lenteur. C'est le motif qui nous fait trouver fraîche de l'eau dans laquelle nous plongeons la main, tandisque de l'air;

ayant néanmoins la même température, en comparaison,
nous semble chaud. En réalité, pareillement chauds l'un
et l'autre, l'air et l'eau nous font éprouver des sensations
différentes : l'eau est fraîche pour nous parce qu'elle nous
soutire notre propre chaleur ; l'air est chaud parce qu'il
ne nous prend pas cette même chaleur. Si donc l'œuf est
récent, par suite exactement plein, l'extrémité de la
langue, appliquée au gros bout, éprouve la sensation que
fait éprouver le contact des liquides, c'est-à-dire une sensation de fraîcheur ; mais s'il est vieux, une chambre à air
s'est formée et l'on sent alors ce que font éprouver les

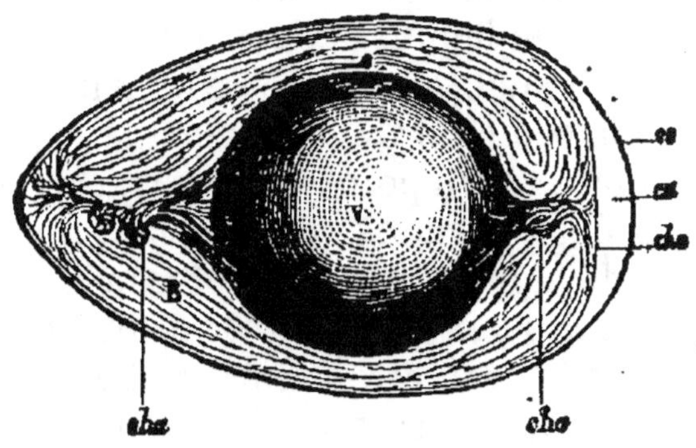

Fig. 8. — Coupe d'un Œuf.

co, coque ; ca, chambre à air ; cho, membrane interne ; cha, chalases ;
B, albumen ou blanc ; V, vitellus ou jaune ; C, cicatricule.

gaz, c'est-à-dire une impression chaude, puisque la langue
ne perd rien de sa chaleur naturelle.

JULES. — Voilà, certes, un curieux moyen, que je ne
manquerai pas de mettre en pratique à la prochaine occasion.

PAUL. — Allons plus avant dans l'œuf. Vient maintenant la *glaire* ou le *blanc*, ainsi appelé parce que la chaleur le durcit en une matière d'un blanc pur. Pour le même
motif, la science le nomme *albumen,* d'un mot latin (*albus*)
qui signifie blanc. La glaire est distribuée en diverses
couches qui, aux deux bouts de l'œuf, se tordent sur elles-
mêmes et forment deux sortes de gros cordons noueux

nommés *chalazes*. Pour voir ces cordons, il faut casser avec précaution, dans une assiette, un œuf non cuit. On distingue alors, de chaque côté du jaune, une masse où la glaire est plus épaisse et comme noueuse. Ce sont là, affaissés et déformés par la rupture de l'œuf, les deux cordons en question. Pour vous en faire une idée nette, prenez une orange, mettez-la dans votre mouchoir, et tordez celui-ci en sens contraire par les deux bouts. L'orange enfermée dans l'enveloppe du mouchoir représentera la boule du jaune entourée par la glaire ; les deux extrémités tordues du mouchoir seront les deux cordons du blanc, les deux chalazes. Au moyen de ces deux attaches, le jaune, partie la plus importante et la plus délicate de l'œuf, est suspendu, comme dans un hamac, au centre de la glaire, sans être exposé à des déplacements qui seraient dangereux pour le germe de vie placé en un point de sa surface. Ce hamac glaireux, avec ses deux cordons suspenseurs, a un autre rôle, d'une admirable délicatesse. Les premières ébauches du poulet naissant doivent apparaître en un point du jaune. Or à mesure que le petit être se forme et grandit, il lui faut plus d'espace tout en restant étroitement enveloppé et maintenu en place, afin d'éviter le moindre trouble dans les chairs à demi fluides encore et commençant à prendre nature. Comment ces conditions se réalisent-elles dans l'œuf ? Pour bien le comprendre, revenez à l'orange enveloppée d'un mouchoir tordu aux deux bouts. N'est-il pas vrai que si les extrémités se détordent un peu, l'orange, en supposant qu'elle exige petit à petit plus de large, trouvera toujours l'espace nécessaire sans cesser un instant d'être bien enveloppée et maintenue immobile ? De même les cordons suspenseurs du blanc se relâchent, se détordent graduellement, à mesure que le petit oiseau grossit, aux dépens du jaune, dans son douillet hamac de glaire ; le large convenable se fait, et le débile oisillon n'en reste pas moins finement emmaillotté et suspendu au centre de l'œuf, loin du dur contact de la coquille.

JULES. — En débutant, vous appeliez un œuf une merveille. Je m'aperçois qu'il y a, en effet, dans l'œuf, des choses bien dignes de notre admiration : la coquille, avec ses nombreux orifices pour l'entrée de l'air ; la cavité du gros bout, la chambre à air, où s'amassent les provisions respiratoires ; la molle couchette de glaire, avec ses cordons de suspension qui se détordent pour donner de la place. Et peut-être ce n'est pas encore tout ?

PAUL. — Oui, mon ami, c'est fort loin d'être tout. Je me borne ici aux choses les plus simples et à votre portée. Que serait-ce si vous pouviez me suivre dans un ordre d'idées plus élevées ! Vous verriez comme tout, dans l'œuf, est disposé avec une délicatesse infinie, avec une prévoyance maternelle, et c'est alors surtout que vous trouveriez juste mon expression de merveille. Pour ne pas dépasser vos faibles connaissances, j'abrége bien à regret.

Le jaune est rond et d'une vive couleur, qui lui a valu son nom. En un point de sa surface, dans le haut d'habitude, quelle que soit la position de l'œuf, se voit une tache circulaire, d'un blanc pâle, où la matière est un peu plus condensée qu'ailleurs. On l'appelle *cicatricule*. C'est là le foyer sacré où réside l'étincelle de vie, qui, excitée par l'incubation, animera la matière de l'œuf et la façonnera en un être vivant ; c'est le point de départ, l'origine, le *germe* de l'oiseau. Le jaune lui-même est le réservoir nutritif où sont puisés les matériaux pour ce travail de création. Vivifié par la chaleur de la couveuse et par l'action de l'air, il se couvre d'un réseau de fines veines. Celles-ci se gonflent de la substance du jaune, qui s'y transforme en sang ; et ce sang, amené d'ici, amené de là, devient les chairs de l'être qui se forme. Le jaune est donc la première nourriture de l'oiseau, mais nourriture que ne saisit point un bec et que ne digère point un estomac, n'existant pas encore. Il se change en sang et après en chair sans le travail préparatoire de l'habituelle digestion ; il imbibe directement les veines et nourrit ainsi tout le corps.

Les animaux à mamelles, les mammifères, ont aussi une nourriture du très-jeune âge, le lait, indispensable au faible estomac du nourrisson. Eh bien, le jaune est pour l'oiseau dans sa coquille ce que le lait est pour l'agneau et pour les petits de la chatte; c'est son laitage à lui, qui ne peut s'adresser à des mamelles maternelles. Le langage populaire a parfaitement saisi l'étroite ressemblance : on appelle *lait de poule* une boisson préparée avec le jaune d'un œuf.

ÉMILE. — C'est juste ce que mère Ambroisine me fait prendre quand je tousse, l'hiver.

PAUL. — Le délicieux breuvage que vous donne mère Ambroisine lorsque vous êtes enrhumé, est très-judicieusement appelé lait de poule, puisqu'il est fait avec l'équivalent du lait, c'est-à-dire avec un jaune d'œuf.

VI

Incubation.

PAUL. — *Incubation* signifie se coucher dessus. En effet l'oiseau qui couve s'accroupit, se couche sur ses œufs, qu'il réchauffe de sa chaleur, pendant de longs jours, avec une patience infatigable. On reconnaît qu'une poule veut couver à ses *gloussements* répétés, sorte de cri de l'anxiété maternelle, à son plumage hérissé, à ses démarches inquiètes et surtout à la persévérance avec laquelle elle se tient dans le nid, même sans œufs, où d'habitude elle venait pondre.

Quelques poules, d'humeur vagabonde, reviennent aux instincts de leur race sauvage. Elles s'éloignent du poulailler, choisissent dans une haie, dans un fourré de broussailles, une cachette à leur convenance et y creusent la terre d'une cavité peu profonde, qu'elles tapissent tant bien que mal d'un matelas de gazon sec, de feuilles et de plumes. C'est là le nid, tout grossier, sans art, bâtisse informe en comparaison du savant chef-d'œuvre du pinson et du chardonneret. Il est du reste digne de remarque que tous les oiseaux domestiques, comme si l'intervention de l'homme annulait leur industrie en les affranchissant du besoin, ne déploient pas dans la construction de leur nid les admirables ressources mises en œuvre par la plupart des oiseaux sauvages. Ici pourrait se répéter le dicton si juste tant pour l'homme que pour la bête : nécessité est mère d'industrie. Assuré de trouver, quand vient le moment de la ponte, la corbeille bourrée de foin par la main de la ménagère, l'oiseau de basse-cour ne se préoccupe donc pas de la confection du nid, travail où le moindre oisillon des champs se montre architecte consommé. Tout au plus, lorsque son caractère aventureux lui fait préférer l'abri périlleux de la haie à la sûre retraite du poulailler, la poule, glanant du bec des pailles et des feuilles et s'arrachant au besoin quelques plumes, parvient-elle à faire, pour sa couvée, un amas désordonné plutôt qu'un nid. Là, chaque jour, à l'insu de tous, elle va pondre son œuf. Puis, trois semaines durant, elle ne reparaît plus ou ne se montre que par intervalles. C'est le temps de l'incubation. Enfin, un beau jour, on la voit revenir toute fière, à la tête d'une famille de poussins, piaulant et becquetant autour d'elle.

Émile. — J'aimerais bien des poules qui couvent ainsi aux champs et regagnent un jour le logis avec leur bande de poussins.

Paul. — C'est, je ne peux en disconvenir, un spectacle bien digne d'intérêt que celui d'une poule vagabonde revenant à la ferme à la tête de ses poussins nouvellement éclos. Son regard brille de satisfaction ; son gloussement a quelque chose de joyeux. Voyez, semble-t-elle dire à ceux qui lui font accueil, voyez comme les poussins sont beaux, alertes, vigoureux; tous sont à moi; seule, je les ai élevés, là, dans un coin de la haie, et maintenant je vous les amène. Ne suis-je pas une vaillante poule? — Soit, poulette ma mie, vous êtes une vaillante mère, mais vous êtes aussi une imprudente. Dans les champs rôdent la belette et la fouine qui, si vous vous absentez un moment, saigneront vos poulets ; dans les champs vous guette le renard pour vous tordre le cou ; dans les champs, il y a le froid, la pluie, le mauvais temps, grave péril pour la frileuse famille. Vous feriez mieux de rester au logis.

Le plus grand nombre suit ce conseil de la prudence et ne s'éloigne pas du poulailler. Dans la demi-obscurité d'un recoin abrité et bien tranquille, on place le panier aux œufs, matelassé d'une couchette de foin ou de paille froissée entre les mains. On y dispose de douze à quinze œufs, choisissant les plus gros et les plus frais, de préférence ceux qui n'ont pas plus de huit jours. S'ils dépassaient deux à trois semaines, l'éclosion ne serait pas assurée ; dans beaucoup, le germe, trop vieux, aurait perdu son aptitude au développement. Ces dispositions prises, on abandonne les œufs à la couveuse, sans plus les toucher.

Qui n'a pas vu une poule couver ignore une des plus touchantes choses de ce monde : l'attachement de l'oiseau pour ses œufs, s'oubliant lui-même jusqu'au sacrifice de la vie. Ses yeux étincellent de fièvre, sa peau est brûlante. Le manger et le boire sont oubliés, et telle poule, pour ne pas quitter ses œufs d'un instant, se laisserait mourir de faim sur la couvée, si l'on ne venait chaque jour la lever doucement de son nid et la faire manger. D'autres, moins persévérantes, descendent d'elle-mêmes du panier, prennent à la hâte un peu de nourriture et regagnent aussitôt le nid.

Émile. — Restent-elles longtemps, les poules, dans cette fatigante immobilité de couveuses?

Paul. — Il faut de vingt à vingt et un jours pour que les poussins sortent de leur coquille. Pendant tout ce temps, nuit et jour, la mère reste accroupie sur les œufs, sauf les rares moments qu'elle accorde, comme à regret, au besoin de la nourriture. Sa seule distraction, en ce profond recueillement, c'est de retourner les œufs toutes les vingt-quatre heures et de les changer de place, ceux de la circonférence au centre et ceux du centre à la circonférence, afin de leur communiquer à tous une égale part de chaleur. C'est là un arrangement délicat, qu'il faut laisser aux soins de la poule, remuant la couvée de la pointe du bec. Gardons-nous d'y faire intervenir notre main maladroite, car l'oiseau sait mieux que nous la manière de bien s'y prendre.

JULES. — Puisque la poule a soin que les œufs, changés chaque jour de place, soient tous ainsi également réchauffés, c'est donc la chaleur seule qui amène l'éclosion ?

PAUL. — Oui, mon ami : la chaleur seule de la mère est cause de l'éclosion des œufs. C'est tellement ainsi qu'on peut se passer de la poule et faire éclore la couvée à la chaleur artificielle, pourvu qu'elle soit bien réglée, douce et longtemps continuée sans interruption. Les Égyptiens, ancien peuple très-industrieux, pratiquaient ce moyen il y a quelque mille ans. Ils mettaient les œufs, par centaines de douzaines, dans une sorte de four tout doucement chauffé pendant trois semaines, durée de la naturelle incubation. Ce temps écoulé, les pépiements de l'innombrable couvée ne tardaient pas à annoncer le succès de l'opération.

ÉMILE. — Quelle nombreuse famille que celle de ces petits poulets fabriqués au four ! Il aurait fallu une centaine de poules pour couver tous les œufs dont on obtenait ainsi l'éclosion en une fois.

PAUL. — Poule qui couve cesse de pondre, et c'était sans doute pour ne pas interrompre le bénéfice quotidien des pondeuses que les Égyptiens avaient imaginé l'incubation artificielle dans un four. Pour de semblables motifs, parfois chez nous on a recours à ce moyen, là surtout où l'on s'occupe en grand de l'éducation de la volaille ; seulement l'incubation ne se pratique plus dans un four, mais dans des étuves fort ingénieusement disposées. Dans un tiroir, sur un lit de foin, sont couchés les œufs sur un seul rang. Au-dessus et séparée de la couvée par une cloison de tôle, est une couche d'eau, qu'une lampe, continuellement allumée, chauffe et maintient à la température que donnerait le corps même de la poule, c'est-à-dire à la température d'une quarantaine de degrés. En vingt et un jours, sous ce plafond tiède, les œufs éclosent absolument comme ils le feraient sous le ventre de la poule.

ÉMILE.—Bien vrai, mon oncle, j'aimerais d'avoir pareille couveuse dans un coin de ma chambre et de suivre jour par jour, en ouvrant le tiroir, les progrès de la couvée.

PAUL. — Ce que vous désireriez faire, d'autres, plus habiles, l'ont fait déjà, non-seulement en ouvrant le tiroir, mais aussi en cassant l'œuf, jour par jour, afin d'apprendre un peu comment les choses se passent. Je vous ai dit que le germe de l'oiseau est une tache circulaire, d'un blanc pâle, la cicatricule, qui, par sa mobilité, gagne toujours d'elle-même la partie supérieure, à la surface du jaune, dans quelque position que l'œuf soit mis. Au bout de cinq à six heures d'incubation, on distingue déjà, au centre de la cicatricule, un petit renflement glaireux qui sera la tête et une ligne qui deviendra l'épine du dos. Bientôt bat, par intervalles réguliers, l'organe le plus nécessaire à la vie, le cœur, qui chasse dans un réseau de fines veines le sang petit à petit formé avec la substance du jaune, et le distribue de partout pour fournir des matériaux aux autres organes naissants. C'est vers le second jour qu'apparaissent, pour ne plus s'arrêter désormais qu'à la mort, les premiers battements du cœur. Ainsi arrosée de chair coulante, car le sang n'est pas autre chose, l'organisation fait dès lors de rapides progrès. Les yeux se montrent et forment de chaque côté de la tête une grosse tache noire; les canons des grosses plumes germent dans leurs étuis; les écailles des pieds se dessinent en bleuâtre; les os, d'abord gélatineux, se consolident en s'incrustant d'un peu de matière pierreuse. Dès le dixième jour, toutes les parties du poussin sont bien formées. Le petit être, mollement suspendu dans son hamac au moyen des deux cordons suspenseurs qui se détordent peu à peu pour lui faire place à mesure qu'il grandit, est courbé sur lui-même, la tête repliée contre la poitrine et cachée sous l'aile. Remarquez, mes amis, que c'est précisément cette position du profond sommeil dans l'œuf, que la poule prend quand elle veut dormir. Accroupie sur le perchoir, elle plie encore la tête sur la poitrine et la cache sous l'aile, comme elle le faisait à l'état de poussin dans sa coquille.

Cependant le petit oiseau grossit toujours, au moyen des matériaux tant du jaune que du blanc, matériaux qui l'imbibent, le pénètrent, et, vivifiés par l'air, deviennent son sang et sa chair. Un jour, il crève la mince membrane située sous la coque, et le voilà plus à l'aise avec le surcroît d'espace que lui cède la chambre à air. Maintenant, pour une oreille attentive, de faibles pépiements s'entendent sous la coque; c'est le dix-septième ou le dix-huitième jour. Encore une paire de jours, et le poussin, recueillant ses forces, va se livrer à l'ardu travail de la délivrance. Un durillon pointu, fait exprès, lui est né sur le haut du bec, tout au bout. Voilà l'outil, voilà la pioche pour ouvrir la prison, outil de circonstance, de très-courte durée, qui doit disparaître une fois la coquille trouée. Avec cette pioche provisoire, le poussin se met à cogner la coque; obstinément il pousse, il choque, il gratte, jusqu'à ce que la paroi de pierre cède. Pour les plus vigoureux, c'est l'affaire de quelques heures. Oh! bonheur! la coquille est brisée; voilà la mignonne tête du poussin toute veloutée d'un poil follet jaune et moite encore de l'humidité de l'œuf. La mère vient en aide et achève la délivrance; d'autres, plus faibles ou moins habiles, mettent, à se libérer, vingt-quatre heures de pénibles tentatives. Quelques-uns même s'épuisent au travail et périssent misérablement dans l'œuf, sans parvenir à crever la coquille.

JULES. — C'est à ceux-là que la mère surtout doit venir en aide.

PAUL. — Elle s'en garderait bien, crainte d'un accident pire qu'une sortie laborieuse. Comment pourrait-elle diriger ses coups de bec avec assez de délicatesse pour ne pas blesser le délicat poussin immédiatement placé sous la coque? Le moindre faux mouvement amènerait une blessure, et, à cet âge si tendre, toute blessure est la mort. Nous-mêmes, avec toute la dextérité et tous les soins possibles, ne pourrions, sans péril, porter secours à l'oisillon en détresse; on peut l'essayer, quand il n'y a pas d'autre ressource, mais la chance de réussir est bien petite. Le poussin seul est capable de mener à bien cette délivrance délicate, si les forces ne lui font pas défaut. La poule le sait à merveille, aussi n'intervient-elle, tout au plus, que pour achever de libérer le prisonnier à demi hors de sa coque. Souhaitons que les choses se passent à souhait et que le vingt et unième jour toute la famille soit réchauffée sous les ailes de la mère, sans accident mortel au moment de l'éclosion.

Dès la sortie de l'œuf, les poussins savent déjà becqueter la nourriture, ils savent trottiner autour de la mère, qui les conduit en gloussant. Ils ont en outre une gentille fourrure de poils follets qui les habille chaudement. Cette précocité n'appartient pas, il s'en faut de beaucoup, à tous les oiseaux. Les pigeons, par exemple, sortent de l'œuf tous nus et ne savent pas manger seuls; il faut que le père et la mère les alimentent en leur dégorgeant de la nourriture dans le bec. La fauvette, le pinson, le chardonneret, la mésange, l'alouette, enfin presque tous les oiseaux des champs, ont aussi leurs petits très-faibles, nus, d'abord aveugles et complétement incapables de prendre eux-mêmes la nourriture, serait-elle sous le bec. Il faut que les parents, pendant de longs jours, avec une tendresse infinie, leur apportent et leur donnent la becquée.

Jules. — C'est là une différence qui m'a toujours frappé. Les petits moineaux bâillent pour recevoir la nourriture qu'on leur présente, mais de quelque temps ils ne savent pas la prendre, la leur mettrait-on au bout du bec. Les petits poussins, au contraire, ramassent fort bien d'eux-mêmes à terre les graines et les vermisseaux que la poule déterre pour eux.

PAUL. — Je vous apprendrai, si vous l'ignorez, que les petits du canard, de la dinde, de l'oie, et parmi les oiseaux sauvages, de la perdrix et de la caille, ont la même précocité que ceux de la poule. Ils sont vêtus de duvet en sortant de l'œuf et savent manger seuls. Une des causes de cette différence dans la manière dont les jeunes oiseaux se comportent aussitôt après l'éclosion provient de la grosseur de l'œuf. L'oiseau ne se forme qu'avec les matériaux contenus dans l'œuf; plus cet œuf est gros, toute proportion gardée relativement à la taille de l'animal, plus le jeune qui en provient est fort et développé. Aussi les espèces qui ont des œufs volumineux sont vêtues au moment de l'éclosion; elles peuvent courir et savent manger seules. Celles dont les œufs sont relativement de petite taille naissent faibles, nues, aveugles, et réclament longtemps, immobiles dans le nid, la becquée de la mère.

L'œuf le plus grand que l'on connaisse est celui d'un énorme oiseau qui vivait autrefois dans l'île de Madagascar et dont la race paraît aujourd'hui être complétement détruite. Cet oiseau se nomme Épyornis. Il avait de trois à quatre mètres de hauteur et rivalisait ainsi pour la taille avec un cheval très-haut de jambes, ou mieux avec l'animal nommé girafe. De semblables oiseaux doivent provenir des œufs monstrueux; ils le sont en effet : leur longueur est de trois décimètres et demi, et leur capacité mesure près de neuf litres.

ÉMILE. — Neuf litres ! Oh ! quel œuf ! Notre grosse bouteille au vinaigre n'est que de dix litres. Les poussins qui en sortaient certes devaient savoir courir et manger seuls.

PAUL. — Pour représenter l'œuf de l'Épiornys, il faudrait cent quarante huit œufs de poule.

ÉMILE. — Je crois qu'avec un seul de ces œufs, on ferait une fameuse omelette.

PAUL. — On en ferait d'une belle dimension aussi avec un œuf d'autruche, qui représente en grosseur à peu près deux douzaines d'œufs de poule. Il va sans dire que les petits de l'autruche savent courir et manger quand ils sortent de la coquille.

Voilà les œufs les plus gros, voyons les plus petits. Ce sont ceux de l'oiseau-mouche, charmante créature dont le splendide plumage ferait pâlir ce que les métaux de prix, les pierreries, les bijoux ont de plus brillant. Il y en a d'aussi petits que nos fortes guêpes et que certaines araignées prennent dans leurs filets comme les araignées de nos pays capturent les moucherons. Leur nid est une coupe de coton grande comme la moitié d'un abricot. Jugez alors des œufs. Il en faudrait trois cent quarante pour faire un œuf de poule, il en faudrait cinquante mille pour faire un œuf d'épyornis.

Émile. — Je me figure alors, dans leur coupe de coton, les petits de l'oiseau-mouche nus, aveugles d'abord et recevant la becquée.

Paul. — Avec cette petitesse de l'œuf, les choses ne peuvent être autrement.

VII

Les Poussins.

Paul. — L'éclosion des œufs n'a pas lieu à la fois; et pour que toute la couvée ait brisé sa coquille, il faut parfois vingt-quatre heures. Un danger se présente alors. Partagée entre le désir de continuer l'incubation et celui de donner ses soins aux nouveau-nés, la mère pourrait s'agiter, se débattre, piétiner sans le vouloir les tendres créatures, et même quitter le nid, ce qui entraînerait la perte des œufs en retard. Que fait-on alors? On prend les premiers nés, avec toute la délicatesse possible, et on les met un à un dans un panier rembourré de laine ou de coton, que l'on tient au chaud près du feu. Quand toute la famille est éclose, on les rend à la mère.

Les premiers jours pour les petits poussins sont difficiles: ils sont si délicats, les pauvrets; si frileux sous leur
clair duvet jaune. Où les tiendra-t-on au début? Sera-ce
pêle-mêle avec la grosse volaille, foule turbulente, querelleuse, grossière, sans ménagement aucun pour les faibles?
Que deviendraient-ils, les innocents, mal équilibrés encore
sur leurs jambes, au milieu des poules gloutonnes qui,
grattant pour déterrer des vers, leur enverraient de
brutales ruades; quel danger pour eux parmi les coqs en
noise, dédaignant de prendre garde aux petits étourdis
égarés sous la pointe de leurs éperons! Non, non, ce n'est
pas là leur place.

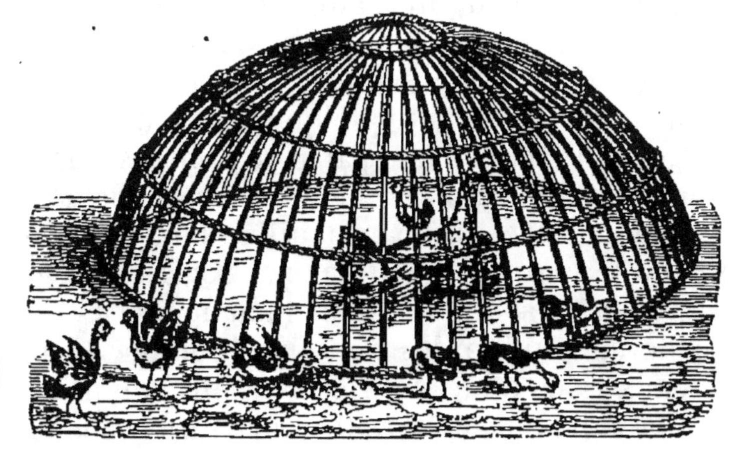

Fig. 9. — Cage à Poussins, ou Mue.

Ce qui leur convient, c'est une pièce à part, isolée de
celle où séjourne la grosse volaille, à température douce
et tapis de paille menue. Si cette pièce manque, on a recours à la *mue,* sorte de grande cage en osier sous laquelle on place la mère avec des vivres. Les barreaux de
ce refuge sont tantôt assez distants pour permettre aux
poussins d'entrer et de sortir à leur guise afin de prendre
leurs ébats; tantôt ils sont plus serrés, et alors on soulève un peu la mue de côté quand on veut donner la liberté aux captifs. Mais la mère reste toujours sous la cage,

d'où elle surveille les poussins, les rappelant à elle à la moindre apparence de danger. Si le temps est beau, la mue est établie dehors, dans un endroit bien exposé, avec un abri de toile, de feuillage ou de paille lorsque le soleil est trop fort.

ÉMILE. — Voilà les petits poussins bien en sûreté, sans péril d'accident parmi la turbulente population de la basse-cour. Si quelque danger survient, la poule jette son cri d'appel, et ceux qui sont dehors franchissent aussitôt l'étroit passage pour se réfugier auprès de la mère. Restent les vivres.

PAUL. — Les vivres ne sont pas oubliés : sous la mue, une assiette contient de l'eau, une autre la pâtée. Pour les tendres poussins, le temps n'est pas venu encore de la forte nourriture, du grain dur, que seul peut digérer un robuste estomac; il leur faut quelque chose de substantiel et de digestion facile. Leur pâtée se compose de mie de pain bien divisée, de quelques feuilles de salade hachée très-menu, d'œufs durcis à l'eau bouillante et d'une pincée de petit millet pour les habituer par degrés au régime du grain. Le tout est soigneusement mélangé.

Au sortir de la coquille, les poussins, comme du reste tous les oiseaux issus d'un œuf relativement volumineux, sont aptes à prendre eux-mêmes la nourriture; cependant faut-il encore, dans leur profonde inexpérience, que la mère leur montre la manière de donner du bec dans la pâtée. Assistons à cette leçon de la première bouchée. La fermière vient de servir le repas sous la mue. Qu'est ceci? se demandent peut-être les naïfs oisillons, dont l'estomac commence à crier famine, depuis tantôt vingt-quatre heures qu'ils sont sortis de l'œuf; qu'est ceci? Tout ébouriffée de joie, la mère les appelle à l'assiette avec une inflexion de voix qui ressemble à un langage. Ils s'approchent, chancelants sur leurs petites pattes. La poule alors donne dans le tas quelques coups de bec, mais fait seulement semblant de manger pour ne pas diminuer l'exquise nourriture réservée aux petits. Un des assistants, mieux avisé peut-être que les autres, semble avoir compris ; il saisit du bec une miette de pain mais la laisse aussitôt retomber. La mère recommence, insiste, encourage de la voix, du regard, et cette fois avale à la vue de tous. Le poussin revient à la miette, et, après deux ou trois essais maladroits parvient à l'avaler, en fermant à demi les yeux de satisfaction. Tiens ! comme c'est bon ! paraît-il se dire ; essayons encore. Et une autre miette y passe ; une parcelle de jaune d'œuf la suit. Désormais cela va tout seul. L'exemple se propage à la ronde ; qui d'ici, qui de là s'essaye du bec, la poule répétant sa patiente leçon pour les moins avisés de la bande. Bientôt toute la couvée a compris et chacun, à qui mieux mieux, becquette la pâtée. Puis viendra la leçon du boire. Comment il faut plonger le bec dans l'eau sans crainte, comment il faut relever au ciel la tête pour faire descendre la gorgée de liquide le long du cou, c'est ce que la poule montrera à ses élèves par des exemples répétés. En l'imitant, quelque étourdi trempera peut-être la patte dans l'eau ou même se laissera choir dans l'assiette, grave sujet d'effroi pour l'inexpérimenté buveur. Mais la poule le séchera sous ses ailes et lui montrera une autre fois à mieux faire. Bref, en une courte séance, toute la couvée est instruite des deux grands besoins de ce monde : le boire et le manger.

Jules. — Voilà des écoliers qui ont bientôt profité ; il est vrai que l'inspiration du ventre, la faim, doit leur venir en aide.

Paul. — Une semaine s'est à peine écoulée, que les poussins franchissent la barrière de la mue et s'aventurent au dehors, pas bien loin, car si quelqu'un fait mine de vouloir s'écarter, la mère l'admoneste et le rapelle à la prudence. A-t-elle soupçon du plus petit péril, par un gloussement persuasif elle invite tout son monde à la retraite. Aussitôt poussins d'accourir et de regagner, à travers les baguettes d'osier ou par le passage de la mue soulevée, le refuge où nul intrus ne peut pénétrer. Quand est venu le moment de ces premières émancipations hors

de la cage, on peut donner la liberté à la poule et lui permettre de conduire la famille à sa guise.

C'est bien un des plus intéressants spectacles de la
ferme que celui de la poule à la tête de ses poussins.
D'un pas lent, mesuré sur la faiblesse de la couvée, elle
va d'ici, puis de là, au hasard des trouvailles, toujours
l'œil vigilant et l'oreille attentive. Elle glousse d'une voix
enrouée par les fatigues maternelles ; elle gratte pour déterrer de menus grains, que les petits viennent prendre
sous son bec. Voici qu'une bonne place est trouvée au soleil, pour se reposer de la promenade et se réchauffer. La
poule s'accroupit, gonfle son plumage et soulève un peu
les ailes arrondies en berceau. Tous accourent et se blottissent sous le chaud couvert. Deux ou trois mettent la
tête à la fenêtre, leur jolie tête éveillée, encadrée dans le
sombre plumage de la mère ; l'un, dans sa hardiesse, se
campe sur le dos, et, de ce poste élevé, becquette le cou
de la poule ; les autres, les plus nombreux, cachés dans le
duvet, sommeillent ou pépient doucement. La sieste faite,
on se remet en promenade, la mère grattant et gloussant,
les petits trottinant autour d'elle.

Qu'est ceci ? C'est l'ombre d'un oiseau de proie qui, un
instant, est venue faire tache au milieu du soleil de la
cour. La menaçante apparition n'a pas eu la durée d'un
clin d'œil ; la poule néanmoins l'a vue. Le danger presse,
l'oiseau de rapine n'est pas loin. Au gloussement d'alarme,
les poussins se réfugient à la hâte sous la mère, qui leur
fait rempart de ses ailes. Et maintenant le ravisseur peut
venir. Cette mère si faible, si timide, qu'un rien mettrait
en fuite dans toute autre occasion, devient d'une impo-
sante audace quand il s'agit de sa couvée. Que l'autour
paraisse, et la poule, ivre de tendresse et d'intrépidité, se
jettera au-devant de la terrible serre. Par ses battements
d'ailes, ses cris redoublés, ses furieux coups de bec, elle
tiendra tête à l'oiseau de proie, qui finira par s'éloigner,
rebuté par cette indomptable résistance.

L'attachement de la poule pour ses poussins se montre

dans une autre circonstance fort remarquable. Comme elle est excellente couveuse, on lui donne parfois à couver les œufs de la cane. La poule élève sa famille d'adoption comme sa propre famille ; elle a pour les petits canards les mêmes soins qu'elle aurait pour ses poussins. Tout va bien tant que les canetons, veloutés d'un poil follet jaune, se conforment aux avis de leur nourrice et courent sous son aile au premier cri d'appel. Mais un jour vient où leur instinct aquatique s'éveille. Ils sentent la mare, les petits canards, la mare voisine, où coasse la grenouille et frétillent les têtards. Ils y vont clopin-clopant, rangés sur une file. La poule les suit, ignorante de leur projet. Ils atteignent la mare et se jettent à l'eau. C'est, alors, de la part de la poule, qui croit sa famille en danger, les gloussements les plus désespérés. Dans ses transes mortelles, la pauvre mère court, comme une folle, sur le rivage, la voix enrouée d'émotion, le plumage hérissé de frayeur. Elle rappelle, menace, supplie. Le rouge de la colère lui monte à la crête, le feu du désespoir lui allume la prunelle. Elle va même, miracle de l'amour maternel! elle va jusqu'à risquer une patte dans l'eau, dans l'élément perfide dont la vue la fait pâmer d'effroi. Mais à toutes ses supplications, les petits canards font la sourde oreille, heureux de pourchasser, au milieu des cressons, le têtard au ventre argenté.

Émile. — Oh! les petits drôles, qui ne veulent pas écouter les avis de leur nourrice ! Cependant, puisque ce sont des canards, ils ne peuvent se passer d'aller à l'eau.

Paul. — Ils y vont très-bien tous seuls d'abord, en dépit des remontrances de la poule ; puis, rassurée par les premiers essais, celle-ci les conduit volontiers au bain et surveille du rivage leurs joyeux ébats.

VIII

La Poularde.

PAUL. — En un mois, les poussins sont assez forts pour se passer des soins délicats du début. On leur supprime alors la pâtée, la fine nourriture où l'œuf cuit s'associait à la laitue hachée et à la mie de pain ; la distribution de vivres consiste uniquement en grains et en verdure. Cette espèce de sevrage ne se fait pas sans quelques regrets de leur part au souvenir de la savoureuse pâtée, mais la mère les dédommage en leur apprenant à gratter la terre et à chercher insectes et vermisseaux, pour eux friand régal. Elle leur enseigne comment la mouche doit être vivement happée lorsqu'elle se réchauffe au soleil contre le mur ; comment le ver doit être appréhendé et retiré du sol avant qu'il rentre dans son trou. Elle leur montre de quelle manière il faut s'y prendre pour exploiter fructueusement une touffe de gazon où les fourmis soignent leurs œufs ; avec quelle attention il faut visiter le dessous des larges feuilles où divers insectes se réfugient. Marauder un peu dans les cultures voisines lorsque l'occasion s'en présente, becqueter les jeunes semis, fureter dans tous les recoins, piller d'ici, piller de là, tout cela rentre aussi dans le programme de l'éducation maternelle. Après quinze jours de pareil exercice, les écoliers sont passés maîtres ; ils perdent le nom de poussins et prennent celui de poulets. La famille alors se dissout : la poule se remet à pondre, et les poulets, désormais experts dans la science difficile de gagner sa vie, sont abandonnés à eux-mêmes.

Des fortunes bien diverses les attendent. Les uns, les favorisés du sort, grandiront paisiblement pour accroître la basse-cour ; d'autres, plus nombreux, une fois convenablement formés, seront livrés au couteau de la cuisine ; quelques-uns, choisis parmi les plus aptes à l'engraissement, subiront un régime qui doit en faire une maîtresse pièce pour la broche. Que je vous raconte aujourd'hui par quelles misérables épreuves passe l'oiseau, pour de-

Fig. 10. — Coq de la Flèche.

venir, notre art aidant, la volaille dodue, succulente, grasse à lard que l'on nomme *poularde*.

JULES. — Une poularde n'est donc pas une espèce particulière de poule?

3.

Paul. — Non, mon ami. La poularde n'est qu'une poule ordinaire artificiellement soumise à un genre de vie qui lui donne de l'embonpoint. Toutes les races ne se prêtent pas également bien à cet engraissement artificiel ; la plus renommmée sous ce rapport est celle de la Flèche, qui fournit les célèbres poulardes du Mans.

Je vous ai déjà dit deux mots de cette race, qui se fait remarquer au milieu de toutes les autres par sa taille élancée et sa hauteur de jambes. Le plumage est entièrement noir, nuancé de reflets violets et verts. Le coq porte fièrement, pour crête, deux cornes charnues d'un beau rouge ; ses barbillons sont très-longs et pendants ; la poule a deux cornes analogues, mais plus courtes ; ses barbillons sont petits et arrondis ; ses jambes enfin n'ont pas la longueur disproportionnée des hautes échasses du coq. Tels sont, par excellence, les patients destinés à la cruelle industrie de l'engraissement. Arrivons à la pratique de la chose.

Le plus grand souci de ce monde est celui de la famille. Vous savez de quels soins continuels et pénibles la poule entoure ses poussins, avec quelle abnégation d'elle-même la mère s'exténue à réchauffer sa couvée. Si l'on n'avait soin de l'enlever du nid pour la faire manger, elle se laisserait périr de faim, oublieuse de sa propre vie en faveur de ses œufs. Est-il possible à l'oiseau de prendre graisse lorsqu'une telle ardeur d'amour maternel lui brûle le sang? Certes non : la première condition pour devenir gros et gras, c'est de ne penser qu'à soi, chose uniquement permise à la bête dont la seule fin est devenir un excellent rôti.

Eh bien, pour faire que la poule ne s'occupe que d'elle-même, ne songe qu'à bien manger et à bien digérer afin d'acquérir fine graissse et chairs abondantes, on la met dans l'impossibilité absolue de pondre, ce qui lui enlève sans retour toute idée de couver et d'élever des poussins. D'une mère prête à tous les dévouements, on fait une brute qui, le jabot plein, n'a plus souci de rien ; enfin une vraie fabrique à lard. Le moyen est cruel. Du tranchant

du canif, on ouvre dans la peau du ventre une boutonnière ; et par cette boutonnière, on détruit, on arrache,
l'organe où naissent les œufs. Avec quelques soins, la
petite plaie bientôt se cicatrise, et l'oiseau mutilé est prêt
pour la vie de poularde. Lâché dans la basse-cour, il n'a
d'autre occupation désormais que de manger, digérer et

Fig. 11. — Poule de la Flèche.

dormir ; dormir, digérer et manger. Avec tel genre de vie,
l'oiseau ne tarde pas à prendre de l'embonpoint. Les
choses cependant ne vont que mieux et plus vite si
l'animal ne peut se mouvoir librement, aller et venir à sa
guise ; car il est à remarquer que l'amour de la liberté, pas
plus que l'amour de la famille, n'engraisse ceux qui en
ressentent les généreuses ardeurs. Vous méditerez cela

plus tard, mes enfants, quand vous serez en âge. On met donc les poulardes en épinette.

Emile. — Et l'épinette, c'est... !

Paul. — C'est une cage, de faible élévation, divisée en cellules dont chacune reçoit une poularde. Accroupi dans son étroit compartiment, l'oiseau ne peut se mouvoir ni simplement se retourner. Des cloisons pleines lui barrent de partout la vue excepté en avant, du côté de l'auge à mangeaille, et l'empêchent de voir ses voisins, ses compagnons d'épinette, afin que rien ne vienne le distraire de sa continuelle digestion. La cage est tenue dans une pièce à douce température, loin de tout bruit et dans une demi-obscurité, qui porte à la somnolence, si favorable aux fonctions de l'estomac. A des heures ponctuellement réglées, assez distantes pour que l'appétit s'éveille, assez rapprochées aussi pour que cet appétit ne devienne pas la faim, qui troublerait le bien-être du ventre et serait nuisible à l'embonpoint de l'oiseau, trois repas sont servis par jour dans l'auge aux vivres. Betteraves crues, pommes de terre cuites, grains concassés, lait caillé, orge, blé, maïs, sarrasin, tour à tour composent le menu, afin d'exciter par la variété et le choix des mets un appétit que la satiété rend de jour en jour languissant. Ainsi nourrie à bouche que veux-tu, la misérable bête, sans autre distraction que celle du jabot, mange pour passer le temps, béatement s'endort, s'éveille et se remet à manger pour s'endormir encore. Sur la fin de l'éducation, la poularde, gorgée outre mesure, se refuse à de nouveaux repas. Pour réveiller jusqu'aux dernières velléités d'appétit, on a recours à des mets raffinés, capables de tenter quelques jours encore sa convoitise. C'est pour le manger, une pâte de farine ; et pour le boire, du lait, du lait pur, s'il vous plaît. Si l'oiseau, suffocant enfin de bombance, ne veut décidément plus consommer, on lui fait prendre les vivres de force.

Émile. — De force ! à lui qui suffoque, n'en peut plus !

Paul. — Oui, mon ami, de force. Bon gré, mal gré, il faut qu'il avale encore pendant quelques jours ; après quoi, vient la fin de ses misères. Il est sacrifié et paraît sur la table en un rôti tendre et juteux, tout rebondi de graisse.

Cette alimentation forcée est la base de la méthode suivie pour obtenir les renommées poulardes du Mans.

D'après les maîtres en cet art, les choses se passent ainsi : Sans subir, au préalable, la mutilation dont je vous ai parlé, la volaille est mise en cages étroites dans une pièce obscure et chaude, dont on a calfeutré portes et fenêtres pour éviter la libre circulation de l'air. Pour nourriture, on détrempe dans du lait un mélange de farine d'orge, d'avoine et de sarrasin, et l'on divise la pâte en morceaux ou pâtons de la forme d'une olive et de la longueur du petit doigt environ. Le nourrisseur, à l'heure des repas, qui doivent être bien réglés, prend trois poules à la fois, les lie ensemble par les pattes, les pose sur ses genoux, et, éclairé d'une lampe, il commence par leur faire avaler une cuillerée d'eau ou de petit lait ; puis il introduit, tour à tour, un pâton dans le bec de chacune des poules, et, pour faciliter la descente des gros morceaux, il presse légèrement des doigts en glissant de la base du bec au jabot. Pendant que l'oiseau alimenté se remet de sa pénible déglutition, les deux autres sont traités de la même manière. A ce premier pâton, en succède un second, un troisième, jusqu'à douze et même quinze, tous introduits dans le bec et avalés bon gré, mal gré. Le jabot suffisamment plein, les trois poules sont remises en loge, où elles n'ont plus qu'à sommeiller et à digérer paisiblement leur copieux repas. Les autres suivent, trois par trois et par ordre.

JULES. — Et si le jabot est trop bourré avec ces douze à quinze pâtons, la poule ne peut-elle périr, étouffée de nourriture ?

PAUL. — Le danger n'est pas grand, tout passera fort bien. Rappelez-vous l'étonnante puissance de digestion des oiseaux et les expériences que je vous ai racontées à ce sujet.

JULES.— Il est vrai qu'un gésier capable de se débarrasser de balles de plomb hérissées d'aiguilles ou de lancettes, doit avoir bientôt raison de quelque morceaux de pâte.

PAUL. — D'ailleurs on veille à ne pas dépasser les forces digestives de l'oiseau. On s'arrête quand on juge le jabot plein à point. Il faut de six semaines à deux mois de ce traitement pour amener la poularde à perfection.

JULES. — J'ai trop haute estime de la poularde devenue rôti hors ligne pour médire de ce que je viens d'apprendre ; néanmoins, je vous avouerai, mon oncle, que cet engraissement barbare me répugne. J'ai pitié de ces pauvres bêtes accroupies à l'obscur, dans des cellules où elles ne peuvent remuer, et bourrées de force de nourriture jusqu'à étouffer.

PAUL. — Cette commisération part d'un bon naturel ; je l'approuve ; mais après tout, comment faire ? Puisque la poularde nous est nécessaire, faut-il encore se résoudre aux moyens qui de la poule font la poularde. De la vie de l'animal s'entretient notre vie. A cela, la commisération ne peut rien, si ce n'est amoindrir, autant qu'il est en nous, la souffrance nécessaire, et surtout éviter que les victimes de nos besoins soient aussi les victimes d'une inutile et stupide brutalité.

IX

Le Dindon.

PAUL. —Des oiseaux de nos basses-cours, le dindon est le plus remarquable ; j'en excepte le paon, uniquement élevé pour l'incomparable richesse de son plumage. Il a la tête et le cou recouverts d'une peau nue et bleuâtre, chargée en arrière de mamelons blancs et en avant de mamelons rouges, qui se gonflent et retombent en grosses pendeloques, semblables, pour la couleur, à de la cire d'Espagne. Sur le bec lui descend une mèche charnue,

courte et ridée quand l'oiseau est tranquille, longuement
pendante et vivement colorée lorsque l'animal veut faire
valoir sa parure. Au centre de la poitrine est appendue une
rude touffe de crins. Pour faire le beau, il se rengorge,
gonfle ses pendeloques rouges, allonge la mèche charnue
du bec, rejette la tête en arrière, étale en roue les plumes

Fig. 12. — Le Dindon.

de la queue et laisse traîner à terre le bout des ailes à demi
épanouies. Dans cette posture grotesquement superbe, il
tourne avec lenteur pour se faire admirer sous tous ses aspects ; de temps à autre, un bruit sourd, *puf-puf*, qu'accompagne une sorte de détente convulsive des ailes, est le
signe de sa haute satisfaction. Si quelque bruit, un coup
de sifflet surtout, vient à l'inquiéter, il replie ses atours,

et, allongeant le cou, jette à la hâte un *glou, glou, glou,* qui semble expectoré du fond de l'estomac.

ÉMILE. — En sifflant aux dindons qui paissent dans les champs, je leur fais répéter leur cri aussi souvent que je veux. Les dindes n'ont pas le *glou, glou;* elles piaulent plaintivement.

PAUL. — Cet oiseau est une récente acquisition de nos basses-cours; il nous est venu de l'Amérique du Nord, dans le XVIe siècle. Comme l'on donne à l'Amérique la dénomination d'Indes occidentales, par opposition aux Indes de l'Asie ou Indes orientales, l'oiseau originaire des forêts du Nouveau-Monde fut appelé coq d'Inde et poule d'Inde; d'où l'on a fait, en abrégeant, dindon et dinde. Longtemps ce fut un oiseau peu répandu, que l'on conservait comme une précieuse rareté; le premier qui parut sur la table fut servi, dit-on, au repas de noces de Charles IX.

Le dindon vivait et vit encore aujourd'hui à l'état sauvage dans les forêts des États-Unis de l'Amérique du Nord. Ses mœurs nous sont racontées par un célèbre naturaliste, Audubon, qui, le fusil sur l'épaule, son registre de notes, son crayon, ses pinceaux dans le carnier, parcourait les solitudes les plus reculées pour observer, peindre et décrire les oiseaux.

La dinde, nous dit-il, fait son nid à terre, avec des feuilles sèches, dans un trou, parmi les ronces, ou bien au pied d'un vieux tronc d'arbre. Elle ne le quitte jamais sans avoir la précaution de le bien cacher sous des feuilles afin de le rendre introuvable. Pour y revenir, elle dissimule la voie suivie en changeant chaque fois de route. Lorsque les œufs sont près d'éclore, aucun péril, si pressant qu'il soit, ne les lui fait abandonner. Plutôt que de fuir, elle souffrira qu'on l'entoure, qu'on la capture même.

Un jour, je fus témoin d'une éclosion; j'avais guetté le nid dans l'intention de m'emparer de la mère et des jeunes. Je me couchai à terre à quelques pas seulement, et je la vis se lever à moitié sur les jambes, jeter sur les œufs un regard inquiet, piauler d'un ton alarmé, éloigner

soigneusement chaque coquille vide, puis, avec sa poitrine,
caresser et sécher les nouveau-nés, qui, tout chancelants,
cherchaient déjà à se tenir debout. Oui, j'ai vu tout cela
et j'ai oublié mes projets de capture ; j'ai laissé la mère et
ses petits aux soins de Celui qui leur avait donné la vie, qui
m'a créé moi-même, et qui, bien mieux que moi, devait
subvenir à leurs besoins. Je les ai vus tous sortir de la coquille, et, une minute après, roulant, culbutant, se pousser
l'un l'autre hors du nid, par un instinct admirable dont
nul ne peut scruter le mystère.

JULES. — Voilà un chasseur comme je les aime, qui
savent s'abstenir devant le touchant spectacle d'un nid.
Vous l'avez appelé ?

PAUL. — Audubon.

JULES. — Ce nom, je ne l'oublierai plus.

PAUL. — Et ce sera justice, car peu d'observateurs ont
parlé des oiseaux avec autant d'âme que lui.

Je continue à puiser dans son récit. Vers le commencement d'octobre, dit-il, les dindons sauvages s'attroupent
par sociétés d'une centaine et se mettent en marche vers
les riches vallées le l'Ohio et du Mississipi. Si quelque rivière leur barre le passage, ils gagnent les éminences des
environs et y demeurent tout un jour, quelquefois deux,
comme pour délibérer. Avec d'interminables *glou glou*,
ils s'agitent, se pavanent, font la roue, pour élever leur
courage au niveau d'une si périlleuse aventure. Les mères,
entourées de leur jeune famille, se tiennent à l'écart.
Elles s'abandonnent à des élans emphatiques, à des sauts
extravagants ; ou bien, la queue étalée, elles tournent avec
un bruit sourd autour l'une de l'autre. Enfin la décision
est prise : la bande entière monte au sommet des plus
hauts arbres ; le chef de file donne le signal, *cluck,* et
tous s'envolent vers la rive opposée. Les vieux, les forts
l'atteignent aisément, la rivière eût-elle mille ou deux
mille mètres de largeur ; mais les jeunes et les moins robustes tombent fréquemment à l'eau. Ils ramènent alors
les ailes près du corps, étalent la queue pour se soutenir,

et, détachant à droite et à gauche de vigoureux coups de pattes, nagent rapidement vers le bord. Ayant pris terre, ils courent follement çà et là en désordre pour se sécher.

De leurs nombreux ennemis, les plus formidables, après l'homme, sont le hibou des neiges et le grand-duc de Virginie. Pour passer la nuit, les dindons perchent habituellement en société, sur les branches nues; aussi sont-ils aisément découverts par leurs ennemis, les hiboux, qui, sur leurs ailes silencieuses, s'approchent et voltigent autour d'eux, choisissant leur proie du regard. Heureusement tous ne dorment pas, et à un simple *cluck* de celui qui veille, toute la bande est avertie de la présence du ravisseur. A l'instant, ils sont debout, attentifs aux évolutions du hibou, qui, son choix fait, fond comme un trait sur l'oiseau. Infailliblement il s'en emparerait si le dindon, baissant la tête, n'étalait aussitôt sur son dos sa queue renversée. Alors l'assaillant, ne rencontrant sous sa griffe qu'un plan incliné de robustes plumes, glisse sans faire du mal au dindon; et celui-ci, sautant à terre, en est quitte pour un peu de désordre dans son plumage.

ÉMILE. — Se faire une cuirasse de la queue étalée en roue est un moyen de défense fort ingénieux. Le dindon n'est pas aussi sot qu'on le dit.

PAUL. — Il est si peu sot, que nous n'avons pas, dans les basses-cours, d'ami plus passionné de la liberté. Dans leur pays natal, les dindons errent par les grands bois du matin au soir, infatigables à rechercher insectes et grosses larves, fruits et semences de toutes sortes, les glands et les noix surtout, dont-ils sont très-friands. Aussi les mœurs casanières de la basse-cour ne leur conviennent nullement. Il leur faut le grand air des champs et l'exercice des longues promenades. Les landes, les bois, les coteaux abondants en sauterelles, sont pour eux les lieux préférés. Leur naturel craintif les fait docilement obéir. Un enfant suffit, armé d'une longue gaule, pour conduire la bande aux champs, si nombreuse qu'elle soit. Alors sont parcourus pas à pas, aujourd'hui d'un côté, demain de l'autre, les chaumes où le troupeau glane les grains tombés des épis, les gazons où bondit le criquet, les bois où se trouve abondante pâture de châtaignes, de faînes et de glands.

Malgré ces promenades aux champs, qui lui rappellent un peu la vie vagabonde au sein des immenses forêts de son pays, le dindon n'acquiert jamais en domesticité la corpulence et la richesse de plumage qu'il possède à l'état libre. Chose remarquable : à l'inverse des autres espèces animales qui, par les soins de l'homme, se sont améliorées c'est-à-dire ont augmenté de volume, le dindon, lui, a dégénéré entre nos mains, comme rongé par l'indomptable regret de ses forêts natales, où mugit le bison chassé par l'Indien à peau rouge. Le dindon domestique est près de moitié moindre que le dindon sauvage. Et puis quelle différence dans la parure! L'oiseau de nos basses-cours est uniformément noir, ou roussâtre, quelquefois blanc. L'oiseau des solitudes boisées du Nouveau-Monde est splendide de costume. Le brun bronzé prédomine, mais le cou, la gorge et le dos ont, à la lumière, des reflets métalliques ; et comme le plumage est nettement imbriqué, le tout a l'aspect d'une armure d'écailles or et acier. En outre, les grosses plumes des ailes ont à l'extrémité une tache d'un blanc pur.

JULES. — D'après ce portrait, je vois bien que l'oiseau n'a pas gagné en plumage dans nos demeures.

PAUL. — La chair n'a pas gagné davantage pour les qualités nutritives : on dit celle du dindon sauvage incomparablement meilleure.

LOUIS. — C'est tout le contraire de la poule, qui d'abord aussi petite que la perdrix et peu en chair comme elle, est devenue la grosse poularde.

PAUL. — Tel qu'il est, le dindon domestique n'en est pas moins la plus précieuse acquisition de la basse-cour, après la poule et le coq toutefois. Occupons-nous maintenant de lui.

La ponte a lieu en avril. Elle se compose d'une vingtaine d'œufs, d'un blanc terne tiquetés de rougeâtre. Ces œufs ne sont presque jamais employés comme nourriture, non qu'ils soient mauvais, loin de là, mais ils sont trop précieux et trop peu abondants pour être convertis en omelette. A mesure que la dinde les pond, on les cueille et on les conserve dans un panier matelassé de foin ou de vieux linges jusqu'au moment de l'incubation. La cueillette n'en est pas toujours aisée. Fidèle à ses habitudes sauvages, la dinde n'accepte pas volontiers le nid du poulailler. Elle va en cachette déposer ses œufs dans les tas de paille, les fourrés de buissons, les haies du voisinage. Il faut donc épier ses démarches, déjouer ses ruses et visiter de temps à autre ses retraites de prédilection.

L'incubation est sans difficulté, tant la dinde est bonne couveuse. Comme la poule, elle s'attache à ses œufs d'un amour passionné; comme la poule, elle oublie sur sa couvée la nourriture, tellement qu'il faut l'enlever chaque jour du nid pour la faire manger et boire, sinon elle se laisserait mourir de faim. Les petits éclosent au bout de trente jours. Rien de plus délicat que ces nouveau-nés. Le moindre froid les morfond, une ondée de pluie leur est fatale, la seule rosée met leur vie en péril, le plein soleil les tue subitement. Que l'on tarde un peu trop à distribuer la nourriture, que la mère, si lourde, empêtre gauchement ses pattes au milieu de la nombreuse famille, et les affamés, les piétinés périssent. Un autre danger les attend à l'âge de deux à trois mois. Les dindonneaux sortent de l'œuf avec la tête couverte de poil follet, sans aucune trace des mamelons rouges qui doivent l'orner plus tard. Entre deux et trois mois, ces mamelons, vrais colliers et pendeloques de corail, commencent à se montrer; on dit alors que le rouge pousse. Il se fait à cette époque dans l'oiseau un pénible changement, qui pour beaucoup est mortel, surtout pendant les années humides. On vient en aide aux maladifs avec quelques gorgées de vin tiède qu'on leur fait avaler de force. Tout compte fait, voilà bien des chances de mort pour la couvée de la dinde. Joignons-y le petit nombre d'œufs de la ponte, et nous

nous expliquerons pourquoi, malgré sa haute utilité, le dindon est moins fréquent que le coq et la poule.

Audubon nous a appris, lorsqu'il assistait, embusqué dans un buisson, aux soins de la couveuse, que les dindonneaux quittent le nid presqu'aussitôt la coquille brisée. Un instant, la mère les réchauffe, les sèche sous sa poitrine; puis, trottinant et culbutant, ils abandonnent la couchette de feuilles pour ne plus y revenir. En domesticité, les choses se passent de même. Une fois éclos, les dindonneaux quittent le nid et n'ont désormais d'autre gîte que le couvert de leur mère, qui les abrite sous ses ailes absolument comme le fait la poule. Ce sont d'ailleurs de sa part les mêmes soins pour sa famille, la même vigilance pour prévoir le péril, la même audace pour tenir tête à l'oiseau de rapine. Les premiers jours, la retraite de l'ample cage sans fond, de la mue, si utile aux poussins, n'est pas moins utile aux dindonneaux. On y place la dinde, avec provisions de choix, et les petits ont liberté d'aller et venir à leur guise. Ces provisions consistent en une pâtée semblable à celle que l'on donne aux poussins et composée de mie de pain, de lait caillé, de salade et d'orties hachées, d'un peu de son, d'œufs durs. Plus tard vient le grain, en particulier l'avoine. Quand le temps est beau, on place la mue au dehors, à une bonne exposition, sur un sol bien sec, et on laisse la couvée prendre ses ébats une paire d'heures, vers le milieu du jour. Ce qu'il faut éviter avec soin, c'est la pluie, la rosée, l'humidité; tout dindonneau mouillé est en grave péril.

Autant l'oiseau est délicat dans ses débuts, autant il est robuste une fois qu'il a franchi sans encombre la difficile époque du rouge. L'abri du poulailler ne lui est plus nécessaire pendant la nuit. Si froid que soit le temps, il dort à la belle étoile, juché sur les branches de quelque arbre mort ou sur une perche fixée au mur. Vainement la bise souffle et la gelée sévit, le dindon paisiblement repose, à la manière de ses confrères dans les bois de l'Amérique, et sans crainte qu'un hibou des neiges vienne interrompre son sommeil et l'obliger à étaler précipitamment sa queue, pour se faire une cuirasse contre les serres du ravisseur.

Je terminerai cette histoire par quelques mots sur une curieuse méthode d'engraissement, usitée en certains pays, la Provence surtout, le Morvan et la Flandre. En sus de la nourriture habituelle que les oiseaux à l'engrais prennent tous seuls, on fait avaler de force, à la dinde et au dindon, des noix entières.

ÉMILE. — Entières, mais sans la coque.

PAUL. — Non, mon ami; bel et bien avec la coque; des noix enfin telles que l'arbre les donne.

ÉMILE. — Une noix avec sa coque, pour peu qu'elle soit grosse, doit faire une bouchée bien difficile à avaler, plus difficile encore à digérer.

PAUL. — Je ne dis pas; mais enfin, le doigt poussant un peu la noix dans le gosier et la main pressant avec douceur de la base du bec au jabot, la volumineuse bouchée finit par descendre, non sans quelques grimaces de la part de l'oiseau.

ÉMILE. — Il y a de quoi.

PAUL. — Une noix, ce ne serait rien; mais les choses ne s'arrêtent pas là. Le lendemain, on les force à en avaler deux, le surlendemain trois, et l'on va toujours ainsi en augmentant la dose. En Provence on se borne à quarante noix par jour, ailleurs on pousse jusqu'à cent.

JULES. — Et le dindon ne périt pas, ainsi bourré de noix, grosses et dures autant que des cailloux?

PAUL. — C'est une bénédiction de le voir prospérer et prendre graisse avec une nourriture qui étoufferait tout autre animal que l'oiseau.

LOUIS. — Avec cent noix dans le jabot, ou seulement quarante, le dindon ne doit pas être à son aise.

PAUL. — Elles ne sont pas introduites toutes à la fois, mais par portions, dans le courant de la journée.

JULES. — N'importe : si vous ne nous aviez déjà dit d'après ce savent italien... Attendez... Comment l'appelez-vous?

Paul. — L'abbé Spallanzani.

Jules. — Oui, l'abbé Spallanzani. Si vous ne nous aviez dit, d'après ses expériences, l'inconvenable puissance du gésier, je ne comprendrais jamais qu'un dindon puisse venir à bout de digérer des noix entières, jusqu'à quarante, jusqu'à cent en un jour.

Paul. — Tout est fort bien réduit en purée dans le gésier, coquilles et amandes; tout passe comme beurre; et l'oiseau, gras à lard, devient la pièce d'honneur des fêtes de la Noël.

X

La Pintade.

Paul. — Il y avait une fois... Cela commence, vous le voyez, comme les contes de Cendrillon et de Peau-d'âne. Allons-nous passer notre temps au récit des merveilles de quelque fée marraine? Pas du tout. Je me propose simplement de vous dire l'histoire de la pintade; et cette histoire se trouve, de fortune, associée en ses débuts à une certaine fable que l'on racontait, il y a des mille et des mille ans, le soir, au coin du feu, aux petits garçons, comme l'on vous raconte aujourd'hui les tragiques aventures du Petit-Poucet avec l'Ogre. Je reprends donc.

En ce coin de terre que nous appelons la Grèce, coin de terre qui, dans les anciens âges, a tant fait parler de lui' il y avait autrefois un valeureux jeune homme, fils du roi de la contrée, dont l'occupation favorite était la chasse. Je dis occupation et non délassement, car en ces temps misérables où l'industrie de l'homme commençait à naître, la campagne regorgeait d'animaux féroces dont il fallait à tout instant défendre et soi-même et le troupeau, depuis peu rassemblé sous la houlette du berger. Au péril de leur vie, les vaillants se chargeaient de cette rude besogne.

Beaucoup y succombaient, quelques-uns y acquéraient une renommée assez grande pour braver le cours des siècles et arriver jusqu'à nous. Le nom de ces antiques tueurs de monstres nous est parvenu environné d'une héroïque auréole. Tel est le nom de Méléagre, que portait le jeune homme dont je vous parle.

Une peau de bête fauve sur le dos en guise de vêtement, à la main un solide pieu appointé et durci au feu, sur l'épaule un carquois rempli de flèches dont la pointe était un petit caillou aigu, à la ceinture un assommoir de bois dur et une hache de pierre aiguisée sur le grès, le bouillant chasseur parcourait le pays, traquant les animaux redoutables jusque dans leurs repaires, forêts ténébreuses, antres des montagnes, fourrés impénétrable de roseaux.

ÉMILE. — Pourquoi, affrontant ainsi les bêtes féroces, ces gens-là n'avaient-ils pour armes qu'un bâton aigu, des flèches à pointe de caillou et des haches de pierre? Que ne prenaient-ils de solides armes de fer?

PAUL. — Il y avait à cela empêchement majeur : les métaux étaient inconnus, et le fer, l'un des derniers en date, n'a été à l'usage de l'homme que bien longtemps après. On s'armait donc comme l'on pouvait, avec la pointe d'un os, avec l'arête tranchante d'un caillou cassé.

LOUIS. — Je conçois alors ce qu'avaient de dangereux et de méritoire de pareilles chasses. Aujourd'hui l'on ferait bien triste figure, rien qu'en tête à tête avec un loup, si l'on n'avait pour l'attaquer qu'un pieu appointé.

PAUL. — Et que serait-ce si l'on se trouvait face à face avec le sanglier dont Méléagre débarrassa le pays. D'après les vieux auteurs qui nous ont transmis la chose, c'était un animal comme on n'en avait jamais vu et comme on n'en verra jamais plus. Le ciel, dans sa colère, l'avait envoyé ravager les campagnes. Il dépassait en taille, disent-ils, les plus forts taureaux. De ses yeux, rouges de sang, jaillissait l'éclair ; de son horrible hure s'exhalait un souffle embrasé qui desséchait à l'instant le feuillage des arbres; en quelques coups de son boutoir, il déracinait les chênes;

avec ses crocs, plus formidables que les défenses de l'éléphant, il éventrait profondément la terre et faisait voler de pesants quartiers de roc ainsi qu'une simple poussière. Que devenaient les pauvres gens quand cette brute se précipitait, furieuse! Tous fuyaient affolés de peur, les mains au ciel, la voix étranglée d'épouvante.

Louis. — Il doit y avoir de l'exagération là dedans : un sanglier n'atteint pas ces dimensions et cette force.

Paul. — Et certes, oui, il y a de l'exagération, comme en tant d'autres récits qui, traversant de long siècles, grossissent un fait réel et l'accompagnent d'accessoires merveilleux. Ramenons les choses au vraisemblable. Un énorme sanglier jette la panique dans le pays. Pour une population dépourvue de bonnes armes et n'ayant d'autre refuge que de fragiles huttes de roseaux, ce dut être un bien dangereux voisinage.

Pour conjurer le péril commun, Méléagre rassemble l'élite des environs et se met à la tête des chasseurs, parmi lesquels se trouvaient deux de ses oncles, deux frères de sa mère, hommes violents et fort jaloux de la renommée que leur neveu avait déjà acquise par les exploits de sa vaillance. On va au monstre. Les premiers qui approchent la bête payent de la vie leur témérité. Déjà plusieurs mordent, sans résultat, la poussière, quand Méléagre, plus heureux, et sans doute aussi plus adroit, parvient à transpercer la bête de son pieu. La victoire est à lui, et le sanglier doit lui appartenir, du moins la hure, trophée de son courage ; mais ainsi ne l'entendent pas les oncles, furieux du nouveau titre de gloire que leur neveu vient d'ajouter à tant d'autres. La dispute s'échauffe, et comme en ces temps de brutale misère, on passait rapidement des raisons aux coups, Méléagre, ivre de colère, met à mort ses deux oncles du même pieu rougi du sang de la bête.

Jules. — Ah! le misérable !

Paul. — Mal lui en advint. A la nouvelle de la mort de ses deux frères, la mère de Méléagre perd la raison de douleur. Elle tire d'une armoire, où elle le conservait avec les plus grands soins, un tison noirci au bout. D'une main égarée par l'angoisse, elle prend ce tison, ce cher tison pour lequel, avant, elle aurait donné ses yeux, sa vie, et le jette au feu, où il se consume à l'instant. Ah ! qu'a-t-elle fait là, la malheureuse mère ; qu'a-t-elle fait là ! En ce moment, son fils Méléagre se meurt consumé par une flamme intérieure ; il se meurt, il est mort, car le tison vient de jeter sa dernière lueur. Dans son désespoir, la pauvre mère se tue.

Le rapport vous échappe entre ce tison réduit en cendres et la fin de Méléagre ; je m'empresse de porter la lumière en ce point. Je vous apprendrai donc qu'à la naissance de Méléagre, un tison jaillit tout à coup de dessous terre et vint flamber au milieu de l'appartement, tandis qu'une voix montant des profondeurs, comme un grondement infernal, disait : Cet enfant vivra tant que le tison ne sera pas consumé.

Jules. — Nous sommes donc en plein conte de fées !

Paul. — Nous y sommes en plein. L'histoire ici fait place à la fable. Or le tison brûlait sur le plancher et menaçait de finir vite. On se hâta de le ramasser et de l'éteindre dans l'eau. Depuis lors, la mère le conservait avec des soins extrêmes, comme son bien le plus précieux, persuadée que son fils vivrait de très-longs jours, lorsque, égarée de douleur, à la nouvelle de la mort de ses frères, elle le jeta au feu. Comme l'avait dit la voix souterraine, au moment où le tison achevait de se consumer, Méléagre succombait, dévoré par une flamme intérieure.

Émile. — Le conte est amusant, mais je ne vois pas du tout ce qu'il a de commun avec l'histoire de la pintade.

Paul. — Dans un instant, vous le verrez. Inconsolables de la mort de leur frère, les sœurs de Méléagre ne cessaient de répandre des pleurs, qui ruisselaient en perles sur leurs vêtements de deuil ; nuit et jour, elles remplissaient la maison de leurs déchirants sanglots. Le Ciel eut pitié d'elles et les changea en oiseaux jusqu'à ce moment inconnus, en pintades, dont le plumage est encore parsemé des pleurs des malheureuse filles et dont les incessantes clameurs continuent leurs sanglots. Telle serait, d'après les anciens, l'origine des pintades, nommées par eux méléagrides en l'honneur du héros de la légende.

L'imagination enfantine de l'antiquité a brodé le conte de la métamorphose des sœurs de Méléagre sur les deux traits les plus saillants de la pintade, le plumage et le cri. Sur un fond gris-bleu, couleur de deuil, le plumage est semé d'innombrables taches rondes et blanches. Ce sont là les pleurs, ruisselant en perles sur l'oiseau comme ils ruisselaient sur les sombres vêtements des sœurs inconsolables. La voix de la pintade est un cri discordant, continuel, insupportable : la fable y reconnaissait, sans hésiter, les pénibles sanglots des sœurs de Méléagre.

Louis. — Ces rapprochements sont ingénieux ; ils ne dispensent pas néanmoins de connaître la réelle origine de la pintade. Même en ces vieux temps, tous ne pouvaient ajouter foi au singulier conte que vous venez de nous dire.

Paul. — Beaucoup s'en contentaient, sans plus d'information. Et de nos jours, mon ami, en ce siècle dit de lumières, est-il donc si rare qu'une chose s'implante en l'esprit d'autant plus facilement qu'elle est plus absurde ! Beaucoup s'en contentaient, mais les avisés savaient fort bien que l'oiseau nous est venu de l'Afrique, et pour cette raison le nommaient poule africaine.

Ces antiques dénominations sont maintenant hors d'usage et remplacées par le mot de pintade, que d'autres, non sans raison, écrivent peintade. En effet, les taches blanches, semées sur le fond gris-bleu du plumage, sont si bien arrondies et si régulièrement distribuées, qu'on les dirait tracées au pinceau par un peintre. L'oiseau semble peint, de là son nom.

La pintade a les formes arrondies. Son aile courte, sa queue pendante et la disposition générale des plumes du dos, lui donnent une apparence bossue, apparence fausse, car, une fois plumé, l'oiseau n'a plus rien de sa gibbosité première. Le cou est fluet. Imitant en cela son compatriote le chameau, la pintade le redresse et l'allonge, quand elle fuit à la hâte, pareille à une boule qui roule. La tête est petite et en partie dépourvue de plumes, à la manière de celle du dindon. Deux barbillons teintés de rouge et de bleu pendent à la base du bec. Le haut du crâne est défendu par une peau sèche, se relevant en forme de casque, qui n'est peut-être pas sans utilité lorsque, dans leur humeur batailleuse, les pintades s'escriment à se fendre mutuellement la tête à coups de bec.

Fig. 13. — La Pintade.

Bien des qualités recommandent cet oiseau à notre attention. Les œufs sont excellents et nombreux, une centaine et plus par an. Ils sont un peu moindres que ceux de poule, remarquablement épais de coquille, de teinte jaunâtre ou rougeâtre terne. Sa chair est supérieure, un vrai gibier, presque l'équivalent du faisan et de la perdrix; et pourtant la pintade est rare à peu près partout. Trois graves défauts en sont cause : le cri, le caractère querelleur, l'humeur errante.

Et d'abord le cri. Qui n'a pas eu, des heures et des heures, l'oreille martyrisée par la satanée musique de l'oiseau ignore l'un des petits supplices les plus agaçants. Le grincement de la lime qui mord sur les dents d'une scie qu'on aiguise, la note discordante du chat qui s'étrangle, la roulade finale de l'âne qui brait, comparativement sont bagatelles. Et ce charivari dure du matin au soir, avec renforcement d'orchestre lorsque le temps veut changer, ou qu'une chose inattendue vient jeter l'émoi parmi les concertantes. Si l'on n'est pas gratifié d'une oreille faite exprès, si l'on n'a pas la tête vide de toute préoccupation, il est impossible de tenir à l'assourdissant ramage. On dit que les pintades ont hérité des complaintes des sœurs de Méléagre ; mais j'aime à croire que les pauvres filles mettaient dans la navrante expression de leur douleur un peu plus de réserve. Bref, qu'on ne parle jamais à l'oncle Paul d'avoir des pintades sous sa fenêtre ; il s'enfuirait au plus profond des bois pour ne plus revenir. D'autres, et ils sont nombreux, n'ont pas moins les nerfs agacés par l'insupportable oiseau ; et c'est ainsi que la pintade est rare dans les basses-cours, et par sa musique échappe à la broche.

Secondement, l'amour de la bataille. Au casque de parchemin crânement dressé sur la tête, on reconnaît déjà la manie querelleuse de l'oiseau. La pintade est le bretteur de la basse-cour ; elle s'impose à la volaille, et pour un rien lui cherche noise. Poules et poulets sont harcelés pour la possession d'un grain d'avoine ; le coq, à tout instant, doit s'escrimer du bec pour faire respecter ses droits et ceux des siens ; le dindon lui-même, le lourd dindon, doit compter avec elle. La pintade, alerte à l'attaque, a fait dix tours et donné vingt coups de bec avant que le gros adversaire se soit mis en défense. Quand enfin le dindon riposte, le turbulent agresseur use d'une tactique de guerre qu'il semble avoir apprise de son compatriote l'Arabe. Il tourne le dos à l'ennemi, fuit à la hâte, puis brusquement revient à la charge et se jette à fond de train sur le dindon, au moment où celui-ci n'y prend garde. Le coup de bec asséné, la fuite recommence. Presque toujours, le dindon est forcé de capituler. Je vous laisse à penser ce que devient la paix d'une basse-cour avec de tels trouble-repos.

Troisièmement, la passion du vagabondage. L'étroit domaine de la basse-cour pèse aux pintades. Volontiers elles assistent à la distribution des vivres, mais une fois le jabot plein, il leur faut la longue promenade à travers champs. Les voilà parties, toujours bande à part, sans jamais admettre dans leurs rangs le commun de la volaille. Au son de son aigre babil, la troupe va de l'avant d'une haie à l'autre, d'un buisson au suivant, pour happer quelques insectes. Les distractions de la chasse font oublier la distance, et bientôt les pintades sont hors de la surveillance de la ferme. Qu'un chien survienne, et ces oiseaux, gibier à demi privé, sont saisis d'une folle panique. Qui fuit d'ici qui fuit de là, avec un cri d'alarme pareil au grincement d'une crécelle. La troupe débandée aura bien de la peine à se rejoindre, peut-être en rentrant manquera-t-il quelqu'un à l'appel. Autre inconvénient non moins grave. Pendant ces excursions, les œufs sont déposés un peu partout, dans les blés, les prairies, les broussailles. A moins d'une surveillance attentive au moment de la ponte, sera bien fin qui trouvera le nid de l'oiseau soupçonneux.

La pintade couve à peu près comme la poule commune, mais il est préférable de confier les œufs à la poule elle-même, qui s'acquitte parfaitement de la tâche imposée, et ne fait pas de différence entre ses propres œufs et ceux d'une étrangère. L'éclosion a lieu du vingt-huitième au trentième jour. Au sortir de la coquille, les pintadeaux marchent et mangent seuls, tout aussi bien que les poussins. Il leur faut de la chaleur et des soins assidus. La première semaine, on les nourrit avec une pâtée de mie de pain et d'œufs durs, à laquelle on ajoute des œufs de fourmis ou tout au moins un peu de viande hachée. On les soumet ensuite au même régime que les poussins. Comme les dindonneaux, ils ont une époque périlleuse à passer, l'époque où la coloration rouge commence à se montrer sur la peau nue de la tête. Pour les tirer d'affaire, le meilleur est une nourriture fortifiante et un refuge à l'abri de toute humidité.

XI

Les Palmipèdes.

PAUL. — Aux outils de l'ouvrier se reconnaît le métier ; aux outils de la gent emplumée, le bec et les pattes, se reconnaît non moins aisément la manière de vivre de l'oiseau. Si l'on ne le savait déjà, qui ne devinerait les mœurs carnassières du faucon à la forme du bec court, tranchant et crochu, à la structure des serres armées d'ongles acérés, dont la face inférieure est creusée d'une fine rigole, ainsi que certains poignards, pour faciliter l'écoulement du sang de la blessure ? Faut-il être doué d'une perspicacité bien grande pour reconnaître, dans les hautes jambes du héron, de véritables échasses qui permettent de parcourir pas à pas, sans se mouiller, les bas-fonds inondés, ainsi que le fait le chasseur avec ses hautes bottes imperméables, les bottes de marais ? Et puis, ce bec si long, pointu comme un clou, ne nous dit-il rien ? N'annonce-t-il pas que l'oiseau fouille profondément dans les touffes de jonc et dans la vase molle pour en extraire le reptile et le ver ?

ÉMILE. — C'est le héron dont parle la fable :

> Un jour, sur ses longs pieds, allait, je ne sais où
> Le héron, au long bec emmanché d'un long cou.

PAUL. — Lui-même. Tout est long dans le héron : les pattes, le bec, le cou. La longueur des pattes permet à l'oiseau d'explorer à l'aise le marécage, tout le jour durant, sans se mouiller une plume ; la longueur du cou lui est nécessaire pour atteindre le sol sans se baisser ; la longueur du bec lui est indispensable pour fouiller les hautes touffes d'herbages où se tapit le reptile et pour sonder la vase ou s'enfouit le ver.

JULES. — J'entrevois assez bien que, d'après la tournure de l'oiseau, on peut juger du caractère. Le héron porte inscrit sur sa mine le métier qu'il fait.

PAUL. — Le canard, à son tour, le dit d'une manière

Fig. 14. — Le Héron.

non moins claire. Oublions ses mœurs, qui nous sont si familières, et tâchons de les retrouver d'après la conformation des pattes et du bec.

Le bec du canard est très-large, aplati, rond au bout. Le comparerons-nous au bec de la poule, adroite pince qui saisit les grains un à un? La comparaison n'est pas possible. Y verrons-nous un outil fonctionnant à la manière de la sonde pointue du héron? Encore moins. En ferons-nous l'équivalent du croc sanguinaire de l'oiseau de proie ? Personne ne s'en aviserait, tant la différence est grande. Mais on voit tout de suite dans ce bec large et rond une cuiller propre à saisir la nourriture dans l'eau, de même que les cuillers de nos services de table permettent de puiser les tranches de pain ou le riz nageant dans un bouillon trop clair. Le canard barbote donc : il puise l'eau à grandes cuillerées, c'est-à-dire à plein bec, et cherche là dedans de quoi vivre. Or le bouillon est des plus clairs et d'ailleurs lui-même sans aucune valeur nutritive. Il lui faut par conséquent rejeter l'eau dont le creux de sa mandibule s'est empli, tout en la tamisant pour retenir le peu de matière alimentaire qu'elle peut contenir. A cet effet, les bords du bec sont frangés d'une rangée de minces et courtes lames qui laissent écouler le liquide lorsque l'oiseau a saisi la bouchée.

Jules. — La manière de manger est ingénieuse. En happant ce qu'il convoite, un têtard peut-être, un petit coquillage aquatique, un ver, le canard forcément s'emplit le bec d'eau. Avaler toute la bouchée sans triage, ce serait fatiguer le jabot d'un liquide inutile. Que fait l'oiseau ? Il presse du bec, et l'eau refoulée s'échappe au dehors à travers les franges des bords, comme au travers d'une grille. Le têtard reste seul derrière le grillage, et seul descend dans l'estomac.

Louis. — A tout instant, on voit les canards barboter dans l'eau de la mare par gorgées précipitées. Ce n'est pas pour boire assurément qu'ils manœuvrent ainsi des mandibules.

Paul. — Certes non ; ils tamisent l'eau de la mare à travers les franges du bec pour recueillir les vermisseaux et autres menues proies aquatiques.

Le bec façonné en cuiller nous montre, dans le canard, un oiseau barboteur ; examinons maintenant ce que disent les pattes. Elles sont composées de trois doigts reliés entre eux par une ample et souple membrane. Est-ce là, je vous le demande, la chaussure d'un oiseau destiné à de longues

marches? Avec pareille semelle, si fine, si sensible et donnant, par son ampleur, tant de prise à la dureté des cailloux, le canard est-il fait pour la course à pied? Voyez,
par opposition, la patte de la poule et de la pintade, infatigables coureuses. Les doigts sont courts, noueux et
doublés d'un cuir robuste, sans membrane intermédiaire.
Voilà la vraie chaussure du piéton. Mais le canard, que
doit-il devenir sur le sol raboteux, avec ses larges sandales

Fig. 15. — Le Canard.

qu'un rien blesse? Vous connaissez tous sa piteuse démarche. Il clopine, aussi mal à l'aise que peut l'être, sur
l'anguleux pavé de certaines rues, une personne affectée
de cors aux pieds. Non, le canard n'est pas fait pour la
marche.

Mais sur l'eau, ces pattes à large surface vont devenir
de vigoureuses rames de natation. Si l'oiseau les rejette
en arrière, elles s'ouvrent par l'effet seul de la résistance
de l'eau ; et de leur éventail déployé prennent appui sur le

liquide pour pousser le canard en avant. Si l'oiseau les ramène à lui, sous le ventre, elles se ferment toutes seules, encore par l'effet de la résistance du liquide agissant en sens contraire ; elles replient leur membrane à la manière de l'étoffe d'un parapluie rassemblée en paquet par les baleines, et de la sorte leur retour en avant s'effectue sans choc et par conséquent sans recul. La double condition d'une rame parfaite, c'est de présenter à l'eau la plus grande surface possible quand elle va, et la moindre surface quand elle revient, afin d'avoir un large appui au sein du liquide dans le premier mouvement et de n'éprouver qu'une très-faible résistance dans le second. Si la rame se mouvait à tour de rôle d'avant en arrière et d'arrière en avant avec la même étendue superficielle et la même vigueur, le recul égalerait l'avance et la progression serait nulle. L'homme, tout industrieux qu'il est, ne sait pas encore faire usage de la rame à surface alternativement changeante ; aussi, pour manœuvrer une embarcation, est-il obligé de reconduire les rames à leur position première par la voie de l'air, au lieu de la voie de l'eau, bien plus directe. Le canard dédaigne cette vicieuse méthode : avec sa patte qui s'ouvre d'elle-même toute large pour l'aller, et se referme d'elle-même encore pour le retour, il progresse, il vire de bord, sans jamais sortir les rames de l'eau.

Le canard est donc un expert nageur ; la conformation des pattes nous le dit, le spectacle de la mare à tout instant nous le montre. Qui n'a admiré les évolutions aquatiques de l'oiseau, si gauche à terre avec ses pieds délicats, et si gracieux une fois qu'il est à l'eau, son élément ? Tantôt ils luttent de vitesse en blanchissant leur poitrine d'une ceinture d'écume ; tantôt, pour fouiller du bec les profondeurs, ils plongent à demi et pointent au ciel leur croupion ; tantôt encore, cédant au cours des ruisseaux, ils se laissent paresseusement entraîner à la dérive, ou bien stationnent sur place au moyen de quelques coups de rame donnés à propos. L'eau est leur demeure de prédilec-

tion : ils y prennent leurs ébats, ils y recherchent leur nourriture, ils y sommeillent.

La membrane qui relie entre eux les doigts du canard
se nomme *palmure*; et les pieds, organisés en rames au
moyen de cette membrane, sont qualifiés de *palmés*. Des
pieds semblables se retrouvent dans tous les oiseaux éminemment nageurs, tels que le cygne, la sarcelle, l'oie et tant
d'autres. Pour ce motif, ce groupe d'oiseaux, particuliè-
rement experts dans la nage, est désigné par l'expression
de *palmipèdes*, signifiant pieds palmés.

Fig. 16. — L'Albatros.

ÉMILE. — Le canard est alors un palmipède?

PAUL. — C'est un palmipède, ainsi que l'oie, le cygne
et la sarcelle. Tous les quatre sont pareillement doués d'une
ample cuiller propre à barboter, c'est-à-dire d'un bec large
et rond; mais il y a des palmipèdes, notamment parmi
les oiseaux de mer, qui vivent de proie, de poisson, et sont
par conséquent armés de la mandibule crochue propre à
la vie de rapine. Tel est, pour me borner à un exemple,
l'Albatros, dont voici l'image. Au bec férocement crochu
se reconnaît sans peine un brigand de la mer, un insatiable
consommateur de poissons.

Émile. — Il n'a pas du tout, en effet, la mine engageante. Et dites-moi, le héron, monté sur ses échasses, comment l'appelle-t-on à cause de ses pieds?

Paul. — Le héron appartient au groupe des *échassiers*. C'est ainsi qu'on appelle tous les oiseaux montés sur hautes jambes pour mieux parcourir le marécage.

Émile. — L'oiseau à échasses est un échassier, rien de plus juste. Voilà un nom comme je les aime.

Paul. — Sans nous laisser distraire par le héron et ses échasses, revenons, mon petit ami, aux palmipèdes, aux oiseaux nageurs. Un vêtement fait exprès est nécessaire à l'oiseau qui passe la majeure partie de son temps sur l'eau ; il est de rigueur que ce vêtement ne se laisse traverser ni par le froid ni par l'humidité. Eh bien, le plumage d'un oiseau aquatique, dans les pays à climat rigoureux surtout, est une merveille de délicates précautions. Les plumes extérieures sont fortes, très-exactement appliquées l'une sur l'autre et lustrées avec un vernis huileux que l'eau ne peut mouiller. Avez-vous jamais fait attention aux canards lorsqu'ils sortent de l'eau? Ils ont beau prolonger leur bain des heures entières, nager, plonger, prendre leurs ébats, ils quittent le ruisseau sans être mouillés le moins du monde. Si quelque goutte d'eau s'est glissée entre leurs plumes, ils n'ont qu'à se secouer un instant et les voilà parfaitement secs. C'est là, convenez-en, un précieux privilége, que d'aller à l'eau sans se mouiller.

Émile. — Privilége que, pour ma part, j'ai quelquefois envié, sans pouvoir m'expliquer par quel secret les canards restent secs au milieu de l'eau.

Paul. — Ce secret, je vais vous l'expliquer. Observez les canards au sortir du bain. Au soleil, dans quelque recoin tranquille, les uns paresseusement couchés sur le ventre, les autres debout, ils procèdent à leur toilette avec un soin minutieux. De leur large bec, ils se lissent les plumes une à une, ils les enduisent d'une onctuosité huileuse, dont le réservoir est sur le croupion. Là, en effet, tout à la naissance de la queue, se trouve, enfoncée sous le duvet, une verrue graisseuse qui suinte constamment de l'huile. De temps en temps, le bec va presser la verrue ; il puise au réservoir huileux, puis distribue, de çà de là avec méthode, en tous les points du plumage, l'onctuosité recueillie.

ÉMILE. — Cette verrue graisseuse serait, en quelque sorte, le pot à pommade de l'oiseau?

PAUL. — Va pour pot à pommade, si cette comparaison vous sourit. Ainsi graissé, ainsi pommadé plume par plume, le canard n'offre plus de prise à l'humidité, car, vous le savez tous, l'huile et l'eau ne se mélangent pas, et, sur un corps huilé, les gouttes d'eau glissent sans parvenir à le mouiller. Tel est le secret du canard pour se maintenir sec au milieu de l'eau.

JULES. — En voilà une, et des plus curieuses, que j'aurais longtemps ignorée sans l'oncle Paul. Me serais-je jamais avisé que le canard se presse du bec une certaine verrue du croupion, pour avoir de quoi graisser le plumage?

PAUL. — Le secret du canard est connu de tous les oiseaux sans exception ; tous ont sur le croupion la verrue huileuse où ils puisent pour lustrer leur plumage et le rendre impénétrable à l'humidité ; mais ce sont les oiseaux aquatiques qui sont le mieux favorisés sous ce rapport. Aux plus exposés à l'humide revient de droit le réservoir le mieux approvisionné en vernis graisseux.

LOUIS. — Dans tout oiseau, la partie la plus grasse est toujours le croupion. La graisse se porte là de préférence, sans doute pour entretenir la provision d'huile de la verrue?

PAUL. — Évidemment. C'est dans l'entrepôt du croupion que la graisse se perfectionne et devient le vernis final, l'huile suintant de la verrue. Quant à la fabrication première elle-même, toutes les parties du corps à peu près y prennent part ; et comme l'oiseau nageur fait une grande consommation de sa pommade, il résulte de là que le palmipède est chargé d'embonpoint et sue pour ainsi dire la graisse, témoin le canard dodu, témoin l'oie, qui laisse pendiller sous le ventre un lourd bourrelet graisseux. Règle générale : dans nos basses-cours, le palmipède est l'analogue du porc ; c'est une fabrique à lard. Nous faisons tourner à notre usage les provisions exagérées, amassées en principe pour l'entretien du croupion graisseux et le lustre du plumage.

Le palmipède, vous le voyez, est admirablement défendu contre l'humide. Ni la pluie, ni la bruine la plus fine ne sauraient pénétrer la première couverture de plumes, à tout instant vernissée de la pointe du bec ; l'oiseau peut plonger au fond des eaux, nager à leur surface, y dormir bercé par le flot, et l'humidité ne le gagnera pas. Le froid ne l'atteindra pas davantage, car sous cette enveloppe, faite pour résister aux intempéries, s'en trouve une seconde composée de ce qu'il y a de plus efficace pour conserver la chaleur du corps. Ce vêtement intérieur des oiseaux aquatiques est un duvet tellement délicat et moelleux que, ne pouvant le comparer à aucun autre, on lui a donné un nom spécial, celui *d'édredon*. En temps voulu, je reviendrai sur ce duvet. Pour aujourd'hui, bornons là ces aperçus généraux sur les palmipèdes, spécialement sur le canard.

XII

Le Canard.

Paul. —Je commencerai par le canard sauvage, souche de notre canard domestique. C'est un superbe oiseau, du moins le mâle, car la femelle est de costume moins riche, ainsi que cela se remarque du reste dans les autres espèces. La tête et le haut du cou sont d'un vert émeraude, à reflets éclatants comme ceux des métaux polis ; au-dessous règne un collier blanc, qui par sa coloration mate contraste avec le feu des teintes voisines. Le pourpre bruni s'étend de la base du cou sur la poitrine, où il dégénère graduellement en gris sur les flancs et le ventre. Le vert changeant, mélangé de noir, colore la région de la queue, d'où s'élèvent, frisées en un crochet, quatre petites plumes. Au centre des ailes, une bande de magnifique azur est encadrée d'abord de bleu velouté, puis de blanc. Le dos, les côtés, le ventre sont mouchetés de traits noirâtres sur un fond gris. Enfin le bec est d'un vert jaunâtre, les pieds sont orangés. Tel est le canard à l'état libre, et tel il est encore fréquemment en domesticité, malgré les nombreuses variations de plumage que la servitude lui a fait subir.

Émile. — La tête superbement coiffée de vert, la petite plume frisée sur la queue, la plaque de bleu au centre de l'aile, j'ai vu tout cela bien des fois dans les canards domestiques.

Paul. — Le canard sauvage a l'aile vigoureuse et l'amour passionné des voyages. Aussi le trouve-t-on à peu près partout ; mais il ne séjourne longtemps nulle part, si ce n'est dans les régions les plus septentrionales, la Laponie, le Spitzberg, la Sibérie, dont il affectionne les solitudes pour nicher en paix et passer la belle saison. Deux fois dans l'année, il est de passage chez nous : au printemps, lorsqu'il remonte vers le Nord ; en automne, lorsqu'il revient du pôle et va, jusqu'en Afrique, prendre ses quartiers d'hiver en des pays plus chauds. Par un ciel gris de novembre, alors que la neige menace, vous pourriez voir passer du nord au sud, à une grande élévation, des oiseaux voyageurs rangés à la file l'un de l'autre sur deux lignes qui se rejoignent en pointe à la manière des deux branches d'un V. C'est un bande de canards en émigration. Ils fuient les approches du froid et vont, en des climats plus doux, peut-être par delà la mer, trouver une nourriture assurée dans des eaux qui ne gèlent point. Pour mieux fendre l'espace et ménager les forces dans un si long voyage, l'escadron volant se dispose en angle, en coin, dont la pointe ouvre le chemin dans l'épaisseur de l'air. Le poste du sommet est le plus pénible, le chef de file devant, le premier, vaincra la résistance atmosphérique. Chacun l'occupe à son tour un certain temps, et lorsqu'il est fatigué va prendre rang en arrière, pour se reposer, tandis qu'un autre le remplace.

Jules. — Pour venir des pays voisins du pôle jusqu'ici et même en Afrique, le trajet est bien long, un millier de lieues au moins. Je conçois que, pour un tel voyage, les canards aient besoin de ménager leurs forces en se disposant en un angle dont la pointe va la première. Mais ditesmoi, mon oncle, quel motif porte ces oiseaux à préférer les pays de l'extrême nord où ils vont passer la belle saison et nicher? Ne seraient-ils pas mieux chez nous que dans ces contrées sauvages, si froides et couvertes de neige et de glace une grande partie de l'année?

Paul. — Tel n'est pas l'avis du canard, qui préfère aux campagnes troublées par la présence de l'homme les mornes solitudes des îlots les plus déserts. En toute sécurité, il peut élever sa famille en ces lieux paisibles; et d'ailleurs les vivres abondent dans les eaux voisines dégelées pour quelques semaines par le soleil d'été. Ce n'est pas non plus l'avis de la sarcelle, de l'oie, du pluvier, du vanneau et de bien d'autres qui tous, le printemps venu, nous quittent et remontent au nord en voyageant par longues étapes. C'est alors qu'embusqué dans un hutte de feuillage, au milieu d'une prairie marécageuse ou du lit desséché d'un large torrent, le chasseur imite avec un sifflet de roseau, la note plaintive du pluvier pour appeler l'oiseau voyageur dans ses filets. La bande arrive, tournoie un instant indécise, soupçonne le danger et repart en piquant une tête là-bas, là-bas, dans le bleu du ciel, où bientôt le regard la perd. Où va-t-elle ainsi? Elle va où son instinct l'appelle, dans les solitudes du nord. Au premier dégel des glaces, quand le sol, encore humide des neiges fondues, commence à s'émailler de fleurs, en fin mai ou juin, elle atteindra peut-être les îles Feroë, peut-être les Orcades, ou l'Islande, peut-être la Laponie. Ce n'est jamais sans un vif intérêt que j'assiste au défilé de l'une de ces bandes émigrantes, mieux guidées en leur audacieux voyage que le navigateur avec le secours de la boussole. Je songe aux joies de l'arrivée, à l'allégresse commune quand le vol s'abat enfin sur l'îlot natal, sur la lande amie où, dans un creux de la mousse, doivent être déposés les œufs marbrés de roux.

Pour une foule d'oiseaux, et de ce nombre est le canard, les archipels des mers du nord sont une terre promise, un paradis terrestre. Les espèces les plus variées s'y donnent rendez-vous de tous les points du monde. Aussi quelle animation, quelle fête au moment de la ponte ! Nulle part ailleurs tant d'oiseaux ne se voient réunis. Que je vous raconte, d'après les voyageurs qui en ont été témoins, l'étrange scène qui se passe alors.

Nous sommes au Spitzberg, en face d'énormes rochers qui dominent la mer et sont formés d'assises en retraite les unes derrière les autres comme les gradins d'une salle de spectacle. Toutes ces corniches sont couvertes de myriades de femelles accroupies sur leurs œufs, la tête tournée vers la mer, aussi nombreuses, aussi serrées que les spectateurs dans un théâtre le jour d'une première représentation. Elles caquettent entre elles, de voisine à voisine, et semblent engagées dans une conversation animée, pour faire diversion aux ennuis d'une incubation prolongée. Tout au tour du rocher, au sein des eaux, des nageurs de toute espèce plongent, barbotent, se poursuivent, se becquètent, se battent. D'autres remplissent l'air de leurs cris rauques ou aigus, allant sans cesse de la mer aux nids et des nids à la mer, appelant leurs femelles, tournoyant au-dessus d'elles, caressant leurs petits, jouant avec leurs frères, et manifestant, d'une manière bruyante et naïve, leurs craintes, leurs besoins, leur joie, leur bonheur. Décrire l'agitation, le tourbillonnement, le bruit, les cris, les croassements, les sifflements de ces innombrables oiseaux de toute taille, de toute couleur, de toute allure, est complétement impossible. Le chasseur, étourdi, ahuri, ne sait où faire feu dans ce tourbillon vivant; il est incapable de distinguer, et encore moins de suivre l'oiseau qu'il veut ajuster. De guerre lasse, il tire au milieu du nuage. Le coup part; alors la confusion est au comble ; des nuées d'oiseaux perchés sur les rochers ou nageant sur l'eau, s'envolent à leur tour et se mêlent aux autres; une immense clameur discordante s'élève dans les cieux. Loin de se dissiper, le nuage est plus épais et tourbillonne encore plus. Les cormorans, d'abord immobiles sur les rochers à fleur d'eau, s'agitent bruyamment; les hirondelles de mer volent en cercle autour de la tête du chasseur et le frappent de l'aile au visage. Toutes ces espèces si diverses, réunies pacifiquement sur un rocher isolé au milieu des vagues de l'Océan glacial, semblent reprocher à l'homme de venir troubler jusqu'au bout du monde les maternelles joies du nid. Les femelles, toujours immobiles sur leurs œufs au milieu de ce désordre, se contentent de mêler leurs plaintes à celles des mâles indignés.

Jules. — Jamais, mon oncle, je n'avais ouï dire rien de semblable. Sous les tuiles d'un toit, on peut bien trouver chez nous une douzaine de nids de moineaux vivant en voisins, mais qu'il y a loin de ces petites sociétés aux réunions de Spitzberg ! Ces rochers des bords de la mer sont des villes populeuses avec des nids pour habitations et des oiseaux pour habitants.

Louis. — Y a-t-il des canards sur ces mêmes rochers ?

Paul. — Non, mon ami. Il n'y a guère que des oiseaux de mer. Les canards sauvages et les oies font bande à part et nichent dans l'intérieur des terres, loin des eaux de la mer, qui ne leur conviennent pas. Les bords d'un lac ou d'un marais sont les lieux préférés. Les nids sont établis sur le sol, parmi les touffes de gazon. Ils sont parfois si nombreux, qu'on ne saurait faire un pas sans marcher sur des œufs.

Émile. — Ah ! la belle récolte d'œufs que je ferais si je me trouvais là !

Paul. — Vous oubliez, mon enfant, que l'oncle Paul défend d'une manière expresse de toucher aux nids des oiseaux. Cependant, comme une fois n'est pas coutume et que d'ailleurs la tentation serait trop forte, je fermerais les yeux et vous laisserais faire si nous étions sur ces fameux rochers aux oiseaux du Spitzberg, du Groënland et de la Laponie. Panier, chapeau, mouchoir, tout serait bientôt plein ; vous n'auriez que l'embarras du choix. Toutes les formes sont là réunies. Il y en a de ronds comme des boules, d'ovalaires et pareils à ceux de nos basses-cours, d'également pointus aux deux extrémités, de très-renflés au gros bout et rétrécis à l'autre, presque en manière de poire. Tous ces œufs d'oiseaux de mer sont volumineux, parce que le jeune, en quittant la coquille, doit être assez fort pour suivre ses parents sur les eaux et commencer à gagner lui-même sa vie. Et puis, quelle variété de coloration et de dessin ! Il s'en trouve de blancs, de jaunâtres, de roux. Quelques-uns sont colorés d'un vert sombre, imitant la teinte des flots qui mugissent au bas de rocher ; d'autres semblent emprunter leur bleu tendre à l'azur même du ciel. Ceux-ci sont bariolés de traits de diverses couleurs, à la façon d'une carte géographique ; ceux-là sont peints de larges taches et font songer à la peau d'une panthère.

ÉMILE. — Ah ! si j'étais là !

PAUL. — Puisque nous n'y sommes pas, laissons les beaux œufs des rochers aux oiseaux et revenons au canard.

C'est pour se rendre en ces pays du nord, leur paradis, que les canards sauvages passent chez nous sur la fin de l'hiver. Le voyage se fait principalement de nuit ; le jour est réservé au repos parmi les joncs. Pendant que la bande sommeille, la tête sous l'aile, quelques-uns prennent poste en des points favorables, et, vigilantes vedettes, veillent au salut commun. A la première apparence de danger, retentit le cri d'alarme, un rauque coup de clairon. Aussitôt la troupe s'envole ou plonge sous les eaux. Pour descendre des hauteurs de l'air et prendre pied en un point qui lui convienne, le méfiant oiseau n'apporte pas moins de prudence. La troupe, à diverses reprises va et revient, tourne et retourne pour bien examiner les lieux. Si rien d'inquiétant n'apparaît, elle descend d'un vol oblique, effleure du bout de l'aile la surface des eaux, puis gagne à la nage le milieu de l'étang, bien loin des bords, où le danger serait plus grand. Rien n'est donc plus difficile que de surprendre une bande de canards sauvages. Le chasseur a recours à la ruse et met à profit les relations d'amitié qui existent toujours entre le canard domestique et son frère le canard sauvage. Embusqué au bord de l'étang dans une hutte de roseaux, il lance sur l'eau deux ou trois canards privés, dont la voix appelle les étrangers et les amène à la portée du fusil.

Bien que la ponte ait lieu généralement dans les régions du Nord, toujours quelques couples de canards s'attardent chez nous et y nichent, soit fatigués d'un trop long voyage, soit égarés de la bande en émigration. Pour emplacement du nid, la mère choisit quelque touffe de joncs au milieu des marais. Elle rabat et couche les brins du centre ; puis, entrelacant à l'aide du bec ceux de la circonférence, elle parvient à tresser une sorte de grossier panier, qu'elle matelasse d'un chaud duvet, dépouille de sa poitrine et de son ventre. Plus rarement, elle s'établit sur quelque grand arbre, où elle profite du nid abandonné de la pie. Le rude édifice de bûchettes est restauré et surtout doublé abondanment de fines plumes qu'elle s'arrache elle-même. La ponte a lieu en mars et se compose d'une quinzaine d'œufs. L'incubation dure trente et un jours. Toutes les fois que le besoin de nourriture lui fait quitter pour quelques instants le nid, la mère a soin de recouvrir les œufs d'une épaisse couverture de duvet, afin qu'ils ne se refroidissent pas. Quand elle rentre, ce n'est jamais en ligne droite et au vol. Elle s'abat à une assez grande distance du nid puis s'approche, méfiante, par des détours tortueux, chaque fois variés et capables de dérouter quiconque la guetterait.

Les petits naissent vêtus d'une délicate fourrure de duvet jaune, qu'ils gardent assez longtemps. Aussitôt éclose, la couvée est conduite à l'eau et abandonne le nid pour ne plus y rentrer. Si l'étang est trop éloigné pour de si jeunes pattes, si le nid occupe le haut de quelque chêne, le père et la mère prennent délicatement les petits par la peau du cou et les transportent un à un au rivage. Tout le déménagement opéré, la mère se met à l'eau. Le plus hardi suit, les autres imitent son exemple. L'éducation aquatique à l'instant commence. Pour nager, il faut faire ainsi, enseignent le père et la mère ; pour plonger, virer de bord, il faut faire comme cela. Le têtard, le friand morceau, se poursuit de la sorte ; si on le manque du premier coup de bec, on le rattrape en plongeant. Le petit coquillage se tapit sous les feuilles ; pour l'avoir, c'est là qu'il faut fouiller. La larve fréquente la vase chaude ; cherchez, mes enfants, près des bords et vous la trouverez. La grenouille alerte exige de la prestesse, soyez prompts du bec et vous la happerez. — Tout cela est si tôt et si bien compris des canetons, que la mère n'a pas à s'occuper de leur nourriture ; elle se borne à les rassembler sous ses ailes pour les tenir au chaud, quand la famille se retire au rivage pour se reposer ou passer la nuit.

A part l'amour des voyages, que la domesticité, continuée depuis bien des siècles, a totalement fait oublier, les mœurs du canard domestique ne diffèrent pas de celles du canard sauvage. La cane, ainsi se nomme la femelle, commence à pondre dès le mois de février ou de mars, et donne de quarante à cinquante œufs par an, si l'on a soin de les retirer à mesure à la pondeuse. Ces œufs sont légèrement plus gros que ceux de la poule, plus lisses, plus arrondis, tantôt d'un blanc terne, tantôt un peu verdâtres. La cane est portée par instinct à les déposer parmi les joncs et les roseaux du voisinage, il convient donc de la surveiller si l'on ne veut s'exposer à les perdre.

La domesticité est fort loin de modifier toujours en bien les qualités des animaux soumis à nos soins. S'il y a gain en corpulence, en quantité de matière alimentaire, il y a fréquemment perte du côté des qualités que l'on pourrait appeler morales. C'est ainsi que la cane domestique n'est ni une aussi bonne couveuse, ni une mère aussi dévouée que la cane sauvage. La poule au contraire, n'a rien oublié de ses devoirs maternels ; elle les exagère même dans le poulailler jusqu'à se laisser périr d'inanition sur la couvée, ce qu'elle ne ferait pas dans les bois de son pays natal. C'est donc à la poule, meilleure mère, que l'on confie habituellement les œufs de la cane.

L'éclosion exige trente et un jours comme à l'état sauvage. Si elle a lieu à une époque de l'année où la saison soit encore froide, il serait périlleux pour les canetons d'aller immédiatement à l'eau, où leur instinct les appelle, et où ne manquerait pas de les conduire la cane qui aurait elle-même pris soin de la couvée. On met donc les petits et la mère, poule ou cane, sous une mue, en un lieu séparé, où il n'y ait pas péril de grossier accueil et de bousculades de la part de la volaille. Pendant cette séquestration, la nourriture se compose d'une pâtée préparée avec de la farine d'orge, des pommes de terre cuites, du son, des orties hachées, le tout pétri avec les eaux grasses de vaisselle. Les petits canetons ont l'estomac facile et la digestion prompte ; il leur faut de six à huit repas par jour, tant la nourriture chez eux passe vite. N'oublions pas de mettre sous la mue une grande assiette pleine d'eau. Ce sera le bassin de natation où les larges becs s'exerceront à barboter et les pattes palmées à ramer. Les délassements de la petite nappe d'eau feront prendre patience jusqu'au grand jour où seront permises les hautes évolutions en pleine mare.

Huit jours, deux semaines se passent ainsi. Enfin est venu le moment tant désiré. La cane conduit sa famille à la mare voisine, les canetons y vont seuls s'ils ont pour nourrice une poule. Je vous ai raconté les transes de cette mère adoptive quand elle voit les jeunes canards se jeter gaiement à l'eau malgré ses supplications. Si la mare n'est pas trop profonde, la poule s'y aventure jusqu'à mi-jambes, et longe les bords, rappelant sa chère couvée. Vaine audace de dévouement, peine et chagrins inutiles !

Les canetons ont gagné les eaux profondes, où il n'est plus possible de les suivre, et, sans nul souci de la mère qui les admoneste du rivage, font frétiller de joie leur croupion pointu.

Comme le porc, le canard fait ventre de tout. Dans les eaux tranquilles, sa jubilation, il happe têtards et petites grenouilles, vers de toute sorte et coquillages mous, insectes aquatiques et menus poissons. Dans la prairie, il pâture les herbages tendres, il cueille la visqueuse limace, et même l'escargot, dont la coquille ne le rebute pas. Dans la basse-cour, offrez-lui restes de cuisine, épluchures de toute sorte, débris de jardinage, lavures de vaisselle, tripailles, et le glouton s'en fera régal.

Par sa voracité, le canard est donc d'un engraissement facile ; pourvu qu'il ait nourriture abondante et les ébats de la mare, soyez certains qu'il prendra graisse sans qu'il soit nécessaire d'autrement s'en mêler. Néanmoins, pour obtenir certains résultats, il faut aller au delà de la gloutonnerie naturelle à l'oiseau et recourir à l'alimentation forcée. On enferme pendant une quinzaine de jours les canards dans un endroit obscur. Matin et soir, une servante les prend sur les genoux, leur croise les ailes, et leur ouvre le bec d'une main, tandisque de l'autre elle leur bourre le jabot de maïs bouilli. Ainsi gorgés de nourriture à outrance, les malheureux canards passent leur captivité accroupis sur le ventre, toujours haletants, presque sans respiration, à demi étouffés. Quelques-uns périssent d'oppression. Enfin, le croupion distendu de graisse étale en éventail les plumes de la queue sans pouvoir les refermer. C'est le signe de l'engraissement parvenu à son extrême limite. On se hâte de décapiter les misérables bêtes, qui ne tarderaient point à périr d'asphyxie.

JULES. — Et pourquoi, s'il vous plaît, ces horribles tortures, puisque le canard s'engraisse fort bien tout seul?

PAUL. — Hélas! mon ami, les satisfactions du ventre nous rendent cruellement ingénieux. Dans l'état de continuelle suffocation où se trouve l'oiseau gorgé de maïs bouilli, une mortelle maladie se déclare, la maladie des goinfres, autant chez l'homme que chez le canard. Le foie prend un développement énorme et se change en une masse informe, toute molle, suant la graisse. Eh bien, ce foie décomposé par la maladie est, à ce que disent les connaisseurs, un manger sans pareil. Je m'en rapporte à leur dire, ne pouvant invoquer mon expérience, ici complétement nulle ; car entre nous, mes amis, je vous avouerai que de pareils raffinements répugnent à l'oncle Paul. A mon humble avis, c'est acheter trop cher une bouchée graisseuse que de soumettre le canard à d'épouvantables tortures. J'ajoute qu'avec ces foies se préparent les pâtés d'Amiens, et les célèbres terrines de Nérac et de Toulouse.

Pour en finir, deux mots sur une seconde espèce de canard, bien moins fréquente dans les basses-cours que la première. C'est le *canard de Barbarie,* appelé aussi *canard musqué,* à cause de son odeur de musc, ou bien encore *canard muet,* parce qu'il ne crie point. Il est beaucoup plus grand que le canard commun. Le plumage est plus foncé, varié de noir et de vert ; la tête des mâles est ornée de plaques et d'excroissances charnues d'un rouge vif.

XIII

L'Oie sauvage.

Paul. — Quand on a dit de quelqu'un : « Il est bête comme une oie », on croit avoir exprimé ce que notre langue fournit de plus fort pour signifier la sottise. L'oie est-elle donc bien bête ? C'est ce que je vais discuter avec vous, mes amis.

Je conviens tout d'abord que sa gauche tournure n'est pas faite pour donner une haute idée de ses facultés intellectuelles. La tête trop faible relativement au volume du corps, l'œil petit et sans expression, le bec énorme, cachant toute la face, la marche dandinante, rendue plus lourde par le bourrelet de graisse qui pendille sous le ventre et fouette les talons, le cou tantôt disgracieusement tendu, tantôt coudé d'une manière brusque comme s'il était brisé, le cri dépassant en raucité la note du clairon le plus rauque, le souffle de colère ou d'effroi imité du sifflement de la couleuvre surprise, tout cela, je me hâte de l'avouer, ne prévient pas en faveur de l'oiseau. Mais que de fois, sous de rustiques apparences, se cache un naturel d'élite! Ne concluons pas d'après l'extérieur de l'oie; allons au fond des choses si nous voulons nous former une opinion arrêtée.

Jules. — Je vous vois venir, mon oncle : vous allez reprendre votre sujet favori, l'éloge des calomniés. Dans le temps, vous nous avez exalté les deux plus laids de tous, la chauve-souris et le crapaud; maintenant vous allez prendre la défense de l'oie et la laver de l'injure qu'on lui fait en l'appelant stupide.

Paul. — Pourquoi vous le cacherai-je, mon enfant; oui, c'est mon sujet favori que de plaider la cause des faibles, des misérables, des calomniés, des proscrits. Les forts et les puissants ne manquent pas d'admirateurs, aussi m'arrive-t-il de passer rapidement sur leur compte; mais je me reprocherais toute ma vie d'oublier les délaissés et de ne pas mettre en jour leurs qualités méconnues, trop souvent même travesties d'une façon indigne. Quant aux traitements, l'oie n'a pas besoin de mon plaidoyer : elle nous est trop précieuse pour ne pas être soignée ainsi qu'elle le mérite. Le seul reproche que j'aie à formuler, c'est la réputation de stupidité qu'on lui a faite. Je sais bien que l'oie, en animal sensé, est souverainement indifférente à cette calomnie, ce dont je la félicite; mais enfin c'est là une erreur, et partout où je trouve l'erreur, je lui livre bataille.

Je vous présente d'abord l'oie comme passée maîtresse

en matière de géographie. En dépit de nos livres, de nos
cartes, de nos atlas, comme l'oiseau réputé stupide nous
en remontrerait à nous tous et à tant d'autres! Sachez
qu'à l'état sauvage, l'oie est un voyageur passionné, encore plus que son compagnon le canard. Séduit par la
convenance des lieux, ce dernier assez fréquemment niche
dans nos pays; l'oie méprise ces haltes et passe outre.
Pour sa ponte, il lui faut absolument les terres les plus
voisines du pôle, le voisinage de glaces qui ne fondent
jamais. Les landes désolées du Groënland et du Spitzberg, et plus haut encore les îlots perdus dans les brumes
de l'Océan polaire, sont les points où, chaque année, elle
doit se rendre au retour de la belle saison. Le lieu de départ, où l'oiseau a passé l'hiver au sein de l'abondance,
quand son pays natal était plongé dans une continuelle
nuit et enseveli sous une immense couche de frimas, le
lieu de départ est très-méridional, au centre de l'Afrique
peut-être, de sorte que la distance à franchir embrasse
presque le quart du tour du monde. Maintenant, mes amis,
supposons-nous à la place de l'oie, sur le point de prendre
son vol pour la lointaine expédition, et voyons qui des
deux sera le plus embarrassé, le plus bête. Je laisse de
côté les moyens de transport : si bonne que fût notre monture, nous ferions bien piteuse mine à côté de l'oie, qui
d'une aile puissante, monte au-dessus des nuages et dévore
l'espace. Je laisse les moyens de transport et ne m'informe
que de la direction à prendre : je fais appel à votre savoir
géographique.

JULES. — Puisqu'il s'agit d'aller au nord, je détermi-
nerai les points cardinaux; je me tournerai du côté du
soleil. S'il se lève, j'aurai le nord à gauche; s'il se couche,
j'aurai le nord à droite. Cette direction reconnue, je m'a-
cheminerai par là.

PAUL. — Dans le cas proposé, ce moyen est inappli-
cable. En voyageur expérimenté qui, pour ménager ses
forces, profite de la fraîcheur, l'oie ne voyage guère que
de nuit.

Jules. — Je me tournerai vers la constellation de l'Ourse, vers l'étoile polaire. Le nord est dans cette direction.

Paul. — Soit, vous trouveriez ainsi le nord si la nuit est claire; mais si le ciel est tout noir et ne laisse pas voir les étoiles, comment vous y prendrez-vous?

Jules. — J'aurai recours à la boussole, dont une pointe se tourne toujours à peu près vers le nord.

Paul. — Et si vous n'aviez pas ce précieux instrument, guide du voyageur au milieu des solitudes désertes de la terre et des mers, si vous n'aviez pas de boussole, comment trouveriez-vous la route, mon ami?

Jules. — Pour le coup, mon oncle, je serais alors bien embarrassé. Embarrassé n'est pas le mot : je comprendrais au contraire fort bien qu'il n'y a plus pour moi possibilité de me retrouver. Je ne bougerais pas de place, car autant vaudrait se guider avec les yeux bandés d'un mouchoir.

Paul. — Ici, mon cher enfant, l'oiseau prétendu si stupide, si bête, nous dépasse tous de mille coudées. Sans consulter le coucher ou le lever du soleil, sans prendre pour guide les constellations, inutiles pour elle, sans autre boussole qu'un sentiment intérieur qui lui dit : c'est par là, en pleine obscurité aussi bien qu'en pleine lumière, l'oie s'enfonce dans l'espace et vole vers le nord.

Ce n'est rien encore. La simple direction nord, suivant le point de départ, conduit en des régions bien différentes, tantôt la Sibérie, tantôt le Spitzberg et la Laponie, tantôt les îles de la mer du nord, l'Islande, le Groënland, que sais-je enfin? Cette incertitude du lieu d'arrivée n'est pas l'affaire de l'oie. L'oiseau doit revenir au pays natal, dont il garde ineffaçable souvenir, ainsi que l'homme, malgré tous les déplacements de sa vie remuante, conserve en l'esprit l'idée chérie de son village. L'oie doit donc retrouver la mer dont elle a entendu les grondements en son jeune âge. Dans cette mer, il y a certain îlot; dans cet îlot, il y a certaine lande; et dans cette lande se trouve certain refuge couvert de jonc et abrité de la bise par un rocher. C'est là le lieu de naissance, c'est là qu'il faut aller.

Proposée à un navigateur pourvu d'excellentes cartes et versé dans les savantes ressources de son état, pareille recherche aboutirait au succès, mais non sans difficultés à cause des mers inhospitalières de ces parages. Proposée à l'un de nous, qui n'avons rien des connaissances nautiques voulues, elle épuiserait notre géographie sans pouvoir aboutir. Eh bien! ce que l'homme, avec les hautes facultés de sa raison, serait incapable de faire dans l'immense majorité des cas, l'oie l'accomplit sans hésitation aucune. Comme si elle avait le point désiré devant les yeux, elle pique droit devant elle. La monotonie des mers et les accidents si variés de la terre, les haltes au bord des lacs, la brume ténébreuse des nuages traversés, les terribles émotions qui l'attendent lorsque le chasseur embusqué lui lance une grêle de plomb, rien ne la déroute de sa voie. Si des détours sont nécessaires pour éviter des périls ou trouver de la nourriture, elle les fait, si longs qu'ils soient, puis reprend, sans hésiter un instant, la direction opportune. Elle calcule la rapidité du voyage et ménage les haltes pour n'arriver ni trop tôt ni trop tard, car elle sait à fond l'ordre des saisons, en quel temps les neiges se fondent et les gazons verdoient. Enfin un beau jour, aux premières petites fleurs issues à peine de leur linceul de neige, elle retrouve son bras de mer, son îlot, sa lande et l'emplacement chéri du nid. J'ai dit. Maintenant, mes amis, qui de vous veut lutter de savoir géographique, non avec l'oie expérimentée en semblables voyages, la disproportion serait trop forte, mais avec le dernier des oisons, le plus novice de tous?

JULES. — Là-dessus, je le reconnais, le dernier des oisons en sait plus long que moi.

LOUIS. — Et que moi.

ÉMILE. — Si l'oie savait que je ne sais pas encore trop bien me retrouver sur la carte, comme elle se moquerait du pauvre Émile. Vous en direz tant, mon oncle, que je n'oserai désormais passer devant un oison sans rougir.

PAUL. — Il est très-louable de rougir de son ignorance, surtout pour une chose aussi nécessaire que la géographie, car c'est signe que l'on fera de son mieux à l'avenir ; mais nul ne peut songer à rivaliser avec l'oie. Nous acquérons nos connaissances par la réflexion, l'étude, l'observation, l'expérience ; l'animal ne les acquiert pas, il les possède de naissance. Sans l'avoir jamais appris, sans jamais l'avoir vu faire, il fait tout ce qui concerne sa manière de vivre, et il le fait admirablement bien. Un sentiment non raisonné, une impulsion secrète propre à sa nature, le guide dans ses actes : c'est l'instinct, dont je vous ai déjà tant de fois raconté les merveilles. Si, pour accomplir ses étonnants voyages, l'oie avait besoin d'un savoir géographique acquis comme nous l'entendons, au grand jamais elle ne reverrait la terre chérie ; mais elle a pour se guider l'infaillible inspiration de l'instinct, et avec cette boussole intérieure, elle vole à tire d'aile droit vers l'îlot natal, si perdu qu'il soit dans les brumes polaires.

Sa manière de voyager n'est pas moins remarquable. J'en ai déjà dit quelques mots au sujet du canard ; j'y reviens pour mieux faire ressortir la haute science mécanique de l'oie. Un oiseau au vol est soutenu par l'air que battent ses ailes ; il est entravé dans son élan en avant par l'air dont il faut vaincre la résistance. Pour surmonter cet obstacle avec le moins de fatigue possible, que fait l'oiseau, que font surtout la grue, le héron, la cigogne et les autres échassiers embarrassés de longues pattes et d'un long cou ? Ils ramènent le cou sur la poitrine, pointent en avant leur bec aigu et rejettent en arrière, rapprochées l'une de l'autre, leurs pattes étendues. Avec cette forme effilée, le bec faisant office de coin, ils fendent l'air ainsi qu'un vaisseau fend la vague avec sa proue tranchante. Aucun oiseau ne manque à ce principe élémentaire de mécanique : rassembler les membres et effiler le corps dans le sens du mouvement pour éprouver le moins d'obstacle,

Entreprenant par grandes troupes de très-longs voyages, le canard et l'oie ajoutent un perfectionnement à cette méthode générale.

Permettons-nous, avant d'aller plus loin, une comparaison. Vous êtes, je suppose, une bande de camarades courant à travers champs. Une étendue se présente toute couverte d'épaisses broussailles, qu'il faut écarter des pieds et des mains pour se frayer un passage. Si chacun se dirige à sa guise, qui d'ici, qui de là, au hasard, n'est-il pas vrai que la somme de fatigue pour la bande entière sera la plus grande possible, parce que chacun dépensera ses forces à s'ouvrir un chemin particulier dans le fourré? Admettons, au contraire, que l'un de vous, le plus vigoureux, marche en tête, écartant les broussailles, et que les autres le suivent pas à pas, profitant du sentier ouvert par le chef de file. N'est-il pas vrai que, dans ces conditions, la somme de fatigue sera la moindre?

ÉMILE. — Tout cela saute aux yeux. On pourra même, si le trajet à travers les broussailles est de longue durée, se mettre à tour de rôle en tête, et alors aucun ne sera vraiment fatigué.

PAUL. — Cet expédient d'Émile, les canards, vous le savez déjà, le mettent en pratique dans leurs voyages, de temps immémorial. L'oie n'est pas moins bien inspirée. Si la troupe est peu nombreuse, les oiseaux qui la composent se rangent sur une seule file bien continue, le suivant touchant du bec la queue de celui qui précède, afin que le chemin ouvert dans l'air n'ait pas le temps de se refermer. Si la bande est nombreuse, deux files égales sont formées et se rejoignent en un angle aigu, qui s'avance la pointe la première. Cette disposition anguleuse, dont nous trouvons une imitation dans la proue d'un vaisseau, dans le soc d'une charrue, dans l'arête d'un coin et dans une foule d'outils destinés à pénétrer en surmontant des résistances, est la plus favorable pour s'enfoncer avec la moindre fatigue dans la masse de l'air. Si, pour ranger son bataillon volant, l'oie eût pris conseil de la science consommée de nos ingénieurs, elle n'eût pas fait mieux. Mais l'oie n'a pas besoin d'autrui : conseillée par son instinct, elle savait bien avant nous, qui l'appelons stupide, un des beaux secrets de la mécanique, la puissance du coin.

De plus, pour répartir entre tous les individus de la bande l'excès de fatigue qu'éprouve le chef de file en brisant le premier, de son coup d'aile, l'obstacle de l'air, chacune à son tour occupe le poste d'honneur, l'extrémité antérieure de la ligne unique, ou bien le sommet de l'angle. C'est la répétition de ce que conseillait Émile pour traverser une longue étendue de broussailles. Quand son temps de service est fait, l'oie de la pointe va se reposer à l'arrière de l'une ou de l'autre des branches de l'angle, tandis qu'un nouveau chef la remplace. Par ce moyen d'équitable répartition, la fatigue n'excède aucun des voyageurs et la bande ne laisse pas de traînards.

Émile. — Et aucune oie ne se fait prier pour prendre ce que vous appelez le poste d'honneur, le poste si pénible du sommet?

Paul. — Aucune ne se fait prier. C'est leur devoir, et toutes s'y conforment avec un zèle sur lequel, en bien des occasions, l'homme aurait à prendre modèle. Au lâche qui recule, le moindre oison apprendrait ce qu'il faut faire pour le salut commun. Dès que le chef de file sent faiblir son essor, le plus proche voisin le remplace sans que nul le lui dise.

Jules. — Décidément ces oies, si habiles dans les choses de la géographie, dans l'art de voler en troupes et dans les moyens de se venir mutuellement en aide, ne sont pas aussi bêtes qu'on le dit.

Paul. — Le vol des oies en voyage est ordinairement très-élevé; la bande ne se rapproche de terre que par les temps brumeux. Si alors quelque métairie se trouve à proximité, il arrive parfois que des coups de clairon retentissants se répondent du ciel à la terre et de la terre au ciel. Ce sont les oies de passage et les oies domestiques qui échangent des pourparlers. Les voyageuses engagent les captives à venir les rejoindre pour le pèlerinage à la terre promise du nord. La proposition met la basse-cour en émoi, tant le vieil instinct se ranime. Les oies de la ferme s'agitent, trompettent, se battent les flancs de leurs grandes ailes ; mais l'embonpoint de la captivité arrête leur essor. Une moins empêchée s'élance, se soulève et la voici partie.

ÉMILE. — Pour le Spitzberg !

PAUL. — Pour le Spitzberg, oui, si les forces ne lui font défaut ; mais il est très-douteux qu'elle puisse jusqu'au bout suivre ses compagnes sauvages.

L'oie se nourrit principalement d'herbages. De son large bec, armé sur les bords de lamelles pareilles à des dents pointues, elle tond le gazon et pâture non moins bien que le mouton. Un champ de blé vert la met surtout en joie. Si la troupe s'y abat un peu nombreuse, la moisson est fort compromise. Pendant la dévastation, des vedettes surveillent, les unes d'ici, les autres de là, immobiles, le cou tendu, l'œil et l'oreille aux aguets. Qu'un danger se montre et à l'instant la trompette retentit. La bande avertie cesse de paître, court d'abord, les ailes ouvertes, pour prendre son élan, puis s'envole et monte obliquement à des hauteurs où le plomb ne peut la suivre. Les mêmes précautions sont prises aux heures du repos ; du reste, par surcroît de prudence, elles ne s'en rapportent pas entièrement à la vigilance des gardes et chacune ne sommeille, comme on dit, que d'un œil. Ainsi sont déjouées presque toujours les ruses du chasseur qui tente de les approcher.

Je m'en tiens là pour aujourd'hui. J'espère, sans entrer dans d'autres détails qui nous mèneraient trop loin, avoir réhabilité en votre estime l'oiseau calomnié. L'oie n'est pas bête ; elle possède, au contraire, à un haut degré les ruses, les talents, enfin tout ce qu'il lui faut pour faire admirablement bien son métier d'oie.

XIV

L'Oie domestique.

PAUL. —Avant que l'Amérique nous eût donné le dindon,
l'oie était recherchée pour sa chair, qui ne manque pas

Fig. 17. — L'Oie de Toulouse.

de mérite, quoique inférieure à celle de l'oiseau du Nouveau-Monde. L'oie à la broche était la pièce d'honneur
dans les grands repas de famille. Aujourd'hui que le dindon l'a supplantée dans les solennités de table, elle est
élevée principalement en vue de sa graisse, très-fine, savoureuse et rivalisant de services avec le beurre. Quant à
sa chair, mise au second rang et regardée comme produit

accessoire, elle est salée et conservée ainsi que cela se pratique pour la viande de porc. La région qui pour centre a Toulouse est la plus renommée en ce genre d'industrie agricole. On y élève, par grands troupeaux, une race d'oies dites de Toulouse, remarquable par sa forte taille et sa prédisposition à l'embonpoint. La poche à graisse qui lui pend sous le ventre traîne jusqu'à terre et devient assez lourde pour gêner la marche de l'animal. Le plumage est gris foncé, relevé de traits bruns ou noirs ; le bec est orangé et les pattes couleur de chair.

Quand on veut le pousser à son extrême limite, l'engraissement de l'oie exige les conditions fondamentales développées au chapitre de la poularde, c'est-à-dire nourriture aussi copieuse que peut la supporter l'estomac, immobilité, repos complet et somnolence presque continuelle. Ces principes rappelés, assistons à la méthode toulousaine. Les oies sont renfermées dans un endroit obscur, frais sans être humide, d'où elles ne puissent entendre les bruits de la basse-cour. Les coups de trompette de leurs compagnes libres éveilleraient en elles de fâcheux regrets et troubleraient leur digestion. Trois fois par jour, l'engraisseuse, assise sur une chaise basse, les prend une à une entre ses genoux, de façon à maîtriser leurs mouvements. Elle leur ouvre de force le bec et introduit assez avant dans le gosier le tube d'un entonnoir en fer-blanc.

Émile. — Cet entonnoir est pour les faire manger ?

Paul. — Tout juste.

Émile. — Voilà une manière irrésistible de faire avaler, alors même qu'on n'en a pas la moindre envie. L'oie ainsi embouchée ne doit pas être à l'aise.

Paul. — L'engraisseuse ne s'en soucie. Tout ce qui lui importe, c'est de ne pas blesser l'oiseau pendant l'opération. Du reste, pour que la machine glisse mieux, elle a soin d'huiler un peu le bout du tube. La pauvre bête se débat, proteste de son mieux contre la violence qui lui est faite. Vains efforts : la femme tient bon. Maintenant elle verse une poignée de maïs dans l'entonnoir, et comme les grains ne descendraient pas seuls, l'oiseau contractant la partie du gosier que n'atteint pas le tube, elle les pousse à petits coups dans le jabot avec un refouloir de bois ; elle bourre de maïs, c'est le mot, l'estomac de la patiente. De temps en temps, un peu d'eau froide vient en aide à cette pénible déglutition. Quand le jabot est plein, ce que reconnaît la main au toucher, l'oiseau est lâché ; un autre prend sa place et bon gré mal gré embouche l'entonnoir. Pendant les trente-cinq jours que dure ce genre d'alimentation, une oie consomme quarante litres de maïs, c'est-à-dire plus d'un litre par jour.

Jules. — Avec une telle quantité de maïs, bourrée à coups de refouloir, l'oie devrait dépérir rebutée.

Paul. — Rebutée ! Vous connaissez mal l'appétit de l'oie. La misérable bête s'habitue à ce régime, y prend même goût, et, sur la fin de l'opération, se présente d'elle-même et ouvre le bec pour recevoir l'entonnoir, qui ne tarde pas à lui devenir fatal. Voici qu'en effet la poche graisseuse du ventre traîne à terre, la couleur orangée du bec pâlit, la respiration devient haletante, tout annonce une fin prochaine, la suffocation par excès de corpulence. Le couteau prévient ce dénouement. La bête, coupée par quartiers, est salée ; sa graisse fondue est mise en pots ou en bouteilles, où pendant deux ans elle peut se conserver avec sa belle couleur blanche et son bon goût.

En d'autres pays, on applique dans toute sa rigueur, pour l'engraissement, le principe de l'immobilité. L'oie est mise dans un pot de terre dont on a cassé le fond ; seule la tête est libre et sort de l'ouverture. Ainsi claquemurée dans le coffre d'argile qui tout juste lui permet de tourner sur elle-même, l'oie n'a qu'une distraction, manger. Comme la pâtée lui est servie à discrétion, pour se désennuyer, elle mange si bien, qu'au bout de quinze jours elle est devenue boule de graisse. Pour la retirer de sa cellule, il faut casser le pot.

Ailleurs, principalement en Alsace, l'oie est renfermée dans une petite loge de sapin assez étroite pour que l'oiseau ne puisse s'y retourner. Le plancher de la cellule est formé de bâtons distants afin que les fientes tombent au dehors; la paroi antérieure est percée d'une ouverture pour le passage de la tête, et au-dessous de cette ouverture est une auge toujours pleine d'eau, dans laquelle sont plongés quelques morceaux de charbon de bois par mesure de salubrité. Le charbon possède, en effet, la propriété d'absorber les substances gazeuses infectes, et il prévient ainsi la corruption qui pourrait se développer dans la boisson de l'oiseau. La captive est tenue dans sa cellule, à la cave, ou du moins dans un lieu obscur. Matin et soir, on la gorge de force avec du maïs ramolli par quelques heures d'immersion dans l'eau; le reste du temps, elle passe la tête à sa lucarne et boit, barbote autant qu'il lui plaît, dans l'auge située au-dessous. Avec vingt-cinq litres de maïs, car la race du nord est moindre que celle de Toulouse, l'oie est, en un mois, suffisamment engraissée.

La présence d'une pelote de graisse sous chaque aile et la difficulté de respirer, annoncent que le moment est venu de couper la gorge à la prisonnière; si l'on différait, elle périrait étouffée.

L'immobilité de l'engraissement en cellule, soit dans le pot défoncé, soit dans la loge de sapin, fait principalement ressentir ses effets au sein du foie, qui devient énorme et tout graisseux, ainsi que je vous l'ai déjà raconté au sujet du canard. Avec la méthode usitée en Alsace, le foie atteint le poids d'un demi-kilogramme, et va parfois jusqu'au double. En outre, pendant la cuisson, l'oie fournit depuis trois jusqu'à cinq livres de graisse, excellente pour la préparation des légumes le reste de l'année. Les foies d'oie servent aux mêmes usages que ceux de canard : ils entrent dans les terrines de Nérac et de Toulouse, ils sont la base des célèbres pâtés de foie gras de Strasbourg.

Là ne se bornent pas les avantages que nous retirons de l'oie. Avant l'invention des plumes métalliques, d'un emploi général aujourd'hui, on se servait, pour l'écriture, des grosses plumes de l'oie. Leur préparation consistait à les passer sous la cendre chaude et à les racler un peu pour les dépouiller de leur enduit gras, qui aurait entravé l'écoulement de l'encre. Par leur grosseur bien appropriée à l'exigence des doigts, par leur fermeté et leur flexibilité élastique, elles convenaient excellemment à l'écriture; mais il fallait les retoucher de temps à autre, et le maniement du canif n'était pas sans difficultés, sans périls même entre des mains novices comme les vôtres. Aussi les plumes métalliques les ont-elles à peu près complétement supplantées.

Un autre produit du plumage de l'oie consiste dans les fines plumes et dans le duvet utilisés pour la literie. Je vous ai dit comment les oiseaux aquatiques, ceux des pays froids surtout, ont sous le vêtement extérieur, imprégné d'huile pour résister à l'humidité et aux intempéries, un vêtement intérieur, composé d'un duvet des plus fins et très apte à défendre l'oiseau du refroidissement. Ce duvet, nous l'avons nommé édredon. J'y reviens à cause de son importance.

L'édredon le plus estimé est fourni par une espèce de canard, l'eider, dont la taille est intermédiaire entre celles de l'oie et du canard domestique. L'eider vit à l'état sauvage dans les régions glacées du nord. Il est d'une couleur blanchâtre, avec la tête noire, ainsi que le ventre et la queue. La femelle, un peu plus petite, est grise, sauf quelques mailles brunes sous le corps. Sa nourriture se compose de poisson, que son aile infatigable lui permet d'aller pêcher à de grandes distances des côtes, au milieu de la haute mer. Tout le jour en recherches sur les eaux, l'eider se retire, la nuit, sur quelque îlot de glace, lieu de repos assez chaud pour lui, tout matelassé d'édredon.

C'est dans quelque creux des rochers escarpés du rivage qu'il établit son nid, composé au dehors de mousses, de plantes marines desséchées, et à l'intérieur d'un épais matelas d'édredon, que la mère s'arrache elle-même sous le ventre et la poitrine. Sur cette moelleuse couchette reposent cinq ou six œufs d'un vert sombre.

JULES. — Nous avons déjà vu le canard sauvage se plumer ainsi le ventre pour couvrir ses œufs de duvet.

PAUL. — L'eider fait de même et mieux encore. Quand la mère quitte un instant le nid, elle abrite ses œufs sous une abondante couverture de ce qu'elle a de plus fin dans son duvet. Après le départ de la couvée, ceux qui recherchent l'édredon, les Islandais surtout, visitent les nids abandonnés et recueillent le duvet, mais non sans danger, car les nids sont généralement situés en des points inaccessibles, sur les corniches des hautes falaises. On n'y parvient qu'en se faisant descendre avec des cordes le long des rochers abrupts.

Les couvre-pieds que nous appelons *édredons* sont de grandes enveloppes gonflées de duvet. Leur masse floconneuse, très-légère malgré son volume, est la meilleure des couvertures pour conserver la chaleur. Les plus estimés se font avec le duvet de l'eider, tellement élastique et léger, qu'on peut comprimer et tenir dans les deux mains la quantité nécessaire pour le couvre-pied d'un grand lit. Mais comme ce duvet est rare et d'un grand prix, on fait habituellement usage de celui plus grossier du canard et de l'oie de nos basses-cours.

Le mouton cède chaque année sa toison au ciseau du tondeur ; de même, quatre fois l'an, l'oie est dépouillée d'une partie de ses fines plumes et de son duvet. L'opération est surtout facile aux époques de la mue, car alors le plumage se détache au moindre effort. On plume l'oie, mais non entièrement bien entendu, sous le ventre, le cou et le dessous des ailes ; ce n'est que lorque l'oiseau est mort qu'on le dépouille à fond. La récolte, mise dans un sac sans être pressée, doit être soumise quelque temps à la chaleur d'un four d'où l'on vient de retirer le pain. On la débarrasse ainsi de son odeur désagréable et des parasites qui fréquemment l'infestent. Si du reste d'autres parasites se montraient plus tard, notamment des teignes, avides, vous le savez, des matières d'origine animale, comme le drap, le crin, le duvet, la laine, on soumettrait la provision de plumes aux vapeurs du soufre allumé.

Les œufs de l'oie sont tout blancs et remarquablement gros, ainsi que le comporte la taille de l'oiseau. Quand on voit, généralement en février, l'oie traîner du bec quelques brins de paille et les apporter dans sa loge, c'est signe que le moment de la ponte approche. On la retient alors au logis au lieu de l'envoyer au pâturage. La ponte se compose au plus d'une quinzaine d'œufs ; mais si l'on a soin de visiter le nid et de retirer les œufs à mesure qu'ils sont pondus, le nombre augmente et peut aller, dit-on, jusqu'à la quarantaine. L'oie partage le défaut de la cane : elle n'est pas couveuse très-assidue ; aussi lui préfère-t-on la dinde pour avoir soin de la couvée. Quant à la poule, malgré toutes ses qualités maternelles, il ne faut pas y songer, pour peu que la couvée soit nombreuse ; les œufs de l'oie sont si volumineux, qu'elle pourrait en admettre sous son corps une demi-douzaine au plus.

L'incubation dure un mois. Comme l'éclosion n'a pas lieu pour tous les œufs à la fois et que la couveuse, l'oie ou la dinde, pourrait être tentée d'abandonner les œufs en retard afin de donner ses soins aux premiers-nés, il convient de retirer du nid les petits à mesure qu'ils éclosent et de les mettre en lieu chaud dans un panier garni de laine. Quand l'éclosion est terminée, on rend la famille à la mère. De la chaleur et une nourriture choisie sont nécessaires les premiers jours. On donne aux oisons la pâtée de mie de pain, de farine de maïs, de lait, de laitue et d'orties hachées. Au bout de huit à dix jours, les petits soins ne sont plus indispensables, et si le temps est beau, on peut permettre à l'oie de mener la couvée où bon lui semble, même à la mare voisine, pourvu que la température soit chaude. Le mâle, le *jars* comme on l'appelle, accompagne habituellement la famille, la protége et fait preuve de courage au moment du danger. Gare à l'étourdi qui, même sans intention mauvaise, s'approcherait des oisons ! Le jars accourt sur lui, le cou tendu, la voix sourde et sifflante, et le pourchasse vivement de l'aile

et du bec. En mon jeune âge, j'ai connu tel galopin qui,
ayant lancé une pierre aux oisons, fut renversé d'un souf-
flet de l'aile par le jars et après houspillé d'une belle façon. On accourut vite, sinon l'imprudent provocateur
était défiguré par l'oiseau.

Émile. — Attrape, lanceur de pierres. Moi, je n'ai jamais
cherché querelle aux oies; cependant un jour elles m'ont
poursuivi. Elles me tenaient déjà par la blouse. Ah!
quelle frayeur j'ai eue!

Paul. — Si vous n'êtes pas de force à vous défendre,
enfants, n'approchez pas de l'oie quand elle a de la famille.
Elle est alors très-ombrageuse et pourrait vous faire du
mal.

XV

Le Pigeon.

Paul. — L'extrême ressemblance que très-souvent présente le pigeon domestique avec le pigeon sauvage appelé
biset, porte à croire que celui-ci est la souche première
de la population de nos colombiers. Le biset a le plumage
d'un cendré-bleuâtre, avec les ailes tachetées de noir et
le croupion d'un blanc pur. Le cou et le devant de la poitrine sont de couleur changeante suivant l'incidence de la
lumière, et brillent d'un éclat métallique, où dominent
tantôt le pourpre tantôt le vert doré.

Émile. — C'est précisément l'habituel plumage de nos
pigeons. Quand ils viennent becqueter le pain que je leur
émiette au soleil, j'aime à voir leur magnifique poitrine
qui reluit d'une couleur, puis d'une autre, à chaque mouvement de l'oiseau.

Paul. — Passionné pour les voyages et doué d'une puissance de vol en rapport avec ses goûts, le biset est répandu
dans la majeure partie du monde. Néanmoins il se fait

rare en France, où quelques misérables paires, toujours menacées de la griffe de l'oiseau de proie ou du plomb du chasseur, nichent dans les cantons les plus déserts, sur les corniches des rochers élevés. Les contrées rocailleuses et montueuses des îles de la Méditerranée sont leur demeure de prédilection en Europe.

Louis. — Il n'est pas rare cependant d'entendre parler chez nous de pigeons sauvages tués à la chasse.

Fig. 18. — Le Pigeon ramier.

Paul. — Vous confondez, mon ami, le biset avec une autre espèce de pigeon sauvage, le ramier. Celui-ci, comme son nom l'indique, perche sur la ramée des grands arbres, ce que ne fait jamais le biset.

Jules. — Tiens ! c'est vrai. Je n'ai jamais vu les pigeons descendants du biset se poser sur les arbres. Ils se posent sur les rochers, sur les toits ou à terre.

Paul. — A l'état de liberté, le biset niche dans les creux de rocher ; le ramier, au contraire, bâtit son nid sur les arbres, au sein des forêts profondes, où il trouve en abondance du gland et de la faîne, sa principale nourriture. Ces traits de mœurs ne sont pas la seule différence entre les deux oiseaux. Le ramier est beaucoup plus gros. Sa poitrine est couleur lie de vin ; son col, chatoyant et irisé de nuances métalliques comme celui de son confrère, est orné en outre de chaque côté d'une tache blanche en forme de croissant. Son vol et soutenu et rapide, son roucoulement sonore, sa vue perçante. Il se nourrit de toutes sortes de semences, surtout de glands, qu'il avale entiers.

Les ramiers aiment à se percher sur les branches mortes dominant la cime des arbres. Pendant les froides matinées d'hiver, ils s'y tiennent immobiles, attendant qu'un peu de chaleur vienne, au lever du soleil, les tirer de leur engourdissement. Dans la belle saison, ils fréquentent les hautes futaies et roucoulent au plus épais du feuillage. L'emplacement du nid est choisi dans l'enfourchure de quelques branches. Le mâle va cueillir sur les arbres voisins, jamais à terre, les matériaux de construction consistant en brindilles sèches. S'il aperçoit, attenant à sa branche, une bûchette morte, il la saisit avec les pieds, parfois avec le bec, et cherche à la casser, soit en appuyant dessus de tout son poids, soit en tirant à lui. Riche de sa prise, il revient aussitôt à la femelle, qui se borne à mettre les matériaux en place sans prendre part à leur recherche. Dans l'édification du nid, le mâle est donc le manœuvre et la femelle l'architecte, mais architecte sans talent, il faut en convenir, car la bâtisse se compose d'un lit de bûchettes entre-croisées, sans matelas de plumes et de bourre, et, chose plus grave, sans conditions de solidité. Aussi n'est-il pas rare que ce nid tombe en ruines avant que la couvée ait pris son essor ; heureusement les fortes branches sur lesquelles il prend appui, empêchent les jeunes d'être précipités.

Le ramier, farouche et méfiant, n'a jamais voulu accepter

l'hospitalité intéressée du colombier ; à la grasse vie de la servitude, il préfère la périlleuse vie des bois. Cet oiseau est le pigeon sauvage qui tombe fréquemment sous le plomb du chasseur : dans certains défilés des Pyrénées, on le prend, avec de vastes filets, par centaines à la fois. Le biset, tout au contraire, est de temps immémorial sous le dépendance de l'homme ; et pour l'abri du colombier qui le sauvegarde des serres de l'autour, il a si bien oublié les rochers où il nichait d'abord, qu'il est aujourd'hui assez rare, du moins dans nos pays, d'en trouver quelques couples sauvages.

Pour tous nos pigeons cependant le degré de domestication est fort loin d'être le même. Les uns, captifs volontaires plutôt que véritables prisonniers, ne sont fidèles au colombier qu'autant que le séjour leur plaît et qu'ils trouvent convenable nourriture dans les champs voisins, où ils se rendent en troupes. Si l'habitation n'est pas de leur goût, si les vivres manquent, ils vont s'établir ailleurs ; les plus aventureux reviennent même parfois à la vie sauvage. Les autres, asservis à fond, ont perdu jusqu'à la moindre velléité d'indépendance. Rarement ils quittent leur toit. Il y en a même de si casaniers, que la faim la plus pressante ne pourrait les contraindre à sortir pour essayer de trouver eux-mêmes un peu de nourriture dans les sillons du voisinage. En tout temps, il faut leur distribuer le manger, car ils sont inhabiles à s'en procurer par leurs propres recherches.

Les premiers, ceux qui vont au champs et trouvent eux-mêmes de quoi vivre, se nomment *bisets,* en souvenir du pigeon sauvage dont ils ont gardé en partie les mœurs et fréquemment le plumage. On les appelle aussi pigeons *fuyards,* soit à cause de leurs expéditions à longue distance du gîte, soit parce qu'il leur arrive quelquefois de fuir le colombier pour ne plus revenir. Ce sont les moins coûteux à élever, mais ils sont de petite taille et d'ailleurs peu productifs, car ils ne font que deux ou trois pontes par année. Les seconds, ceux qui ne s'écartent guère de leur demeure et ne savent pas se passer de nos soins, s'appellent *pigeons de volière*. Leur entretien coûte plus cher puisqu'il faut toute l'année pourvoir à leur nourriture ; mais, en compensation, ils ne ravagent pas les récoltes des environs, ainsi qu'on le reproche aux bisets, et en outre ils sont beaucoup plus productifs, la ponte se répétant jusqu'à dix fois dans l'année. Modifiés par l'intervention de l'homme depuis les temps les plus anciens, les pigeons de volière

Fig. 19. — Le Pigeon pattu.

présentent une foule de variétés où les traits de la race primitive bien souvent ne se reconnaissent plus. Citons-en quelques-unes.

Ce sont d'abord les pigeons *pattus*, dont les pieds semblent chaussés d'amples guêtres, c'est-à-dire sont revêtus de plumes jusqu'à l'extrémité des doigts. L'incommode et disgracieuse chaussure est le résultat de la captivité ; à l'état libre, l'oiseau n'a jamais rien de pareil. Puis viennent les pigeons *boulans* qui savent avaler de l'air et se gonfler le jabot en grosse boule, de façon que la base du cou semble affectée de la difformité d'un goître. C'est leur manière à eux de faire les beaux : plus la boule est grosse, plus ils sont fiers de leur tournure.

Émile. — Quelle singulière idée de croire s'embellir l'un avec son affreux goître, l'autre avec ses guêtres de plumes qui traînent dans la boue et l'empêchent de marcher !

Paul. — La vie inactive, mon ami, engendre bien des travers : les exemples surabondent chez l'homme encore plus que chez les pigeons. Mais passons : ce ne sont pas là nos affaires.

En voici maintenant qui s'entourent le front d'une couronne de plumes, se chaussent comme les pattus et imitent dans leurs roucoulements le son d'un tambour.

Émile. — Leurs roulades tambourinantes devraient les faire appeler *pigeons tambours.*

Paul. — Vous avez rencontré juste : c'est là précisément leur nom. En voici d'autres qui ont les ailes pendantes, la queue relevée et ouverte en éventail, le corps dans un état de tremblement presque continuel. On les dirait pris d'un accès de fièvre. La queue en éventail leur vaut le nom de *pigeons paons;* leur agitation tremblotante, celui de *trembleurs.* Les pigeons à *cravate* ont le cou ceint d'une cravate de plumes ébouriffées; les *nonnains* ont une huppe relevée imitant le capuchon d'un moine; les *pigeons coquilles* se parent la nuque d'une touffe de plumes rejetée en arrière et creusée en manière de coquille. Les *culbutants* se font remarquer par leur étranges évolutions dans les airs. Au milieu de leur vol, ils se laissent choir soudain et culbutent comme atteints d'un plomb dans l'aile. Cette récréation est leur passe-temps favori.

Jules. — Le plaisir d'une chute verticale accompagnée de culbute ne doit pas être sans quelque effroi. C'est là peut-être ce qui donne de l'attrait à cet exercice.

Émile. — Mais le pigeon s'arrête à temps?

PAUL. — Quand il le veut, il met fin à sa dégringolade du haut des airs. Le vol régulier est repris et les culbutes recommencent de plus belle. Tenons-nous en là sans épuiser la liste des variétés, qui s'élèvent à vingt-quatre, en ne tenant compte que des principales. Ces quelques exemples vous démontrent assez quelle diversité la vie de volière a imprimée à la forme, aux habitudes, au plumage de l'oiseau primitif.

Tous les pigeons, à l'état libre comme à l'état de domesticité, ne pondent jamais que deux œufs, d'où proviennent habituellement frère et sœur. Les soins de la couvée se partagent entre le père et la mère, ce que ne fait aucun autre de nos oiseaux domestiques. Le matin, à l'heure où la faim la presse, la femelle appelle le mâle par un roucoulement particulier et l'invite à venir prendre sa place sur les œufs, ce qui est fait avec empressement. Sur les trois ou quatre heures du soir, les rôles changent. Si le pigeon, qui jusque-là s'est tenu dans le nid, ne voit pas accourir sa compagne, il la cherche avec inquiétude, l'admoneste de quelques roucoulements, au besoin d'un coup de bec et la reconduit à la couvée. Mais d'habitude la mère est d'une ponctualité irréprochable ; elle revient au nid à l'heure convenue et ne le quitte plus jusqu'au lendemain matin. L'incubation dure de dix-sept à dix-huit jours.

Les petits naissent nus, aveugles, assez disgracieux. Le père et la mère, tantôt l'un, tantôt l'autre, leur donnent la becquée. La méthode d'abecquement des pigeons est exceptionnelle et mérite un examen à part. Je n'ai pas besoin de vous apprendre de quelle manière s'y prennent les autres oiseaux pour alimenter leur couvée ; il suffit d'avoir élevé un moineau pour être au courant de l'affaire.

JULES. — Le petit moineau ouvre le bec tant qu'il peut et les parents y déposent la nourriture apportée, comme j'y dépose moi-même la sauterelle, le morceau de cerise ou la miette de pain trempé.

ÉMILE. — Jules oublie qu'il est bon de taper l'oisillon

sur la queue pour lui exciter l'appétit et l'engager à ouvrir le bec.

PAUL. — Ce perfectionnement d'Émile n'est pas de rigueur. S'il a bien faim, l'oiseau ouvrira le bec sans se faire prier. Dans ce bec qui bâille tout grand, les parents introduisent la pointe du leur et déposent la capture telle qu'elle a été trouvée; mais si l'oisillon est très-jeune, le père et la mère commencent par digérer à demi dans leur estomac la nourriture destinée au petit. Alors ils mettent leur bec dans le sien et lui dégorgent la purée alimentaire qu'ils ont préparée.

Eh bien, les pigeons font exactement l'inverse : ce sont le père et la mère qui bâillent, et ce sont les petits qui plongent leur bec au fond du gosier des parents. Ceux-ci sont pris alors d'une convulsion stomacale, accompagnée d'un tremblement rapide des ailes et du corps. De petits cris plaintifs dénotent que l'opération n'est peut-être pas sans douleur. Du jabot violenté par des efforts, les matières nutritives à demi digérées remontent en un jet qui passe dans le bec entr'ouvert du nourrisson. Deux fois par jour, les pigeonneaux reçoivent ainsi la nourriture, deux fois par jour mais pas plus, tant cette façon d'abecquement paraît être pénible pour les nourriciers.

JULES. — Je le crois bien que les parents ne doivent pas être à l'aise quand, de la pointe du bec, le jeune pigeon leur chatouille le fond du gosier. Si l'on juge d'après ce qui se passerait chez nous, l'estomac doit se révolter et rejeter péniblement son contenu.

PAUL. — C'est, paraît-il, ainsi que les choses se passent. L'aliment dégorgé est une bouillie de semences travaillées à point dans le jabot; mais les trois ou quatre premiers jours qui suivent l'éclosion, une nourriture toute particulière est donnée, fine et fortifiante, comme il convient à la faiblesse du petit. C'est une substance presque liquide, blanche, ayant les apparences d'un véritable lait.

Elle ne provient pas en entier d'aliments digérés; pour la majeure partie, elle se compose d'une sorte de laitage que l'estomac laisse suinter en cette occasion seulement. Pour les premiers jours de l'éducation de la couvée, les pigeons ont donc, dans les profondeurs du gosier, une sorte de fabrique à lait, volontiers je dirais l'équivalent d'une mamelle.

Jules. — Ceci me rappelle une plaisanterie entre camarades. Pour abuser de la crédulité des naïfs, on leur dit que les pigeons tètent. Tout en plaisantant, on est plu près de la vérité qu'on ne le pense. Les pigeons ne tèten point, c'est vrai, mais on peut très-bien dire qu'ils sont allaités puisque la nourriture reçue a tant de ressemblance avec le lait.

Paul. — Les pigeonneaux gardent longtemps le nid. Pourvus déjà de toutes leurs plumes et gros presque comme père et mère, ils continuent à recevoir les soins des parents. Pour les engager à vivre par eux-mêmes et à céder la place quand le moment de la nouvelle ponte approche, quelques bourrades sont même nécessaires envers ces enfants gâtés qui ne veulent plus quitter le logis. Enfin ils s'y décident, non sans venir encore de temps en temps tourmenter la mère de leur gémissements et lui demander à manger. Le père, moins faible dans ses affections, accueille désormais d'un coup de bec ces paresseux importuns.

Arrivons à d'autres détails de mœurs. Je ne vous parlerai pas, ces choses vous étant assez connues, des roucoulements du pigeon avec renflement de gorge, de ses salutations cérémonieuses, de ses révérences jusqu'à terre, enfin de ses pirouettes quand il fait le beau devant sa compagne. Je vous intéresserai davantage en vous faisant connaître son instinct d'association, qui le porte à se rassembler par troupes immenses lorsqu'il voyage, à l'état de liberté, pour trouver de la nourriture.

XVI

Un récit d'Audubon.

PAUL. — Voici ce que nous raconte à ce sujet le célèbre observateur des oiseaux, Audubon, à qui déjà j'ai eu recours pour vous faire connaître les mœurs du dindon, vivant en liberté dans les grands bois de son pays natal.

Les pigeons sauvages de l'Amérique du nord émigrent d'une province à l'autre pour rechercher de la nourriture. Ils ont une puissance de vol qui leur permet de parcourir une immense étendue de pays en très-peu de temps. Tout en voyageant, ils inspectent de leur vue perçante la contrée qui s'étend au-dessous d'eux, et découvrent aisément s'il s'y trouve de la nourriture. Quand ils passent au-dessus de terrains stériles ou peu fournis en aliments, ils se maintiennent haut en l'air, volant sur un front étendu, de manière à pouvoir explorer de vastes espaces à la fois ; dès qu'apparaissent de riches moissons ou des arbres chargés de graines et de fruits, ils commencent à voler bas pour découvrir en quelle partie de la contrée les attend le plus ample butin.

La multitude de ces pigeons dans nos forêts est véritablement étonnante, à ce point que moi-même qui ai pu les observer si souvent et en tant de circonstances, j'hésite encore et me demande si ce que je vais raconter est la réalité. Et pourtant je l'ai vu, je l'ai bien vu, et cela en compagnie de personnes qui, comme moi, en restèrent frappées de stupeur.

Pendant l'automne de 1813, je me rendais de Henderson, sur les bords de l'Ohio, à Louisville, quand vinrent à passer des pigeons voyageurs en bandes si nombreuses, que je n'avais jamais rien vu de pareil. Voulant compter les troupes qui pourraient passer à portée de mes regards dans l'espace d'une heure, je descendis de cheval, m'assis sur une éminence et commençai à faire une marque au crayon pour chaque bande que j'apercevais. Mais j'eus bientôt reconnu qu'une pareille entreprise était impraticable, car les oiseaux se pressaient en innombrables multitudes. Je me levai et comptai les points marqués sur mon carnet : il y en avait cent soixante-trois en vingt et une minutes. Je continuai ma route, et plus j'avançais, plus je rencontrais de pigeons.

L'air en était littéralement rempli ; la lumière du jour, en plein midi, s'en trouvait obscurcie comme par une éclipse ; la fiente tombait semblable aux flocons d'une neige fondante ; le bourdonnement continu des ailes m'étourdissait et me donnait envie de dormir.

Je m'arrêtai pour dîner au confluent de la rivière Salée avec l'Ohio ; et de là, je pus voir à loisir d'immenses légions passant toujours sur un front qui s'étendait de l'ouest à l'est. Pas un seul oiseau ne se posa, car on ne voyait ni un gland ni une noix dans le voisinage. Aussi volaient-ils si haut, qu'on essayait vainement de les atteindre, même avec la plus forte carabine. Je renonce à décrire l'admirable spectacle de leurs évolutions aériennes, lorsqu'un faucon venait par hasard à fondre sur l'arrière-garde de l'une de leurs troupes. Tous à la fois, comme un torrent et avec un bruit de tonnerre, ils se précipitaient en masses compactes, se pressant l'un l'autre vers le centre. La multitude effarée plongeait en avant en lignes brisées ou onduleuses, descendait et rasait la terre avec une inconcevable rapidité, montait perpendiculairement de manière à former une colonne immense ; puis, à perte de vue, tournoyait en tordant ses lignes sans fin, qui représentaient la marche sinueuse d'un gigantesque serpent.

Au coucher du soleil, j'atteignis Louisville. Les pigeons passaient toujours en même nombre ; ils continuèrent ainsi pendant trois jours sans discontinuer. Tout le monde avait pris les armes ; les bords de l'Ohio étaient couverts d'hommes et de jeunes garçons fusillant sans relâche les voyageurs, qui volaient plus bas en traversant la rivière. Des multitudes furent détruites ; pendant une semaine et plus, toute la population ne se nourrit que de pigeons, et pendant ce temps l'atmosphère resta profondément imprégnée de l'odeur particulière à cet oiseau.

Le calcul suivant donne un aperçu du nombre de pigeons contenus dans l'une de ces bandes et de la quantité de nourriture journellement consommée par les oiseaux qui la composent. — Supposons une colonne d'un mille [1] de large, ce qui est bien au-dessous de la réalité, et concevons-la passant au-dessus de nous, sans interruption, pendant trois heures, à raison d'un mille par minute. Nous aurons ainsi un rectangle de cent quatre-vingts milles de long sur un mètre de large. Supposons deux pigeons par mètre carré : le tout donnera 1115156000 pigeons par chaque troupe. Comme chaque pigeon consomme journellement une bonne demi-pinte de nourriture, la quantité nécessaire pour subvenir à cette immense multitude sera de 8712000 boisseaux par jour.

Aussitôt que s'annonce quelque part une abondance convenable, les pigeons se préparent à descendre, et volent d'abord en larges cercles en passant en revue la contrée au-dessous d'eux. C'est pendant ces évolutions que leurs masses profondes offrent le plus bel aspect et déploient, suivant leur direction, tantôt un tapis du plus riche azur, tantôt une couche brillante d'un pourpre foncé. Alors ils passent plus bas par-dessus les bois, et par instants se perdent parmi les feuillage, pour reparaître le moment d'après et s'enlever au-dessus de la cime des arbres. Enfin les voilà posés ; mais aussitôt, comme saisis d'une terreur panique, ils reprennent le vol, avec un battement d'ailes semblable au roulement lointain du tonnerre, et ils parcourent en tous sens la forêt comme pour s'assurer qu'il n'y a nulle part de danger. La faim cependant les ramène à terre, où on les voit retournant très-adroitement les feuilles sèches qui cachent les graines et les fruits tombés des arbres. Sans cesse, les derniers rangs s'élèvent et pas-

____

[1] Le mille vaut 1609 mètres.

sent par-dessus le gros du corps, pour aller se poser en avant, et ainsi de suite, d'un mouvement si rapide et si continu, que toute la troupe semble être à la fois sur ses ailes. La quantité de terrain qu'ils visitent ainsi est immense, et la place est rendue si nette, qu'un glaneur venant après eux perdrait complétement sa peine. Ils mangent quelquefois avec une telle avidité, qu'en s'efforçant d'avaler un gros gland ou une noisette, ils restent haletants et tirant le cou, comme sur le point d'étouffer.

C'est lorsqu'ils remplissent ainsi les bois qu'on en tue des quantités prodigieuses, sans que le nombre paraisse en diminuer. Quand le soleil commence à disparaître, ils regagnent en masse, quelquefois à des centaines de milles, un point choisi pour leur juchoir nocturne. J'ai parcouru l'un de ces juchoirs établis, comme toujours, dans la partie de la forêt où il y a le moins de taillis et les plus hautes futaies. Les pigeons y avaient fait élection de domicile depuis une quinzaine, et il pouvait être deux heures avant le coucher du soleil lorsque j'y arrivai.

On n'apercevait encore que très-peu de pigeons; mais déjà un grand nombre de personnes, avec chevaux, charrettes, fusils et munitions, s'étaient installées sur la lisière de la forêt. Deux fermiers avaient amené près de trois cents porcs, pour les engraisser de la chair des pigeons qui allaient être massacrés. Çà et là, on s'occupait à plumer et à saler ceux qu'on avait tués la veille et qui étaient véritablement par monceaux. La fiente, sur plusieurs pouces de profondeur, couvrait la terre. Beaucoup d'arbres, de deux pieds de diamètre, étaient rompus assez près du sol; et les branches des plus grands et des plus gros étaient brisées, sous le poids des pigeons, comme si l'ouragan eût dévasté la forêt. En un mot, tout démontrait que le nombre des oiseaux fréquentant cette partie du bois devait être immense et au delà de toute conception.

A mesure qu'approchait le moment où les pigeons devaient arriver, les chasseurs, sur le qui-vive, se préparaient à les recevoir. Les uns s'étaient munis de marmites de fer remplies de soufre pour suffoquer les pigeons endormis ; d'autres, de torches et de pommes de pin à flamme brillante pour éclairer la tuerie ; plusieurs n'avaient pour arme que des gaules ; le reste avait des fusils. Cependant le soleil était descendu sous l'horizon, et rien ne paraissait encore. Chacun se tenait prêt, le regard dirigé vers le clair firmament, qu'on apercevait par échappées à travers le feuillage des grands arbres.

Soudain, un cri général a retenti : « Les voici ! » Le bruit que les pigeons faisaient, bien qu'éloigné, me rappelait celui d'une brise de mer parmi les cordages d'un vaisseau. Quand ils passèrent au-dessus de ma tête, je sentis un courant d'air qui m'étonna. Déjà des milliers étaient abattus par les hommes armés de perches ; mais il continuait d'en arriver sans relâche. On alluma des feux et alors ce fut un spectacle fantastique, merveilleux et plein d'une magnifique épouvante. Les oiseaux se précipitaient par masses et se posaient où ils pouvaient, les uns sur les autres, en tas gros comme des barriques ; puis les branches cédant sous le poids, craquaient et tombaient, entraînant par terre et écrasant les troupes serrées qui surchargeaient chaque partie des arbres. C'était une lamentable scène de tumulte et de confusion. En vain, aurais-je essayé de parler, ou même d'appeler les personnes les plus rapprochées de moi. C'est à grand'peine si l'on entendait les coups de fusil ; je ne m'apercevais qu'on eût tiré qu'en voyant recharger les armes.

Personne n'osait s'aventurer au milieu du champ de carnage. On avait renfermé les porcs et l'on remettait au lendemain la récolte des morts et des blessés. Les pigeons arrivaient toujours ; il était près de minuit, et je ne remarquais encore aucune diminution dans le nombre des arrivants. Le vacarme continua toute la nuit. Enfin, aux approches du jour, le bruit s'apaisa un peu ; et longtemps avant qu'on pût distinguer les objets, les pigeons commencèrent à se remettre en mouvement dans une direction opposée à celle par où ils étaient venus le soir. Au lever du soleil, tous ceux qui étaient capables de s'envoler avaient disparu.

C'était maintenant le tour des loups, dont les hurlements frappaient nos oreilles. Renards, lynx, couguars, ours, ratons, oppossums et fouines, bondissant, courant, rampant, se pressaient à la curée, tandis que des aigles et des faucons se précipitaient du haut des airs pour prendre leur part d'un aussi riche butin. Alors, eux aussi, les auteurs de cette sanglante boucherie, commencèrent à faire leur entrée au milieu des morts, des mourants et des blessés. Les pigeons furent entassés par monceaux. Chacun en prit ce qu'il voulut; puis on lâcha les porcs pour se repaître du reste.

Là se termine le récit d'Audubon. Qu'en dites-vous maintenant, mes amis?

Jules. — Je dis que ces bandes de pigeons qui obscurcissent le ciel et mettent plusieurs jours à défiler, sont bien la chose la plus étonnante que j'aie jamais entendue sur les oiseaux.

Émile. — Je songe encore à cette averse de fiente qui, au moment de leur passage, tombe du haut des airs, drue comme les flocons de neige en hiver. Partout où ils passent, la terre est blanchie de cette singulière pluie.

Louis. — Et ces arbres qui cassent sous le poids des pigeons; ces trois cents porcs lâchés pour se rassasier rien que des restes dont les chasseurs ne veulent plus! Tout cela me paraîtrait incroyable si l'oncle Paul ne nous l'affirmait exact.

Émile. — C'est bien dommage que nous n'ayons pas ici de pareils vols. Puisqu'on abat les pigeons avec une simple perche, comme nous abattons les pommes et les noix, je me chargerais de faire moi-même une belle chasse.

Paul. — Vous chargeriez-vous aussi de trouver des vivres pour les pigeons lorsque, pour nourrir, un seul jour, l'une de leurs bandes, il faut de huit à neuf millions de boisseaux de semences! Vous voyez bien que de pareilles multitudes seraient calamiteuses; la récolte entière d'une

province suffirait à peine au jabot de ces affamés. A de
tels attroupements, il faut de vastes étendues boisées non
exploitées par l'homme, comme pouvait en présenter l'A-
mérique il y a une soixantaine d'années, du temps d'Audubon. Mais aujourd'hui dans ce pays, à mesure que la
civilisation progresse plus avant dans les terres, les
antiques forêts disparaissent et font place à des champs
cultivés. La nourriture se faisant rare, les pigeons se font
rares aussi, et il est douteux qu'on puisse assister encore
aux prodigieuses scènes d'autrefois.

XVII

Une Supposition

PAUL. — Supposons-nous, mes amis, au sein d'un pays
désert, livrés à nos seules forces, sans aucune des ressources fruit de la civilisation. Défendre notre vie et nous
procurer le manger sont le grand souci de tous nos instants. Autour de nous s'étendent, sans jamais finir, des
bois ténébreux, où rugissent, hurlent, beuglent mille animaux féroces, qui nous déchireront de leurs griffes ou
nous écartelleront de leurs cornes s'ils viennent à nous
surprendre. Pour nous mettre à l'abri de leurs attaques,
nous avons à choisir entre le refuge d'une grotte dont
nous bouchons l'entrée avec des quartiers de roc péniblement roulés, et le tronc creux d'un vieil arbre ou mieux
son large branchage, si nous parvenons à y grimper.

ÉMILE. — C'est l'histoire de Robinson dans son
île.

PAUL. — Pas tout à fait. Je suppose notre état bien pire.
Robinson avait à son service une foule de choses sauvées
du naufrage, des outils de toute sorte, de solides armes,
des fusils, de la poudre, des balles. Nous, nous n'avons
rien, absolument rien que nos dix doigts.

Émile. — Pas même un couteau pour se couper une trique?

Paul. — Pas même un couteau.

Louis. — La position ne serait pas gaie; d'autant moins gaie qu'on ne pourrait toujours se tenir enfermé. Il faudrait quitter le refuge de la grotte pour se procurer de quoi vivre, et alors gare les loups et toute la mauvaise engeance du bois.

Paul. — Rien ne donne de l'audace comme le terrible besoin de manger. On sortirait donc, armé de quelques pierres et d'un bâton grossièrement cassé de la main. Si la bête féroce accourt, on fera de son mieux pour l'assommer.

Émile. — Et si nous ne pouvons en venir à bout?

Paul. — Dans ce cas, notre affaire est nette : nous deviendrons sa proie.

Émile. — A vous dire vrai, mon oncle, malgré le plaisir que m'a procuré la lecture de Robinson dans son île, je préfère que cette course à travers bois soit une simple supposition de votre part plutôt que la réalité.

Jules. — Émile n'est pas le seul d'être de cet avis. Quand je n'ai rien pour me défendre, je n'aime pas ces bois où il y a des loups et pire encore.

Paul. — Je continue ma supposition. La faim nous pousse et nous allons. J'admets que le ciel nous favorise et que nul péril sérieux ne vienne troubler nos recherches affamées. Si nous sommes au bord de la mer, nous pêcherons des coquillages; si nous sommes à l'intérieur des terres, nous cueillerons les mûres de la ronce et les prunelles du buisson. En cherchant bien, peut-être trouverons-nous une poignée ou deux de noisettes. Ce sera là notre dîner, qui trompera un moment la faim sans l'apaiser.

Émile. — Je le crois bien : des mûres et des prunelles, sans plus rien, triste manger! Je leur préférerais une croûte de pain, si dure qu'elle fût.

Paul. — Et moi aussi. Mais la croûte de pain exige la

culture des terres, le laboureur, le moissonneur, le meunier, le boulanger; elle suppose une civilisation avancée, et nous sommes en plein pays sauvage. Renonçons à la croûte de pain. Si néanmoins vous trouvez mieux que les mûres et les prunelles, volontiers j'abandonne les détestables fruits.

Jules. — Puisque les bois où vous supposez que nous sommes regorgent de toutes sortes d'animaux, il doit s'y trouver du gibier en abondance.

Paul. — Vraiment oui, le gibier est ici des plus communs.

Jules. — Eh bien alors? Mettons-nous en chasse; puis nous allumerons du feu, et je me charge de faire rôtir notre prise. Cela vaudra bien mieux que de méchantes prunelles, âpres, agaçant les dents.

Paul. — L'idée est bonne, mais j'y vois deux grosses difficultés : premièrement, il faut s'emparer du gibier; secondement, il faut faire du feu.

Émile. — Faire du feu est la moindre des choses : une allumette suffit puisque le bois abonde.

Paul. — Vous oubliez, mon ami, que l'allumette manque. Nous n'avons rien, ce qui s'appelle rien.

Émile. — C'est vrai. Commment s'y prendre alors? Si j'ai bon souvenir, Robinson, lui aussi, fut très-embarrassé pour obtenir du feu. Il profita d'un arbre allumé par la foudre.

Paul. — Voudriez-vous attendre qu'un orage éclatât et embrasât un coin de la forêt? D'ici là nous aurions le temps de jeûner, car il est bien rare que la foudre allume un incendie.

Jules. — Nous faut-il donc renoncer au rôti que je propose?

Paul. — Avant d'y renoncer, on pourrait essayer le moyen qu'emploient, pour obtenir du feu, certaines peuplades sauvages. L'opérateur, assis à terre, maintient entre ses pieds un morceau de bois tendre et très-sec, dans **lequel une petite cavité est creusée; puis il fait vivement** rouler entre ses mains une tige de bois dur dont la pointe s'engage dans cette cavité. Par l'effet d'un frottement énergique, le bois tendre s'échauffe au fond du creux et finit par s'embraser. La réussite exige, il est vrai, une rapidité de friction et une adresse dont certainement nous ne serions pas capables sans un long apprentissage; mais je passe sur cette difficulté et j'admets que nous ayons du feu.

Reste le gibier. Un lièvre nous suffira largement. Cet animal abonde, et nous serions bien maladroits si bientôt nous n'en découvrions un, de sa patte velue se frisant la moustache sous une touffe de genêts. Mais le lièvre a l'ouïe fine et la vue perçante. Bien avant d'être à la portée de nos bâtons, il nous entend, il nous voit et décampe. Courez après lui maintenant, si vous vous sentez les jarrets assez prompts.

JULES. — Pour ma part, je ne m'en charge pas.

LOUIS. — Avec les armes que nous possédons, des bâtons et des cailloux, la chasse me paraît impraticable : tout gibier quel qu'il soit déjouera nos projets par sa vigilance et sa fuite rapide.

PAUL. — En êtes-vous tous bien convaincus?

JULES. — Pour moi, c'est certain. Ne pouvant lutter de vitesse avec le gibier, nous reviendrons toujours de la chasse les mains vides.

ÉMILE. — C'est tout clair.

PAUL. — Contentons-nous donc des prunelles; et si la faim presse trop, serrons-nous le ventre. Comme d'ailleurs, d'un moment à l'autre, pourrait bondir sur nous, pour nous dévorer, quelque bête furieuse, regagnons au plus vite l'abri de la grotte, où nous aurons tout le temps de réfléchir sur notre triste position.

Notre état de misère est lamentable. La famine incessamment nous tourmente, malgré l'extrême abondance du gibier, qui serait pour nous ressource précieuse, mais dont malheureusement il est impossible de s'emparer. Si, pour tromper la faim, nous allons à la recherche des fruits sauvages, mille dangers nous attendent. Nons pouvons tomber entre des griffes que nos cailloux n'intimideront pas et que nos bâtons ne feront pas lâcher. Nous sommes sans vivres, nous sommes sans défense. Une terrible alternative nous attend : périr de faim ou périr dévorés par plus fort que nous.

Émile. — D'une telle vie de Robinson, je ne voudrais certes pas.

Paul. — Une supposition maintenant. Le ciel a pitié de notre détresse et, pour nous tirer d'affaires, nous offre le secours de l'un de nos animaux domestiques, de celui que nous voudrons, à notre choix. Lequel demanderez-vous, mes enfants ?

Émile. — J'ai l'estomac si fatigué des prunelles et les dents si agacées par ce triste fruit, que je me trouverais fort bien du choix d'un mouton. Des côtelettes grillées sur les charbons ardents me consoleraient des repas de fruits sauvages.

Jules. — Le mouton finira et alors gare encore les prunelles ! Moi, je préférerais la chèvre. Tous les soirs, elle rentrerait à la grotte avec sa grande mamelle gonflée de lait. J'aurais ainsi nourriture assurée pour longtemps et nourriture un peu variée, car, avec le lait, je ferais du beurre et du fromage.

Paul. — Votre chèvre durera peut-être encore moins longtemps que le mouton d'Émile. Il faut qu'elle sorte pour aller au pâturage, et qui vous dit qu'à sa première sortie, elle ne sera pas mangée dans les bois par le loup?

Jules. — Je la garderai bien.

Paul. — Mais qui vous gardera vous-même, mon ami; qui vous défendra?

Jules. — C'est vrai. Laissons la chèvre et choisissons la vache. Elle est de force à se défendre seule, à coups de cornes.

Paul. — Si un seul ne suffit pas, les loups se mettront deux à l'attaque, ils se mettront trois, ils se mettront dix, et la vache succombera.

Jules. — Le cheval, le mulet, l'âne, dans les circonstances où nous nous supposons placés, ne peuvent nous être de grande utilité. Je les laisse. Avec la poule, j'aurais du moins un œuf par jour.

Paul. — Petite ressource s'il nous faut mettre quatre autour d'un œuf à la coque. D'ailleurs avec quel grain nourrirez-vous la poule, et puis le renard la laissera-t-il en paix ?

Jules. — Il reste le porc, mais il a l'inconvénient du mouton d'Émile : une fois la bête mangée, la famine reprend. Je laisse le choix à de plus habiles.

Louis. — Moi, sans hésiter, je choisis le chien.

Émile. — Le singulier choix ! Le chien nous lèchera les mains en signe d'amitié, il aboiera devant la grotte, il rongera l'os que nous lui jetterons. Seulement, comme les os manquent dans nos dîners de prunelles, la pauvre bête mourra de faim sans nous être d'aucune utilité.

Louis. — L'utilité, je la vois, et elle est grande. Avec le chien, le gibier, serait-ce le lièvre le plus agile, sera pris à la course, nos propres embuscades aidant ; et nous aurons pour tous de la nourriture assurée, pour nous la chair, pour lui les os. En compagnie du chien, nous pourrons aller partout où bon nous semble, sans la continuelle crainte d'être à tout moment attaqué. Si le loup se présente, notre vigoureux compagnon lui tiendra tête, le happera par la peau du cou et nous permettra de jouer de la trique.

Jules. — Louis a raison : j'incline pour le chien.

Émile. — Les motifs que donne Louis sont trop faciles à comprendre pour que le chien ne soit pas adopté à l'unanimité des voix.

Paul. — Oui, mon ami, à l'unanimité des voix, même celle de l'oncle, qui, pendant quelques instants, vient de vous faire mener, en imagination, la vie de Robinson, précisément pour vous conduire à conclure vous-mêmes en faveur du chien.

Dans les commencements, il y a des siècles et des siècles,

l'homme a vécu surtout de chasse, comme le font encore aujourd'hui les dernières peuplades sauvages. Le troupeau, la culture, l'industrie, tout était inconnu. La bête fauve, traquée dans les bois avec des armes en pierre et des bâtons pointus, était à peu près l'unique ressource : sa chair donnait la nourriture ; sa peau, le vêtement. Pour atteindre le gibier, il fallait un aide prompt à la course ; pour tenir en respect les animaux dangereux, il fallait un défenseur plein de courage. Cet aide, ce défenseur, et pour comble de qualités, cet ami dévoué jusqu'à la mort, ce fut le chien, don du Ciel pour assister l'homme en ses débuts misérables. Avec le secours du chien, la vie fut moins périlleuse ; la nourriture, mieux assurée. Des loisirs vinrent et de chasseur l'homme se fit pasteur. Le troupeau fut créé, troupeau d'abord très-indocile, et reprenant, au premier défaut de surveillance, la vie libre de la veille. La garde en fut confiée au chien, qui, posté sur quelque tertre du pâturage, le flair au vent, l'oreille au guet, suivait le troupeau de son œil vigilant et se précipitait soit pour ramener les fuyards, soit pour écarter la bête malfaisante. Grâce au chien, le troupeau donna l'abondance, le laitage et la chair pour se nourrir, la chaude laine pour se vêtir. Alors, débarrassé du terrible souci du manger quotidien, l'homme s'avisa de fouiller la terre et de lui faire produire du grain. L'agriculture naquit, et avec elle, petit à petit, la civilisation. Par la force même des choses, l'homme, en tout pays, est donc chasseur en ses débuts ; plus tard, il devient pasteur et enfin agriculteur. Pour la chasse d'abord, puis pour la garde et la défense du troupeau, le chien lui est absolument nécessaire. De tous nos animaux domestiques, c'est donc le chien qui est le premier en date et qui nous a rendu les services les plus grands.

XVIII

Fragment d'histoire.

JULES. — Je comprends toute l'utilité du chien pour l'homme livré à ses seules forces, en pays désert, au milieu des bois. Avec l'aide de ce courageux ami, il se procure le manger, il se défend contre les animaux qui mettent sa vie en péril. Mais dans nos pays, je pense, on n'a jamais mené cette vie misérable.

PAUL. — Dans nos pays, les choses se sont passées comme partout. Aux lieux mêmes où prospère aujourd'hui la civilisation la plus avancée, l'homme a débuté par un état de misère dont il ne sera pas inutile de vous donner une idée; vous verrez mieux alors de quelle profonde barbarie les services du chien ont contribué à nous retirer.

Aux plus lointaines époques dont l'histoire ait gardé un vague souvenir, ce qui doit être un jour le beau pays de France est une contrée sauvage, couverte d'immenses forêts, où errent, vivant de chasse, quelques rares peuplades de Gaëls. Ainsi se nomment les premiers habitants de nos pays. Ce sont des hommes de haute stature, larges d'épaules, à peau blanche, à chevelure longue et blonde, aux yeux bleus ou verts. Ils ont pour armes des haches et des couteaux de pierre, des flèches dont la pointe est une arête de poisson, un éclat tranchant de caillou. A leur bras gauche est fixé, pour la défense, un bouclier de bois étroit et long; de leur main droite, ils balancent, pour l'attaque, tantôt un pieu durci au feu, tantôt un lourd assommoir ou massue. Pour franchir audacieusement les fleuves et les bras de mer, ils ont de fragiles batelets faits en osier tressé comme nos corbeilles, mais revêtus au dehors d'un cuir de bœuf sauvage, qui empêche l'eau de pénétrer.

ÉMILE. — Mais ce sont là des armes et des bateaux de sauvages!

Paul. — Sans doute, mon ami ; aussi les premiers Gaëls, nos ancêtres néanmoins, étaient-ils véritablement des sauvages, différant à peine de ceux de nos temps. Ils vivaient surtout de chasse, car le troupeau et l'agriculture longtemps leur furent inconnus. Dans leurs sombres forêts, humides et froides, avec leurs faibles armes de pierre et leurs bâtons pointus, ils attaquaient un terrible bœuf sauvage, l'aurochs ou urus, dont la race aujourd'hui a presque entièrement disparu du monde. Ce bœuf, presque de la taille de l'éléphant, avait des cornes énormes, une crinière de laine crépue sur la tête et le cou, une barbe sous la gorge, la voix grognante, le regard farouche. Sa force démesurée, sa furie indomptable, en faisaient la terreur des forêts.

Louis. — Et l'on ne craignait pas d'attaquer la redoutable bête avec des cailloux tranchants emmanchés en guise de hache !

Paul. — On courait sus à l'animal furieux sans autres armes que des pieux appointés et des haches de pierre ; mais on avait l'aide de robustes chiens qui saisissaient la bête par les oreilles et maîtrisaient ses élans. L'urus était le gibier d'honneur. Le vaillant qui l'abattait avait pour coupe, dans les festins, une des monstrueuses cornes de l'animal.

Émile. — Que buvaient-ils dans ces cornes ?

Paul. — D'abord l'eau claire des fontaines ; puis, lorsque la culture fut un peu connue, une boisson enivrante, la cervoise, préparée avec de l'orge fermentée. C'est là le point de départ de notre bière.

Louis. — Notre bœuf, si paisible, proviendrait-il de cette intraitable bête, de l'urus, comme vous l'appelez ?

Paul. — Nullement. Le bœuf domestique est une espèce toute différente, originaire de l'Asie, et non des antiques forêts de l'Europe. De nos jours, l'urus n'existe presque plus. Traqué de siècle en siècle par la civilisation croissante, le redoutable bœuf à crinière a depuis bien longtemps déserté nos pays pour se réfugier dans les solitudes du nord. Mais ces solitudes ont été à leur tour occupées par l'homme, et l'aurochs a trouvé son dernier asile dans les forêts marécageuses de la Lithuanie, en Pologne. Là, quelques rares couples vivent encore, en pleine sécurité, car il est expressément défendu de les tuer.

ÉMILE. — Et pourquoi conserve-t-on ces vilains bœufs?

PAUL. — Ils ne sont pas assez nombreux pour nuire, et ce serait vraiment dommage d'exterminer jusqu'au dernier ces animaux, qui faisaient la joie de nos aïeux dans leurs chasses.

Les Gaëls poursuivaient encore l'élan, sorte de grand cerf de la taille du cheval ou même davantage. L'élan a sous la gorge une espèce de goître ou de pendeloque charnue; son pelage est court, raide et de couleur cendrée; ses cornes, nommées bois, sont larges, aplaties et forment une vaste lame triangulaire profondément dentelée sur son contour; le poids de chacune peut atteindre une trentaine de kilogrammes. Ce devait être, vous le voyez, une belle pièce de gibier qu'un animal dont le front porte sans fatigue un ornement d'un quintal et plus.

LOUIS. — Un cerf grand comme un cheval devait être, en effet, une fière capture.

JULES. — Sans son compagnon le chien, l'homme certainement n'aurait pu le prendre à la course.

PAUL. — L'élan, commun à cette époque dans nos forêts, ne se trouve plus aujourd'hui que dans les marécages boisés de la Russie et de la Suède. Il habite aussi, et en troupes plus nombreuses, le nord de l'Amérique.

Vous remarquerez que ces deux animaux, l'aurochs et l'élan, répandus autrefois dans nos régions, sont cantonnés maintenant en des climats beaucoup plus froids que le nôtre. Les quelques aurochs qui survivent à la destruction de leur race paissent dans les bois de la Lithuanie; l'élan habite l'extrême nord de l'Europe et de l'Amérique. Transportés sous notre ciel plus doux, ils dépériraient bientôt, ne pouvant se faire à une température trop élevée pour eux. Puisqu'ils prospéraient ici dans les anciens temps, il faut donc qu'à cette lointaine époque le climat de nos régions fût plus rude, plus froid qu'il ne l'est aujourd'hui. D'immenses forêts, toujours humides, pleines d'ombre, étaient sans doute l'une des causes de ce climat plus rigoureux. Quand ces bois, non pénétrables aux rayons du soleil, ont été abattus par la cognée de la civilisation naissante, le sol s'est échauffé librement et la température s'est élevée. Mais alors l'aurochs et l'élan, harcelés d'ailleurs par l'homme, qui fouillait dans toutes leurs retraites, ont fui un pays trop chaud pour eux et se sont réfugiés dans les froides brumes du nord.

Malgré ce changement de climat, quelques animaux nous sont restés, les mêmes qu'au vieux temps des Gaëls. De nos jours encore, le même loup hurle de famine dans les bois, les mêmes ours hantent les cavernes des montagnes, le même sanglier, acculé par une meute dans quelque hallier buissonneux, sort du fourré sa hure hérissée, aiguise ses crocs et fait claquer ses mâchoires comme lorsqu'une bande de chasseurs tatoués lui lançait au front les haches de pierre.

JULES. — Ces premiers habitants de la France étaient tatoués comme les sauvages des îles ?

PAUL. — Oui, mon ami. Ils se paraient le corps de dessins bleus avec la couleur extraite d'une plante nommée pastel ; et pour rendre la parure ineffaçable, ils faisaient pénétrer la couleur dans la peau au moyen de piqûres saignantes.

Cette pratique, nommée tatouage, se retrouve de nos jours en bien des pays, chez les peuplades étrangères aux bienfaits de la civilisation. A l'autre bout de la terre, sous nos pieds, les naturels de la Nouvelle-Zélande sont des plus experts· en ce genre de décoration. Avec un poinçon aigu, imprégné de diverses couleurs, ils se piquent à petits coups et tracent, point par point, de capricieux dessins qui font de leur peau une véritable broderie vivante. Des spirales rouges et bleues tournent en sens inverse des deux côtés du front et se continuent en rosace sur les joues. Des palmettes se déploient sur les ailes du nez ; un soleil darde ses rayons tout autour du menton ; deux ou trois petites étoiles bleuissent la lèvre inférieure. Le reste du corps est orné avec le même luxe : des animaux fantastiques occupent le milieu du dos ; une tortue sort la tête et les quatre pattes dans le creux de la poitrine ; les mains et les pieds, piqués d'un fin réseau, semblent recouverts de gants et de bas à jour. A peu près ainsi se décoraient nos ancêtres armés de haches de pierre.

ÉMILE. — Ces pauvres gens de la Nouvelle-Zélande doivent se faire un mal horrible pour se défigurer de la sorte.

PAUL. — L'opération est des plus douloureuses en effet ; et cependant ils la supportent sans sourciller. Une seule piqûre d'aiguille nous fait tressaillir ; ces rudes corps restent impassibles quand l'artiste en tatouage les larde avec son poinçon.

ÉMILE. — Dans quel but se font-ils tant de mal ?

PAUL. — Dans le but surtout de se donner une tournure plus fière, un air plus menaçant en présence de l'ennemi. En certains archipels de la Polynésie, nous trouverions des coutumes plus étranges encore. Telle peuplade se balafre le visage en s'enlevant de fines lanières de peau, de manière que les plaies cicatrisées reproduisent divers dessins en hideuses petites crêtes rouges. D'autres se passent un bâtonnet pointu dans le cartilage des narines ; d'autres s'ouvrent une large boutonnière dans la lèvre inférieure pour y enchâsser un coquillage.

Les antiques Gaëls avaient-ils des usages analogues ? C'est fort possible ; du moins il est certain qu'ils se tatouaient avec la couleur du pastel. Certains traits de mœurs sont parfois si tenaces, qu'après une longue suite de siècles, au milieu de la civilisation la plus florissante, le tatouage n'a pas encore complétement disparu chez nous. Sur les robustes bras de nos ouvriers, on voit tous les jours, tatoués en bleu, des emblèmes de métier, des devises. C'est là, sans doute, un reste des primitifs usages.

Les Gaëls avaient les cheveux longs et soyeux comme de la filasse de lin ; ils leur donnaient une teinte d'un roux ardent par de fréquents lavages dans une lessive de chaux. Tantôt ils les frottaient de graisse rance et les laissaient s'étaler dans toute leur longueur sur les épaules, tantôt ils les nouaient au-dessus du front en une haute touffe ou crinière, pour se grandir et se donner un aspect plus terrible.

Jules. — Dans un livre de voyages, j'ai vu des gravures représentant les Indiens de l'Amérique du nord avec une pareille touffe de cheveux nouée au sommet de la tête. Les Gaëls avaient donc le même usage ?

Paul. — Oui , mon enfant. A des milliers d'années d'intervalle, dans les forêts de l'ancien monde et dans celles du nouveau, le Gaël et l'Indien adoptent la même parure : la chevelure nouée sur le front. Quand il se pare pour le combat, l'Indien fixe à sa houppe de cheveux divers ornements, l'aile d'un épervier, la griffe d'un léopard, le râtelier d'un ours. Ainsi, sans doute, se décorait le Gaël, se faisant beau pour la chasse à l'urus ou pour la bataille contre la peuplade voisine.

La houppe de l'Indien est un audacieux défi, une horrible bravade. Quand l'ennemi est à terre, abattu d'un coup de massue, le vainqueur le saisit par sa touffe de cheveux, il lui incise la peau tout autour de la tête avec la pointe d'un silex tranchant, puis tirant, il arrache tout d'une pièce la sanglante chevelure.

Jules. — Ah ! quelle horreur !

Paul. — Cette chevelure est un trophée qu'il fera sécher à la fumée de sa hutte et qu'il portera pendu à la ceinture comme témoin de ses exploits. Sa considération dans la tribu, sa prépondérance dans les conseils, sont proportionnées au nombre de chevelures enlevées à l'ennemi. Vous comprenez maintenant la farouche bravade de l'Indien avec sa touffe de cheveux toute nouée, toute prête pour l'horrible opération. Qu'on vienne y toucher, et l'on saura ce que pèse sa massue !

Jules. — J'espère que les Gaëls n'avaient pas cette abominable coutume?

Paul. — Ils faisaient pire : ils emportaient, non la chevelure, mais la tête entière, qu'ils mettaient dessécher au soleil, clouée par les oreilles à l'entrée de la hutte, au milieu de trophées de chasse, hures de sanglier et têtes de loup. C'étaient là leurs titres de noblesse.

Jules. — Et nous descendons de ces affreux sauvages?

Paul. — Les Gaëls tatoués, à crinière rousse, clouant sur leur porte le crâne de l'ennemi, sont, autant que l'histoire peut remonter le cours des âges, les premiers habitants de notre pays; nous les comptons au nombre de nos ancêtres les plus reculés. Quelques-unes de leurs barbares coutumes se sont transmises jusqu'à nous, très-adoucies, il est vrai. Je viens de vous le montrer au sujet du tatouage ; pour la seconde fois, je le constate au sujet des trophées de chasse. A l'exemple des vieux Gaëls, on cloue encore dans les campagnes, sur les grandes portes des fermes, des têtes de loup et de renard, des cadavres d'éperviers et de hiboux.

Louis. — Ceux qui le font ne soupçonnent guère à quelle horrible coutume leur action se rattache.

Émile. — Vos chasseurs tatoués m'intéressent beaucoup. Leur habitation, leur costume, leur mobilier, comment tout cela était-il!

Paul. — En ces temps misérables, un abri sous des rochers, une excavation naturelle, une grotte, furent les premières demeures. Mais un jour vint où ces retraites sauvages furent trouvées insuffisantes, et l'industrie humaine fit ses premiers essais dans l'art de bâtir. Se créer un abri ne suffisait pas : il fallait encore, il fallait surtout se mettre dans un état de continuelle défense. Les forêts regorgeaient d'animaux redoutables ; entre peuplades voisines, la guerre était permanente. Pour se garantir des surprises, partout où se trouvaient des lacs, on bâtit sur pilotis, au milieu des eaux.

Ce dut être une prodigieuse dépense de forces pour l'homme, encore si mal outillé, que cette construction des villages des lacs, ou villages lacustres, comme on les appelle. Avec la hache de pierre, ou entaillait péniblement, tout autour de la base, l'arbre qu'il fallait abattre; l'application du feu achevait de détacher le tronc. Des journées entières peut-être et les efforts de plusieurs travailleurs étaient nécessaires pour obtenir une solive, qu'un bûcheron façonnerait en quelques coups de sa hache de fer. Mais, avec leurs outils de silex, mordant à peine sur le bois et mis en pièces au moindre choc mal donné, c'était pour eux ouvrage énorme. Ils étaient à peu près dans le cas où nos charpentiers se trouveraient s'il leur fallait abattre et façonner un chêne avec la seule lame d'un mauvais couteau rouillé. Je vous laisse à penser alors la fatigue et la patience dépensées pour obtenir les milliers de solives nécessaires au pilotis. Tout chef de famille apparemment fournissait la sienne, ce qui lui donnait le droit d'établir sa hutte sur l'emplacement commun. Plus tard peut-être, afin d'étendre la superficie de la bourgade à mesure que la population croissait, la fourniture d'un nouveau pieu était obligatoire pour chaque habitant parvenu à l'âge d'homme; c'était la contribution extraordinaire, la dette sacrée qu'il fallait payer une fois en sa vie.

Les solives, appointées et durcies au feu par un bout, étaient traînées jusqu'au bord du lac, où des canots d'osier tressé les prenaient à la remorque pour les conduire à l'emplacement choisi. Là, elles étaient dressées et enfoncées dans la vase molle jusqu'à ce que la tête se trouvât à fleur d'eau. Enfin les intervalles entre la multitude de pieux étaient comblés avec des pierres. Le tout formait un îlot artificiel d'une inébranlable solidité, ou plutôt un haut fond submergé et couvert de quelques pieds d'eau. Sur les têtes des pieux dépassant le niveau général, des traverses étaient établies, puis des branchages, et par-dessus de la terre battue. Ce sol artificiel, au-dessous duquel circulaient les eaux, recevait enfin les habitations.

C'étaient des huttes rondes ou ovalaires, formées d'une charpente de branches entrelacées et d'une couche de terre grasse. Une seule ouverture, très-basse, que l'on franchissait en rampant, donnait accès dans l'intérieur, semblable à nos fours de boulangerie.

L'ameublement répondait à la rusticité de la demeure. Des pots grossièrement pansus, en terre noire pétrie avec des grains de sable blanc, contenaient les provisions, chair d'aurochs desséchée au soleil, faînes, noisettes. Ces ustensiles étaient simplement façonnés à la main, sans l'intervention du tour, qui leur donne une régulière courbure. Épais, difformes, mal d'aplomb, ils avaient la surface inégale et portaient les marques des doigts qui les avaient pétris. Quelques essais d'ornementation apparaissaient sur les jarres de luxe. C'était un cordon d'empreintes faites avec le bout du pouce sur la pâte encore molle, ou bien une ligne de traits anguleux gravés avec une épine. Le reste du travail n'était pas moins simple. Pour donner à notre poterie, de si peu de valeur qu'elle soit, plus de consistance et plus de dureté, nous la faisons cuire dans des fours à une forte chaleur; nous la couvrons aussi d'un vernis pour la rendre imperméable. Les habitants des villages lacustres se bornaient à exposer leurs pièces d'argile humide aux rayons du soleil jusqu'à dessiccation, sans la passer par le feu, sans la vernir. Aussi c'était une triste vaisselle, bonne pour contenir des provisions, mais qui ne pouvait guère garder l'eau et aller sur le feu.

JULES. — Comment s'y prenaient-ils donc pour avoir de l'eau chaude et faire bouillir leur nourriture?

PAUL. — Quand on n'a pas la précieuse ressource d'un pot, quand on est dépourvu de ces modestes ustensiles auxquels nous accordons si peu d'attention, malgré les inestimables services qu'ils nous rendent, on s'y prend comme les Esquimaux du Groënland, qui font bouillir leurs viandes dans un petit sac de peau.

ÉMILE. — Mais cette singulière marmite doit se brûler sur le feu?

PAUL. — Ils se gardent bien de la mettre sur le feu. Des cailloux sont mis rougir dans le foyer. A mesure qu'ils sont rouges, on les plonge dans le petit sac contenant de l'eau et les aliments qu'il faut faire cuire. Quand ils ont cédé leur chaleur, on les retire pour les faire rougir encore et les replonger dans l'eau, qui finit par entrer en ébullition. Le résultat d'une telle cuisine est un mélange de suie, de boue, de cendres et de chair demi-crue ; mais, avec leur robuste appétit, les Esquimaux n'y regardent pas de si près. D'ailleurs, s'ils traitent un hôte de distinction, ils commencent par lécher avec la langue toute la crasse des morceaux qu'ils lui destinent. Quiconque n'accepterait pas l'offre après cette haute politesse du nettoyage serait regardé comme un homme incivil, mal élevé.

ÉMILE. —Pouah! les sales! Je ne me ferai jamais inviter par eux.

JULES. — Et les chasseurs tatoués avaient cette manière de faire la cuisine ?

PAUL. — Faute d'ustensiles convenables, ils employaient apparemment des moyens analogues. Mais achevons de visiter l'intérieur de la hutte aquatique.

Au sommet de la voûte est percé un trou pour le passage de la fumée du foyer, placé au centre, entre deux pierres, sur un lit de terre battue, qui empêche le plancher de branchages de prendre feu. Aux parois sont appendus le casse-tête de bois dur, les haches de silex, les dards en os, le filet en lanières d'écorce, humide encore de la pêche dans le lac et garni au bord de pierres rondes percées. Aux fourches des cornes d'un cerf sont accrochés les vêtements, peaux de renard et de loup couvertes de leurs poils. Dans le recoin le plus abrité, des nattes de jonc et des fourrures matelassent le parquet pour le repos de la nuit. Enfin devant la porte se balance le batelet d'osier. On saute immédiatement de la demeure dans l'embarcation.

La bourgade, en effet, au lieu d'être assise sur un sol artificiel continu, est entrecoupée de nombreux passages où le lac est à découvert; les rues du village sont des canaux. Pour se rendre d'un quartier à l'autre; pour visiter seulement son voisin, il faut se transporter par eau. C'est donc tout le jour, d'un groupe de huttes à l'autre, un continuel va-et-vient d'embarcations. Le mouvement n'est pas moindre entre la bourgade et les bords du lac, où l'on se rend pour la chasse, d'où l'on revient avec les batelets appesantis de venaison, lorsque l'auroch ou l'élan a succombé sous les efforts combinés des hommes et des chiens.

Ainsi étaient occupés, en des temps trop reculés pour qu'il soit possible d'en fixer la date, les divers lacs de la France, les lacs surtout de la Suisse, assez vastes pour l'établissement de villages lacustres par centaines. Aujourd'hui le pêcheur qui sillonne leur nappe limpide voit, dans les profondeurs bleues, au milieu d'un vaste amas de pierres, des têtes de pieux carbonisés par les siècles et de grands tessons ventrus qu'il casse de la rame sans en soupçonner la vénérable origine. C'est ce qui nous reste des antiques villages des lacs.

XIX

Le Chacal.

JULES. — Ce que vous venez de nous raconter là, oncle Paul, ne ressemble pas mal à la vie dés sauvages dont nous parlent les navigateurs.

PAUL. — C'est néanmoins notre propre histoire, mon ami; c'est bel et bien un chapitre d'histoire de France.

JULES. — Je n'ai jamais rien lu de pareil dans mon livre d'histoire.

PAUL. — Habituellement vos livres d'école commencent au chef franc Pharamond, à une époque où la civilisation avait déjà fait de considérables progrès, car la culture des terres et le troupeau étaient depuis fort longtemps connus; mon récit remonte à une époque beaucoup plus reculée, presque perdue dans la nuit des siècles, et nous montre l'homme en ses débuts pénibles, dépourvu d'industrie, réduit pour se nourrir et se vêtir à peu près aux seules ressources de la chasse.

Dans cet état de profonde misère, où le manger quotidien dépendait avant tout de rapides jarrets et d'un flair développé, le chien fut la plus précieuse des acquisitions. Avec son concours, d'abord le gibier tomba plus abondant sous la hache de pierre et la flèche à pointe de caillou; puis vint la possibilité du troupeau, qui, tenant de la nourriture en réserve, affranchissait l'homme de la famine alternant avec l'abondance, et lui donnait le loisir de la réflexion pour améliorer son état. Alors le bœuf fut soumis, le cheval dompté, le mouton parqué, et vint finalement la culture, source principale de bien-être. C'est ainsi que les chasseurs tatoués de nos pays perdirent la barbarie de leurs mœurs et devinrent, de progrès en progrès, un peuple policé dont nous sommes les descendants. En Asie d'abord, ensuite dans l'Europe entière, semblables faits se sont passés : partout le chien a été la première et la plus belle conquête de l'homme, partout le chien a été le premier élément de progrès. Sans le chien, point de sociétés humaines, dit un vieux livre de l'Orient, d'où le précieux animal nous est venu. Et le vieux livre a mille fois raison, car, sans le chien, la chasse des anciens âges est trop peu productive pour suffire à la faim dévorante d'une population très-clair semée ; sans le chien, pas de troupeau, pas de nourriture assurée et par conséquent pas de loisirs, car le terrible souci du manger absorbe tout le temps. Sans loisirs, point de tentatives pour créer la culture, point d'observations pour créer la science, point de réflexions pour créer l'industrie. On vit au jour le jour d'une tranche grillée d'urus ou d'élan ; suivant les chances d'une battue à travers bois, on regorge aujourd'hui d'abondance et **demain on périt de disette; on continue à se tailler des** haches de caillou, à se tatouer le corps de bleu et à clouer à l'entrée de la hutte l'horrible trophée de guerre, le crâne de l'ennemi.

Louis. — Je reconnais de quelle immense utilité nous a été et nous est encore le chien, aussi désirerais-je savoir en quel temps et par qui la précieuse bête a été dressée à notre service.

Paul. — Nul ne saurait donner à cette question une réponse satisfaisante. La conquête du chien remonte aux temps les plus reculés et tout souvenir s'en est perdu. Même profonde obscurité sur son origine, sur la race sauvage dont il est le descendant. Nulle part, le chien n'a été vu par les voyageurs à l'état primitif, à l'état d'indépendance complète. Si quelques-uns sont rencontrés menant la vie sauvage, ce sont des chiens *marrons,* c'est-à-dire des chiens qui ont fui la domesticité pour vivre à leur guise dans des régions désertes. Tels sont ceux qui se creusent un terrier et chassent pour leur compte dans les vastes plaines de l'Amérique du Sud. Ils descendent certainement des chiens domestiques amenés par les Européens, car à l'époque de sa découverte, il y a maintenant près de quatre siècles, le Nouveau Monde ne possédait pas le chien. Tout ce que l'on peut affirmer, c'est que le chien nous est venu de l'Asie, déjà dressé au service de l'homme. L'Asie pareillement a fait don à l'Europe des animaux domestiques les plus anciennement connues, tels que le bœuf, l'âne et la poule.

A cause de la variété presque infinie de son pelage, de sa forme, de sa taille, on soupçonne que le chien ne descend pas d'une origine unique, mais provient de diverses espèces améliorées par l'homme et profondément modifiées dans leurs caractères par leur mélange entre elles. Parmi ces espèces sauvages à qui revient l'honneur d'être considérées comme ancêtres du chien domestique, je vous citerai le chacal, très-répandu tant en Afrique qu'en Asie.

Le chacal a un peu les apparences du loup, mais il est plus petit et inoffensif pour l'homme. Son pelage est roux, varié de blanchâtre sous le ventre et de noir sur le dos. Il a le museau fin et l'oreille droite. Sa timidité le porte à se nourrir des restes abandonnés par les animaux plus audacieux et surtout plus forts que lui. Quand le lion repu s'éloigne de sa proie en majeure partie dévorée, le chacal, tapi dans le voisinage et attendant que le grand seigneur ait fini, accourt par bandes à la carcasse dédaignée et la nettoie jusqu'au blanc de l'os. Pour le même motif, il fréquente en troupes les alentours des villages et des campements dans l'espoir de débris et de charognes jetées à la voirie. Le jour, il se tient tranquille dans sa tanière parmi les rochers ; mais le soir venu, il se met en quête avec une sorte de hurlement aigu qui ne discontinue pas de toute la nuit. Rien de désagréable comme le concert nocturne d'une bande de chacals rôdant autour des habitations. L'un d'eux commence et prononce à peu près *aji* sur un ton très-perçant et très prolongé. A peine a-t-il fini, qu'un second reprend de plus belle, puis un troisième, un quatrième jusqu'à ce que toute la bande ait donné de la voix. Alors éclate un charivari où les hurlements se marient en un chœur d'ensemble. Après ce coup de force, les solos reviennent par ordre, entrecoupés de cris en commun ; et cela dure ainsi jusqu'à la pointe du jour. Telle est l'infernale musique qui toutes les nuits attend le dormeur.

JULES. — Oh! les déplaisants voisins ! Si le chien avait conservé quelque chose de ces détestables habitudes, ce serait un animal bien incommode, tout utile qu'il est.

PAUL. — Le chien a bien parfois, il faut en convenir, la manie du tapage nocturne, mais on ne peut rien lui reprocher de comparable au concert des chacals. Le chien possède double voix, sans compter les inflexions secondaires : l'une naturelle, le hurlement, l'autre artificielle, l'aboiement. Est-il besoin de vous faire remarquer la différence entre les deux?

JULES. — Je sais ce que voulez dire, mon oncle. Le chien hurle quand il jette un cri sauvage et prolongé, si lugubre, si effrayant pendant la nuit ; il aboie quand il donne do la voix par élans courts, par saccades. Il hurle de frayeur, de tristesse, d'ennui; il aboie de joie et de plaisir.

PAUL. — C'est bien cela. Je vous disais donc que le hurlement est la voix naturelle du chien. On y retrouve, mais avec un coup de gosier tout différent et un ton bien moins aigu, quelque chose du cri du chacal. Quant à l'aboiement, c'est une voix artificielle c'est-à-dire apprise en domesticité. Les chiens revenus à l'état sauvage, par exemple ceux des plaines de l'Amérique du Sud, ne savent plus aboyer. Déserteurs de la civilisation, ils en ont perdu le langage et sont réduits au grossier hurlement, qu'ils partagent avec le chacal et le loup.

JULES. — Et comment donc un chien apprend-il à aboyer lorsqu'il est parmi nous!

PAUL. — Il l'apprend en entendant aboyer ses semblables, les autres chiens. S'il était élevé loin de ses pareils, jamais il ne saurait aboyer, pas plus que nous-mêmes ne parviendrions à parler notre langue si nous ne l'entendions parler. Eh bien, le chacal, lui aussi, peut acquérir l'aboiement par l'éducation. Mis en compagnie du chien qui, par l'exemple, l'initie au nouveau langage, il aboie d'abord mal, puis un peu mieux, puis bien, et dans peu de temps l'élève est presque aussi fort que le maître.

La race primitive, si vraiment elle est le chacal, a dû, vous le voyez, éprouver des changements profonds jusque dans ses mœurs intimes pour devenir le chien domestique. Elle a dû perdre ses habitudes de rôdeur nocture, oublier sa prédilection pour les concerts de cris aigus, apprendre l'aboiement, et chose plus difficile remplacer la timidité par l'audace. Une autre perfectionnement était indispensable. Le chacal répand de tout son corps une forte puanteur de sauvagine. Pour devenir le compagnon de l'homme et habiter sa demeure, l'animal devait, de rigueur, perdre cette infection. C'est ce que les progrès du temps ont fait d'une manière à peu près complète : aujourd'hui, le chien n'a presque pas d'odeur, si ce n'est lorsqu'il est échauffé

par une rapide course ; mais il est à croire, vu son origine présumée, que le chien, dans ses débuts, ne fut pas
précisément un bouquet de roses à côté de son maître. Sans
doute on ne lui permettait pas l'accès de la hutte, qu'il
aurait infectée de son fumet ; on le reléguait à distance,
dehors, en plein air.

Ce ne sont pas là tous les défauts. Le chacal s'appri-
voise très-facilement, il est vrai ; mais sans acquérir la
soumission, l'attachement du chien. Est-il pressé par la
faim, il est doux, caressant envers le maître qui lui
donne la pitance ; est-il repu, il montre les dents et cherche
à mordre si l'on fait mine de vouloir le saisir. Les enfants,
avec qui le chien aime tant à folâtrer, n'obtiennent pas plus
sa confiance que les grandes personnes. Qui chercherait à
lui tirer la queue, histoire de jouer, certainement serait
mordu.

Émile. — Notre Médor a bien meilleur caractère : plus
je lui fais de niches, plus il est joyeux. J'aime bien mieux
jouer avec lui qu'avec un chacal puant.

Paul. — Médor doit ses excellentes qualités, en particulier sa patience d'honnête chien, aux soins prodigués
pendant de longs siècles pour améliorer sa race ; mais
certainement le chien primitif devait être, pour les petits
garçons désireux de jouer, un assez revêche compagnon.
Il ne permettait pas qu'on lui prît la moustache ; il ne
donnait pas la patte ; il ne faisait pas le mort, les quatre
membres en l'air ; il n'attendait pas le commandement
pour lancer et happer le croûton de pain déposé sur le
bout du nez. Le chacal, docile seulement quand il a faim,
vous renseigne sur ce que l'on pouvait attendre des hargneux ancêtres de Médor.

Louis. — Alors, avec bien des soins, le chacal appri-
voisé n'acquiert pas la soumission du chien ?

Paul. — Jamais. Quelques-uns, plus traitables que les
autres, gagnent un peu en douceur, mais sans devenir entièrement soumis. Ils gardent toujours quelque chose de
leur sauvagerie primitive, et ne peuvent être laissés plei-

nement libres sans commettre des méfaits ou même s'enfuir du domicile.

Louis. — Si l'apprivoisement à fond est impossible, je ne comprends pas alors comment le chien peut provenir du chacal.

Paul. — La domestication complète ne marche pas aussi vite que vous le pensez, mon ami. Une longue succession d'individus est nécessaire, se transmettant de l'un à l'autre les aptitudes recherchées et les accroissant de ce que peut posséder en plus l'élite de chaque nouvelle génération. Admettons en société de l'homme, dans les anciens âges, le chacal demi-privé tel que nous pourrions l'obtenir aujourd'hui. Si hargneux qu'il reste, l'animal vaudra mieux, après une éducation de plusieurs années, qu'il ne valait au début. Avec des soins continués, les faibles qualités acquises vont faire maintenant, comme on dit, la boule de neige, qui grossit en roulant. Il est de règle, en effet, aussi bien pour les bêtes que pour nous, que le fils hérite des qualités du père, bonnes ou mauvaises. Les petits du chacal élevés auprès de l'homme seront donc, dès la naissance, à demi privés ainsi que l'étaient leur parents. Comme le caractère est loin d'être le même dans toute une famille, les uns seront plus sauvages, les autres plus soumis. On rejette les premiers, on garde les seconds, dès qu'il est possible de reconnaître la diversité des aptitudes. Voilà donc que les fils, l'éducation se poursuivant, valent mieux que les pères. Mêmes soins, même choix pour la troisième génération et par conséquent nouveau progrès dans les petits-fils. L'amélioration acquise se transmettra par héritage aux arrière-petits-fils, qui l'augmenteront encore et en feront hériter leurs descendants, sinon tous, du moins quelques-unes. Ceux-ci seront élevés de préférence aux autres. Si faibles qu'ils soient d'une génération à la suivante, les progrès vont s'ajoutant par le fait de l'intervention de l'homme, qui choisit toujours les individus d'élite; et petit à petit, avec le temps, la bête revêche au début devient un animal soumis.

Cette marche qui consiste à accumuler dans l'animal, par voie d'héritage, les aptitudes que l'on désire, en faisant toujours choix des individus où ces aptitudes sont le plus prononcées, se nomme *sélection*, signifiant choix, triage. La méthode de la sélection, qui rend aujourd'hui encore les plus grands services pour le perfectionnement des races, a sans doute joué un grand rôle dans la domestication du chien, mais elle n'a pas à elle seule fait l'animal tel que nous le possédons. L'étonnante variété des chiens ne peut guère s'expliquer que par la multiplicité des origines et leur mélange entre elles. Je viens de vous faire connaître une espèce, le chacal vulgaire, que l'on soupçonne être au nombre des ancêtres du chien. Pour en finir, sur cette question des plus obscures, je vous dirai deux mots d'une seconde espèce.

On trouve dans les montagnes de l'Abyssinie un chacal à formes très-élancées, à ventre évidé, à tête longue et fine, à queue longue et en trompette, enfin, sous tous les rapports, un véritable chien lévrier, si ce n'est qu'il a les oreilles droites au lieu de les avoir tombantes. Tout porte à croire que ce chacal est le point de départ de notre lévrier.

Je termine par cette conclusion de l'un de nos plus savants maîtres sur l'origine des animaux domestiques. — Très-communs en Asie où, d'après l'histoire, nous devons rechercher les lieux des plus anciennes domestications du chien, les chacals vivent habituellement à portée des habitations humaines, où même ils pénètrent parfois volontairement. Ils sont éminemment sociables ; ils s'apprivoisent facilement, et s'attachent à leurs maîtres ; ils se mêlent volontiers avec le chien ; enfin, et ce dernier trait ne permet pas de méconnaître leur parenté, ils ressemblent au plus haut degré, soit pour les formes, soit pour les couleurs, soit même pour la voix quand ils ont appris à aboyer, aux races canines les moins modifiées. Dans plusieurs pays, la ressemblance entre les chacals et les chiens est si frappante, qu'elle a conduit tous les voyageurs qui ont pu comparer sur les lieux ces animaux, à la même conclusion : les chacals et les chiens sont, les uns la souche, les autres les rejetons, encore réunis sur divers points de l'Asie et de l'Afrique.

XX.

Principales races de chiens.

PAUL. — Ne nous attardons plus sur l'origine du chien, question très-obscure, où tout ce que l'on peut dire se borne à des suppositions plus ou moins vraisemblables ; arrivons à l'étude de l'animal tel que la domesticité l'a fait.

Difficilement on trouverait deux chiens pareils en tout. Seraient-ils de même race, auraient-ils même forme et même taille, ils différeront de pelage au moins en quelques points. Trois couleurs, le roux, le blanc et le noir, appartiennent à la robe du chien, tantôt seules pour le corps entier, tantôt mélangées, tantôt distribuées par mouchetures ou par larges taches. Si la coloration est variée, les taches ne sont presque jamais arrangées avec ordre, mais bien disséminées au hasard. Il y a défaut de symétrie dans leur répartition, c'est-à-dire que sur les deux moitiés du corps, celle de droite et celle de gauche, les taches ne se correspondent pas. Vous pourriez faire pareille observation sur la plupart des animaux domestiques : vous verriez qu'entre deux bœufs, deux chevaux, deux chèvres, deux chats, il y a presque toujours des différences ; et que, sur le même animal, les deux côtés du corps ne sont pas exactement semblables entre eux quant à la répartition des couleurs.

C'est tout le contraire au sujet des animaux sauvages. Il y a chez eux ressemblance entre individus de même espèce et symétrie de coloration entre les deux moitiés du corps.

Tel est l'un, tels ils sont tous, à bien peu de choses près ; tel est le flanc droit, tel est aussi le flanc gauche. Qui a vu un loup a vu tous les loups ; qui a vu de ce côté-ci un animal à pelage varié, l'a vu de ce côté-là. L'un des effets les plus constants de la domestication est donc de remplacer la primitive symétrie des couleurs par le désordre, et la similitude entre individus par la dissemblance.

Le pelage du chien échappe à toute règle, sauf en un seul point, des plus curieux. Si l'animal est taché de blanc, toujours l'une des taches blanches occupe le bout de la queue. Examinez un chien noir, par exemple ; si vous lui voyez ne serait-ce qu'une moucheture blanche, n'importe où, sur le flanc, sur l'épaule, soyez persuadé qu'il en a une autre où je vous dis. Cherchez au bout de la queue et vous y trouverez au moins un pinceau de poils blancs.

Jules. — De sorte qu'il suffit de voir du blanc quelque part sur le chien pour être sûr qu'il en a aussi à l'extrémité de la queue ?

Paul. — Parfaitement ; à moins que l'animal, cela va sans dire, n'ait eu la queue coupée ; auquel cas, je ne réponds plus de rien.

Jules. — C'est tout clair : le bout de la queue manquant, le pinceau blanc manque aussi.

Paul. — J'ajoute que si le chien n'a qu'une tache blanche, une seule, cette tache unique a toujours pour place le bout de la queue.

Louis. — Cette singularité doit avoir une cause ?

Paul. — Et sans doute elle a une cause, car rien n'est livré au hasard en ce monde, pas même le bouquet de poils terminant la queue d'un animal. Je vous apprendrai donc que les diverses espèces sauvages voisines du chien, les chacals en particulier, ont, pour la plupart, la queue tachée de blanc au bout. C'est là comme un signe de famille, que le chien, leur allié, leur descendant peut-être, s'empresse d'imiter toutes les fois qu'il admet le blanc dans son pelage. Chose étrange ! s'il provient, comme on le soupçonne, du chacal, le chien a perdu sa sauvagerie primitive, sa puanteur, ses cris nocturnes et n'a su garder fidèlement de ses ancêtres que le panache terminal de sa queue. Je ne me chargerai pas d'expliquer comment, lorsque les mœurs sont changées de fond en comble, un détail insignifiant, un rien est plus tenace et reste.

A la diversité de couleur s'ajoute la diversité d'abondance et de nature des poils. La plupart des chiens les ont courts et ras; quelques-uns les portent fins et frisés, et semblent vêtus de laine. Tel est le barbet, appelé aussi chien mouton parce que sa fourrure rappelle la toison crépue d'un mouton. D'autres, comme l'épagneul, ont les poils longs et ondulés, principalement aux oreilles et à la queue. Enfin il y en a d'aspect souffreteux et déplaisant, dont le corps est tout à fait à nu. On dirait que quelque maladie de la peau les a dépouillés jusqu'au dernier poil. On les nomme chiens turcs.

La taille n'est pas moins variable. Le chien de Terre-Neuve est une majestueuse bête de la grandeur du veau, et tel bichon tout frisé, bon à dormir sur les coussins d'un salon, est une mignonne créature qui trouverait place dans la poche de son maître. Entre ces deux extrêmes, tous les degrés sont occupés.

Si nous entrons dans les détails de forme, quelle diversité ne trouvons-nous pas encore! Ici l'oreille est petite et dressée en pointe. Là elle s'élargit, recouvre toute la tempe et retombe longuement pendante, jusqu'à tremper dans l'écuelle où mange l'animal. L'un, prompt à la course, dresse son corps svelte sur de hautes jambes; l'autre, apte à s'insinuer dans l'étroite tanière du renard ou le clapier du lapin, trottine sur des membres trapus et touche presque à terre du ventre. Dans celui-ci, le museau est gracieusement effilée, fait pour les caresses; dans cet autre, il se raccourcit en un mufle brutal, ami de la bataille. Il y en a dont les pattes noueuses et tordues semblent estropiées de naissance; il s'en trouve dont le nez, noir comme le charbon, a les deux narines séparées par une rigole profonde.

Louis. — Ces chiens-là paraissent avoir le nez double. On les dit d'un flair plus subtil que les autres.

Paul. — J'ignore jusqu'à quel point le nez fendu est signe de finesse du flair. Passons outre et donnons un rapide coup d'œil aux principales races de chiens.

Mentionnons d'abord le *mâtin*, le vigilant gardien de la ferme, le courageux protecteur du troupeau. C'est un animal robuste, hardi, d'assez grande taille, à poils courts sur le dos, plus longs sous le ventre et à la queue. Il a la tête allongée, le front aplati, les oreilles dressées à la base et pendantes au bout, les pattes fortes, la mâchoire vigoureuse. Le blanc, le noir, le gris, le brun, sont les couleurs de son pelage. Le mâtin a les mœurs rustiques, l'odorat obtus, l'intelligence peu développée. On lui reproche également de ne pas être des plus dociles et de ne pas prodiguer les caresses. Le reproche est-il bien fondé ? Quand ou mène rude vie aux pâturages des montagnes en fréquent tête-à-tête avec le loup, peut-on posséder les caressantes gentillesses du chien désœuvré ? La sévérité des mœurs n'est-elle pas la condition nécessaire des graves devoirs à remplir? Le mâtin a les qualités de son état, et il les a si bien, qu'il n'est pas toujours de l'avis du maître, sachant mieux que lui ce qu'il faut faire pour la protection du troupeau. Que le loup paraisse, et, sans regarder s'il est le plus fort ou le plus faible, le vaillant chien se jettera sur la bête et l'appréhendera par la peau du cou, dût-il périr dans la bataille. Le mâtin ne pèse pas le danger, il va droit où son devoir l'appelle, noble qualité qui familièrement fait dire de quelqu'un énergique et résolu : c'est un bon mâtin.

Émile. — Cet étrangleur de loups a toute mon estime, bien qu'il soit inhabile à donner la patte et à faire le mort.

Paul. — Vous n'aurez pas moins d'estime pour le *chien de berger*. Celui-ci est d'une grandeur moyenne, ordinairement noir, à poils longs sur tout le corps excepté sur le museau. Il a les oreilles courtes et droites, la queue horizontale ou pendante. Vous n'ignorez pas avec quelle

crânerie la plupart des chiens relèvent la queue sur le dos
et la recourbent en trompette. C'est pour eux signe de
haute satisfaction. Sont-ils soucieux, éprouvent-ils quelque
mésaventure, ils la baissent et la serrent entre les jambes.
Le chien de berger dédaigne cette mode de la queue dressée
et recourbée ; il porte modestement la sienne dans l'ali-
gnement du corps et la tient plus ou moins inclinée suivant les idées qui le préoccupent. Ainsi se conduisent les
animaux sauvages les plus voisins du chien, le loup et les
divers chacals : aucun ne recourbe la queue en panache ;
tous la portent pendante. D'où provient que le moindre
roquet roule la sienne en tire-bouchon et la redresse avec
une fierté frisant l'insolence, tandis que le chien de berger
la maintient dans l'humble position adoptée par le chacal
et le loup? C'est encore ici, apparemment, un reste des
vieilles coutumes. Moins altéré que les autres races dans
les caractères primitifs, le chien de berger a gardé de ses
ancêtres sauvages la manière de porter la queue pendante
et de tenir les oreilles dressées.

Le mâtin est le défenseur du troupeau, le chien de
berger en est le conducteur. Le premier a pour lui la force
brutale, vigueur de corps et puissance de mâchoire ; mais
il ne brille pas par ses facultés intellectuelles. Remarquez
en passant, mes amis, que force de corps et force d'esprit
rarement s'accompagnent. Tel hercule, exerçant ses talents en public les jours de foire, brise un galet à coups
de poing, soulève une enclume à bras tendu, et serait incapable d'assembler deux idées dans son étroite cervelle.
A peu près ainsi du mâtin : il donne hardiment la chasse
aux loups et n'a rien des qualités d'esprit nécessaires
pour la conduite du troupeau.

Cette délicate fonction, toute d'intelligence, revient au
chien de berger. Tandis que le maître repose à l'ombre ou
distrait ses loisirs en soufflant dans la flûte de buis, lui,
posté sur une élévation voisine, inspecte du regard le
troupeau et veille à ce que nul ne s'écarte des limites du
pâturage. Il sait que de ce côté verdoie un champ de

trèfle où il est expressément défendu de brouter. Si quelque mouton s'en approche, il accourt, et par d'inoffensives bourrades, ramène la bête en lieu permis. Il sait que le garde-champêtre poursuivrait de toutes les rigueurs de la loi si le troupeau errait de cet autre côté, nouvellement boisé de chênes par semis. Qu'on ne se laisse pas tenter ; sinon il arrive menaçant et impose prompte retraite. Faut-il rassembler les brebis dispersées : sur un signe du maître, le voilà parti. Il fait le tour du troupeau, aboyant d'ici, houspillant de là, et chasse devant lui, de la circonférence au centre, l'errante multitude, qui redevient en quelques instants groupe compacte. Sa mission remplie, il retourne au berger, attendant de nouveaux ordres, un mot, un geste, un simple regard.

Je voudrais surtout vous le montrer en fonctions lorsque le troupeau chemine sur une route, se rendant au marché ou changeant de pâturage. Il marche à l'arrière, absorbé dans ses graves devoirs. Les chiens des fermes voisines viennent à ses devants et lui font les civilités d'usage entre camarades qui se rencontrent. « Passez votre chemin, semble-t-il leur dire ; vous voyez bien que je n'ai pas le temps de faire échange de politesses avec vous. » Et sans leur donner un coup d'œil, il continue de suivre et de surveiller le troupeau. C'est prudent à lui, car voici déjà des brebis qui s'attardent à tondre le gazon sur le revers de la route. Leur faire rejoindre la bande est l'affaire d'un instant. En ce point, la haie est ouverte, et, par le passage, une partie du troupeau gagne un champ de blé en herbe. Poursuivre les indisciplinés par la même brèche serait insigne maladresse : les moutons, traqués sur l'arrière, ne se disperseraient que mieux dans le champ défendu. Mais le rusé gardien ne commettra pas cette faute : il fait un rapide détour, franchit la haie comme il peut et se présente brusquement sur le front de la bande, qui ressort à la hâte par le trou d'entrée, non sans laisser aux buissons quelques houppes de laine.

Maintenant le troupeau se croise avec un autre. Il faut

empêcher le mélange, la confusion du tien et du mien. Le chien connaît à fond toute la gravité de la chose. Sur le flanc des deux troupes bêlantes, il manœuvre affairé, accourant d'un bout puis de l'autre, allant et revenant pour réprimer aussitôt toute tentative de désertion dans la bande d'autrui.

ÉMILE. — Il connaît donc ses moutons un par un, pour distinguer ainsi ce qui lui appartient de ce qui ne lui appartient pas?

PAUL. — On le dirait presque, tant il y met de discernement.

A peine cette difficulté levée, une autre se présente. Voici que, de droite et de gauche, la route est dépourvue de barrières; l'accès des champs est libre des deux côtés. La tentation du troupeau est grande car de çà et de là se montre à découvert l'appétissante pelouse. Le chien redouble d'activité. — « Allons à gauche. Bon : tout est en ordre. Voyons à droite. Eh! toi, là-bas! veux-tu donc cheminer sans t'arrêter à convoiter l'herbe tendre! C'est bien. Revenons à l'arrière. Que fait là ce traînard? Vite au troupeau, lambin! Peut-être y a-t-il du nouveau à gauche; allons-y voir.... » — Et sans un moment de relâche, l'infatigable chien se portera ainsi sur un flanc, puis sur l'autre, puis à l'arrière du troupeau, pour activer les retardataires et maintenir en bonne voie les indociles. Si quelques-uns, plus têtus, font la sourde oreille aux avis et se débandent, il est à l'instant là, les ramenant à coups de museau dans les jarrets.

JULES. — Et à coups de dents aussi?

PAUL. — Non, mon ami : un chien de berger bien élevé ne fait pas usage des dents qui blesseraient la bête; il doit lui suffire de la menace pour rappeler à l'ordre les moutons. Pour le dresser à cette modération, il faut le prendre tout jeune et employer beaucoup de persévérance, des caresses, des friandises et au besoin des châtiments; il faut surtout l'élever en compagnie d'un camarade bien expert déjà dans le métier, car l'exemple est le meilleur des maîtres. Les premières fois qu'on le lance après les moutons, on le surveille attentivement, et s'il fait mine de vouloir mordre on le corrige d'importance. Les meilleurs chiens de berger nous viennent de la Brie, partie de l'ancienne Champagne. Du nom de ce pays, on a fait le nom généralement usité pour le gardien de troupeaux. Les autres chiens s'appellent qui Médor, qui Sultan, qui Azor ; lui s'appelle Labrie.

ÉMILE. — Je comprends : Labrie, c'est-à-dire le chien de la Brie.

XXI

Principales races de chiens.

(Suite.)

PAUL. — Poursuivons la revue des principales races canines. Par la taille et la force, le *danois* se rapproche du mâtin ; mais il s'en distingue aisément par le pelage, qui d'habitude est blanc, avec de nombreuses taches noires rondes. C'est un magnifique chien, peu répandu, gardien des grandes maisons, ami des chevaux et dont le métier favori est de précéder en jappant la voiture de son maître.

ÉMILE. — C'est tout ce qu'il sait faire ?

PAUL. — A peu près.

ÉMILE. — Je lui préfère Labrie.

PAUL. — Et moi aussi. Avec sa modeste tournure et son pelage mal peigné, le chien de berger est d'une intelligence et d'une utilité incomparablement supérieures à celle du danois, le chien grand seigneur, princièrement moucheté comme le tigre et la panthère. Ni des gens ni des chiens, ne jugez jamais sur les apparences.

Le *lévrier* est doué d'une tête plus effilée, d'un museau plus allongé que dans aucune autre race. Il a les oreilles à demi tombantes et dirigées en arrière, la poitrine étroite, le ventre évidé, comme amaigri, les jambes hautes et fines, la queue longue et menue, la taille élancée. C'est le chien le plus rapide. Il force le lièvre à la course et c'est de là que lui vient son nom.

JULES. — De lièvre à lévrier, il n'y a guère, en effet, qu'un simple changement de position dans les lettres.

PAUL. — La coloration, moins altérée que dans les autres races, est en général uniforme, tantôt fauve, tantôt noire, tantôt grise ou même blanche. Quelques lévriers sont à

Fig. 20. — L'Épagneul.

poils ras, d'autres sont à poils allongés; enfin il y en a dont la peau est nue comme celle du chien turc. Ce chien est peu intelligent, il ne témoigne pas d'attachement pour son maître, et recherche les caresses du premier venu. Il a l'odorat très-imparfait, mais sa vue est excellente et c'est par elle qu'il se guide à la chasse, tandis que les autres se guident surtout par le flair.

L'*épagneul* doit le nom qu'il porte à son origine espagnole. Ce beau chien est caractérisé par sa tête fine, médiocrement allongée ; par son poil long et souple, abondant surtout aux oreilles, qui sont pendantes et soyeuses, et à la queue, qui forme panache touffu. Nul mieux que lui n'a le regard aimable et doux. L'attachement au maître, l'intelligence, se lisent dans ses yeux. C'est l'ami que l'oncle Paul se choisirait de préférence parmi les chiens. A ce mérite des qualités morales, joignez cet autre, que l'épagneul est un expert chasseur. Dans cette race, se trouvent les chiens à nez fendu ou chiens à nez double. Cette particularité ne paraît rien ajouter à la finesse du flair.

Le *barbet*, autrement *caniche* ou *chien mouton* est encore un des préférés de l'oncle Paul, à cause de son intelligence exceptionnelle, de sa douceur de caractère et de sa fidélité sans égale. Qui de vous ne connaît le barbet, avec sa grosse tête ronde, pleine de bonhomie, ses larges oreilles pendantes, ses jambes courtes, son corps trapu, sa fourrure longue, fine et frisée, presque semblable à de la laine et qui lui a valu le nom de chien mouton ? A demi tondu pour sa toilette d'été, il est plus beau encore. La moitié postérieure du corps est à nu et montre la peau rose ; la moitié antérieure est couverte d'une épaisse crinière aussi blanche que l'ouate. Une houppe coquette surmonte la queue, d'élégantes manchettes ornent les pattes, le museau porte moustaches et barbiche, dont le souvenir se retrouve peut-être dans le nom de barbet.

Mouton, appelons-le ainsi, comme il est d'usage, Mouton est passé maître dans les arts d'agrément. Il fait le mort, donne la patte, saute par-dessus la canne tendue, se tient debout avec le morceau de sucre sur le nez, fait l'exercice, l'arme au bras et le chapeau de papier crânement sur l'oreille. Mais ce sont là les moindres de ses talents. Mouton est le savant de la famille. Avec une éducation soignée, on arrive à fourrer les choses les plus étonnantes dans sa bonne tête de chien. J'en ai connu, mes enfants, qui lisaient sans broncher l'heure à la montre de leur maître.

JULES. — Ils lisaient l'heure! Vous voulez rire, mon oncle.

PAUL. — Non, mon ami : je ne plaisante pas. La montre était présentée au chien, qui regardait attentivement, paraissait calculer en son esprit, puis aboyait juste autant de fois que l'aiguille marquait d'heures.

JULES. — Celle-là compte, par exemple !

PAUL. — Il y a plus fort. Tel barbet fait la partie aux dominos avec son maître, et le maître n'a pas toujours l'avantage. Comme de pareils talents sont exercés par des barbets gagne-pain des gens qui les montrent, j'aime à croire que l'intelligence du chien est aidée dans le jeu par quelques signes du maître, passant inaperçus des spectateurs ; n'importe : il y a là, dans ce calcul de la bête qui compte ses points, reconnaît ceux de l'adversaire, et pousse du bout du museau les dominos en conséquence, de quoi confondre notre pauvre raison.

Aux facultés de l'esprit, Mouton associe, à un haut degré, les facultés du cœur, encore préférables. Mouton est le chien de l'aveugle, qu'il guide patiemment, sans encombre, au travers de la foule, au moyen du cordon de son collier. Quand le maître stationne au coin d'une rue, et implore la pitié sur son aigre clarinette, Mouton, assis dans une posture suppliante, tient du bout des dents la sébile et la tend au sou des passants. Si le maître meurt, le maître chéri qui fraternellement partageait avec lui la croûte de pain, Mouton suit le cercueil, tout seul, triste, lamentable à voir. Il se couche sur la terre qui recouvre le maître, y gémit quelques jours et finalement s'y endort du sommeil de la mort. De quel nom appeler semblable serviteur ? L'aveugle l'appelle *Fidèle*. A lui seul, ce nom est le plus beau des éloges.

JULES. — Le barbet est un brave chien.

PAUL. — Ajoutez qu'il rend des services à la chasse. Comme il se jette volontiers à l'eau, qu'il nage habilement et qu'il rapporte avec un zèle à toute épreuve, on l'emploie pour la chasse des oiseaux aquatiques. Quand le plomb du maître a abattu un canard sauvage, Mouton va le chercher au milieu de l'étang. Quelquefois l'âpre bise souffle, les eaux sont glacées. Mouton ne s'en préoccupe : il nage bravement parmi les glaçons, rapporte la pièce, secoue sa toison mouillée et attend, tout grelottant de froid, qu'un autre coup de fusil parte pour s'élancer encore.

ÉMILE. — En voilà un qui aura bien mérité les os du canard lorsque le gibier paraîtra sur la table. Se jeter ainsi à l'eau glacée! pauvre Mouton! Brrrr!! cela fait froid au dos, rien que d'y songer!

PAUL. — Pour rappeler les exploits de Mouton dans la chasse aux canards, on donne au chien le nom de *caniche*, où vous pouvez reconnaître les traces de cette expression, *chien-canard*.

ÉMILE. — Mais oui, c'est bien cela! Dans caniche se voit tout de suite le *can* de canard; et dans *iche* se retrouvent renversées les lettres, moins une, du mot chien.

PAUL. — Assez sur Mouton, passons à un autre. Le *chien courant* est le chasseur par excellence. Il a le flair d'une finesse extrême, qui lui permet de reconnaître le trajet suivi par le gibier rien qu'à l'odeur des émanations laissées par le passage de la bête. Guidé par un fumet insensible pour tout autre nez que le sien, il arrive droit au lièvre comme s'il l'avait eu constamment sous les yeux. Il a dans ses narines un sens merveilleux, dont notre odorat est la très-imparfaite ébauche, un sens supérieur en délicatesse à la vue, que la distance et le manque de lumière mettent en défaut, tandis que l'éloignement et l'obscurité n'apportent pas de trouble à l'infaillibilité de son nez. Que le lièvre, échauffé par la course, ait seulement frôlé de son dos en sueur une touffe de buissons, cela suffit et au delà pour le mettre sur la piste. A voir l'assurance de la poursuite, on s'imaginerait que la bête chassée a tracé dans l'air un sillon visible pour le chien.

ÉMILE. — Des faits de même genre se voient tous les jours, sans accompagner le chasseur au bois. Le maître, à l'insu du chien, cache son mouchoir dans un endroit bien difficile à trouver ; puis il dit à l'animal : cherche ! Le chien hume l'air un instant pour se renseigner et court au mouchoir, qu'il rapporte tout joyeux. Si j'avais pareil nez, personne ne voudrait jouer à cache-cache avec moi : je trouverais mes compagnons de jeu trop facilement.

PAUL. — La plupart des chiens, qui plus, qui moins, ont l'odorat d'une étonnante sensibilité ; mais le chien courant

Fig. 21. — Le Chien courant.

est le mieux doué sous ce rapport, principalement pour les choses de la chasse ; aussi est-il le préféré du chasseur. Il a le museau assez gros, la tête forte, le corps vigoureux et allongé, la queue relevée, le pelage très-court, ordinairement blanc et varié de grandes taches noires ou brunes, les oreilles pendantes et d'une remarquable ampleur.

ÉMILE. — On pourrait s'en servir comme d'un mouchoir pour lui essuyer le nez et les yeux.

Paul. — Comme son nom l'indique, le *basset* est très-bas sur jambes. Il a de plus les quatre membres tordus, estropiés en apparence, ceux de devant surtout. On dirait que le chien a subi quelque violente entorse dont il n'a pu complétement guérir. Sa tête, ses oreilles amples et pendantes, son poil ras, sont à peu près les mêmes que pour le chien courant. Le basset est encore un ardent chasseur, le compagnon obligé de celui qui, le fusil sur l'épaule, parcourt les collines rocheuses, chéries du lapin. Avec ses jambes courtes et torses, il trottine plutôt qu'il ne court ; mais sa lenteur est plus perfide que l'élan, car elle laisse le gibier jouer et muser en sécurité devant lui. Sans soupçonner l'approche de l'insidieux ennemi, Jeannot lapin gambade et se frise la moustache, et déjà le basset est nez à nez avec lui, l'immobilisant d'une soudaine terreur. Le coup part : c'en est fait de Jeannot, qui bondit et retombe inerte sur le serpolet.

Émile. — Pauvre Jeannot, traîtreusement surpris ! Au moins le chien courant s'annonce, et permet au lapin de détaler au plus vîte. C'est entre les deux une lutte de vitesse. L'autre, le basset courte-botte, rampe dans les buissons et brusquement paraît.

Paul. — Le basset n'a pas son égal pour fouiller le terrier du renard. Sa marche, presque rampante, lui permet de pénétrer dans les recoins les plus reculés de la demeure. S'il y trouve la bête puante, il donne de la voix et s'escrime de la mâchoire, pour donner le temps aux chasseurs de percer le terrier et de s'emparer du mangeur de poulets.

Le *chien-loup* est le favori des voituriers. Mille fois vous l'avez vu, pétulant et rageur, aller et revenir sur le chargement d'une voiture et aboyer du haut de cette forteresse aux enfants qui l'agacent. Il est superbe de colère, avec sa petite crinière léonine, sa queue à panache fortement roulée en tire-bouchon et son joli collier rouge à grelots et à frange de poils de renard. Il a les oreilles droites et pointues comme le chien de berger, le museau effilé, le pelage court sur la tête et les pattes, long et soyeux sur tout le reste du corps. Nul mieux que lui ne sait rouler la queue et la porter fièrement.

Louis. — Est-ce là tout ce qu'il sait faire?

Paul. — Le chien-loup est trop intelligent pour n'avoir d'autre mérite que ses gentillesses. Loubet (c'est son nom habituel) sait au besoin tourner la broche, au moyen d'une roue dans laquelle il sautille continuellement, ainsi que le fait l'écureuil dans sa cage roul te. S'il est en compagnie d'un bon chien de berger, il apprend aisément le métier et devient assez bon conducteur de troupeaux.

Louis. — C'est mieux que de ager du haut d'une voiture et d'aboyer aux passants.

Paul. — Je ne connais pas de physionomie plus rébarbative, plus brutale que celle du *dogue*. Considérez sa tête grosse et courte; son épais museau et son nez épaté, parfois fendu; sa lourde lèvre supérieure, qui pend de chaque côté avec un filet de salive, tandis qu'elle bâille antérieurement et laisse apercevoir les dents; ses yeux petits, durs d'expression; ses oreilles déchirées de morsures, ou rendues plus laides par l'amputation; considérez tous ces caractères de rudesse et dites-moi pour quel métier le dogue est fait.

Jules. — Le métier se lit sur cette physionomie grossière : le dogue est fait pour le combat.

Paul. — Oui, mon ami : pour le combat, et rien de plus. Qu'on ne lui demande pas de surveiller un troupeau, d'accompager le chasseur, de rapporter le gibier abattu, de tourner simplement une broche : son épaisse intelligence ne va pas jusque-là. Son don à lui est le don de la mâchoire qui happe et ne lâche plus, sa passion est la frénésie du combat. Quand il a croisé ses crocs dans la peau d'un adversaire, n'attendez plus qu'il desserre les mâchoires : un étau ne tient pas plus ferme. Rappels, menaces, coups, rien ne parvient à séparer deux dogues crochetés entre eux; il faut les saisir et les mordre à pleines dents au bout de la queue. La vive douleur de la morsure peut seule les tirer de leur convulsif acharnement.

JULES. — Je ne me chargerais pas de l'opération : l'animal peut se rebiffer contre qui veut lui faire lâcher prise

PAUL. — Pour le maître, il n'y a pas péril, car le dogue lui est très-attaché. L'audace, la force et l'indomptable ténacité dans la bataille font de ce chien un précieux défenseur, qu'il fait bon avoir à ses côtés en mauvaise rencontre. Pour laisser à l'ennemi le moins de prise possible, on est dans l'usage de couper au dogue la queue et les oreilles; on lui protége en outre le cou d'un collier armé de pointes de fer.

Cette belliqueuse race est en faveur surtout en Angleterre, où le nom général du chien est *dog*. De ce mot nous avons fait dogue.

ÉMILE. — Alors dogue veut dire chien?

PAUL. — Pas autre chose.

Du même mot vient le diminutif *doguin*, par lequel on désigne ce petit chien grondeur, étourdi, poltron, gourmand, bon à rien, qui vous est plus connu sous le nom de *carlin*. Il a du dogue la tête ronde, le museau court et camus, la lèvre pendante, et jusqu'à un certain point le caractère, qu'il témoigne par une rage tapageuse, n'ayant ni la taille ni la force nécessaires pour faire pire.

ÉMILE. — C'est ce mauvais drôle de chien qui m'aboie après quand il est sur le seuil de sa porte, et rentre au plus vite si je fais mine d'aller à lui.

PAUL. — Le *chien-turc* est une autre inutilité. Sa taille est celle du carlin. Il est remarquable par sa peau presque nue, d'aspect huileux, noire ou couleur de chair obscure et tachée de brun par larges plaques. C'est une bête peu intelligente, sans attachement pour son maître. Sa singulière nudité, qui, chez nous, le fait grelotter de froid une bonne partie de l'année, est son unique mérite, si toutefois c'en est un. J'appellerais cela plutôt une infirmité fort déplaisante. Les gens qui prennent plaisir à élever ces pauvres bêtes les habillent, pendant l'hiver, d'une casaque de drap.

ÉMILE. — Ce chien, qui réclame un tailleur pour son

costume d'hiver, ne fera jamais mes délices. Je lui préfère, et de beaucoup, Médor, l'épagneul, et Mouton, le
barbet. Ceux-là ne grelottent pas quand il neige, et puis
ce sont des amis dévoués.

XXII

Divers emplois du chien.

PAUL. — Garder le troupeau, repousser le loup, découvrir le gibier, ce sont là les grandes fonctions du chien ;
mais l'intelligente bête peut apprendre mille autres métiers.
Je viens de vous montrer Mouton guidant l'aveugle et
Loubet tournant la broche. Les traits abondent où se révèlent les aptitudes les plus variées. Qui n'a vu, par
exemple, dans l'exercice de ses fonctions, ou qui du moins
n'a entendu parler du chien commissionnaire?

On lui remet un panier contenant le sac à la monnaie
et un papier où sont couchées par écrit les choses désirées.
Il s'agit soit d'aller chercher du tabac pour le maître ; soit
de prendre chez le boucher les provisions du jour. L'ordre
compris, l'animal part, le panier aux dents. Il arrive en
toute diligence à la porte de la boucherie, gratte pour se
faire ouvrir, dépose le panier, sort le sac, le présente et
attend qu'on le serve. Le retour a quelquefois des ennuis.
Des camarades surviennent : alléchés par l'odeur, ils seraient désireux de visiter le panier. « Si tu voulais, lui
disent-ils, quelle bonne occasion ! Nous partagerions ensemble. » Mais lui, sans ralentir le pas, soulève un peu la
lèvre, montre les crocs et gronde : « Faites-moi la paix,
canailles ! C'est pour le maître, vous le voyez bien. ». Et il
continue gravement son chemin, prêt à faire un mauvais
parti à qui serait assez osé pour fourrer le nez dans le
panier. Grâce à sa fière contenance, les provisions arrivent
à la maison sans autre encombre.

Louis. — Il faut que le chien soit bien pénétré de son devoir pour résister ainsi à sa propre tentation et aux mauvais conseils des camarades.

Jules. — Et il ne lui arrive jamais de faire ripaille avec des amis, quand il apporte une livre de tendres côtelettes?

Paul. — Jamais, car on ne confie ces commissions délicates qu'à des chiens dont la tempérance a fait ses preuves.

Jules. — La fable dit quelque part :

> Chose étrange : on apprend la tempérance aux chiens,
> Et l'on ne peut l'apprendre aux hommes.

Paul. — Eh! oui, mon ami : elle est assez difficile aux hommes, cette belle vertu de tempérance. Je connais tel petit garçon qui, envoyé chez un ami avec un panier de figues ou de poires, ne pourrait s'empêcher de goûter les fruits en route, sous prétexte de s'assurer s'ils sont bien mûrs.

Ici, Émile baissa la tête d'un air confus et se gratta le nez, signe apparemment de quelque ancien méfait de ce genre. L'oncle n'eut pas l'air de s'en apercevoir et continua ainsi :

Paul. — Parlons à présent du chien chercheur de truffes. A ceux de vous qui l'ignoreraient, j'apprendrai d'abord que la truffe est une sorte de champignon croissant toujours sous terre, plus ou moins profondément, jamais à l'air. Dans sa forme, elle ne rappelle en rien les champignons ordinaires. C'est un corps grossièrement arrondi, du volume d'une noix à celui du poing, tout rugueux à la surface, à chair noire marbrée de blanc. La truffe est le plus estimé des champignons, à cause surtout de son parfum.

Pour la découvrir en terre, parfois à quelques pieds de profondeur, la vue est un guide nul, car rien au dehors ne révèle la présence du précieux tubercule. C'est à l'odorat seul de faire la trouvaille. Mais si prononcé que soit l'arome de la truffe, il n'est pas tellement exalté que nous puissions nous-mêmes le percevoir à travers une épaisse couche de terre; il faut recourir au flair d'un animal bien mieux doué que nous sous ce rapport. L'aide utilisé en ces circonstances est fréquemment le porc, très-friand lui-même de truffes et habile à les découvrir, guidé par la seule odeur. Sur le commencement de l'hiver, époque de la maturité de ce champignon, on mène donc le porc à travers bois. Attiré par le fumet qui s'exhale de terre, l'animal fouille de son groin aux points recélant des truffes. Si jusqu'à la fin on le laissait faire, il arriverait au tubercule, qui disparaîtrait à l'instant dans sa gueule gloutonne. On écarte donc le porc au moment opportun; pour le dédommager et l'encourager dans ses recherches, on lui jette en échange une châtaigne, un gland; et l'on achève de fouiller soi-même avec une petite bêche. Cette recherche, vous le voyez, exige une continuelle surveillance, car le porc, au moment où l'on n'y prend garde, met la truffe à nu et se hâte de la dévorer. Un grognement de sensualité satisfaite annonce la trouvaille, mais il est trop tard : la bête goulue a fait ventre du friand morceau.

Aussi lui préfère-t-on le chien, plus actif que lui, plus docile, mieux doué quant à l'odorat, et recherchant les truffes uniquement pour son maître, sans désir aucun d'en profiter lui-même. C'est merveille que de le voir à l'œuvre. Le nez à terre pour mieux percevoir les faibles émanations souterraines, il explore méthodiquement les points qui lui semblent les plus favorables, taillis de jeunes chênes et fourrés de broussailles. Quelque chose lui monte aux narines. — C'est bien : la truffe est ici. — Avec des frétillements de queue, témoignage de sa joie, il creuse un peu de la patte, pour indiquer l'emplacement. L'homme continue la fouille avec l'outil de fer. Mais la truffe ne vient pas toujours du premier coup ; il y a des hésitations dans la recherche, de fausses directions suivies. — Que je voie encore un peu cela de près, se dit le chien. — Et il plonge le museau au fond de la cavité, avec des reniflements qui lui poudrent le nez de terre. — C'est par ici, maître, à gauche, fouillez encore. — L'homme reprend conformément aux avis, mais la truffe ne vient pas. Nouveaux coups de nez au fond du trou. — Foi de chien, la truffe y est, et des plus belles. De ce côté-ci, maître ; un peu plus à gauche. — Voilà enfin la truffe, une des plus grosses de la récolte. En récompense, le chien reçoit une croûte de pain.

Sans éducation préalable, le porc cherche les truffes, car il est de son naturel de fouiller le sol pour en extraire les tubercules et les racines dont il se nourrit ; mais le chien a besoin d'être dressé à ce métier, complétement étranger à ses propres habitudes. On commence par graver dans sa mémoire le fumet de la truffe, ce que l'on obtient en lui faisant manger une omelette truffée.

Émile. — Une omelette truffée ! Voilà un régal bien préférable à l'os !

Paul. — Ce n'est pas l'avis du chien. Sans se montrer enthousiaste de cette nourriture, si nouvelle pour lui, il l'accepte d'abord, un peu par soumission ; puis il y prend goût et finalement ne demanderait pas mieux que de continuer ainsi longtemps. Mais l'exquise éducation est de courte durée, elle prend fin du moment que l'odeur à se rappeler est familière au chien. Une truffe est alors cachée en terre, aujourd'hui à peu de profondeur, demain à une profondeur plus grande, et l'on exerce l'animal à la trouver. Une caresse, un morceau de pain, sont sa récompense chaque fois qu'il fait bien. De telles séances, convenablement variées et répétées, achèvent de former le chercheur de truffes qui, désormais conduit au bois, se perfectionne de jour en jour dans ses talents par la pratique. Il est bien entendu que ce difficile métier est le monopole des chiens les mieux partagés en intelligence, notamment des barbets.

Jules. — On est sûr de trouver Mouton toutes les fois qu'il faut faire preuve d'une haute capacité.

Paul. — Nous venons de voir le chien rivaliser avec le porc, le dépasser même, dans l'art de découvrir la truffe sous terre. Je vais vous le montrer maintenant faisant office de baudet pour traîner un fardeau. Un énorme chien attelé à une légère voiture n'est pas chose rare dans les villes, où les bouchers surtout font emploi de ce singulier équipage pour le transport de leurs viandes. Ayant beaucoup mieux à vous dire, je ne m'arrêterai pas à cet exemple. Il est un pays où le chien est l'unique bête de trait, un pays où il remplace le cheval pour voiturer le maître en de longs voyages. Ce pays, c'est le Groënland.

JULES. — C'est bien au Groënland qu'on chauffe l'eau dans un sac de cuir en y jetant des cailloux rougis au feu?

ÉMILE. — Et qu'on nettoie d'un large tour de langue le morceau destiné aux convives de distinction?

PAUL. — C'est bien au Groënland.

JULES. — Ce doit être un triste pays.

PAUL. — Plus triste que vous ne sauriez l'imaginer. Au Groënland, comme d'ailleurs dans toutes les contrées voisines du pôle, la mauvaise saison, avec ses neiges et ses glaces, dure les deux tiers de l'année et le froid y est d'une excessive violence. Les navigateurs qui ont passé l'hiver sous ces âpres climats nous disent que le vin, la bière et autres liqueurs fermentées, se prennent dans les tonneaux en blocs de glace; qu'un verre d'eau lancé en l'air retombe en flocons de neige; que le souffle des poumons se cristallise, à l'issue des narines, en aiguilles de givre; que la barbe collée aux vêtements par un vernis de glace ne peut se détacher qu'avec des ciseaux. Pendant des mois entiers, le soleil ne se montre plus alors sur l'horizon; il n'y a plus de différence entre le jour et la nuit; ou plutôt il règne une nuit permanente, la même à midi qu'à minuit. Cependant, quand le temps est serein, l'obscurité n'est pas complète; la clarté de la lune et des étoiles, augmentée par la blancheur des neiges, produit une sorte de crépuscule blafard, suffisant pour la vision.

Chétif de taille, trapu, l'habitant de ces rudes climats, l'Esquimau, partage son temps entre la chasse et la pêche. La première lui fournit des pelleteries pour ses vêtements, la seconde lui fournit sa nourriture. Des poissons desséchés, tenus en réserve à demi corrompus, de l'huile infecte de baleine, mets rebutants pour nous, sont le régal habituel de ses entrailles faméliques. Il demande encore à la pêche le combustible de sa lampe, alimentée avec de la graisse de veau-marin, et des matériaux pour son traîneau, construit avec de gros ossements de poisson. Là, en effet, le bois est inconnu; aucun arbre, si robuste qu'il soit, ne peut résister aux rigueurs de l'hiver. Un saule, un bouleau, réduits à l'état de maigres buissons traînant à terre, s'aventurent seuls jusqu'aux extrémités septentrionales de la Laponie, où cesse la culture de l'orge, la plus agreste de plantes cultivées. Plus près du pôle, toute végétation ligneuse cesse; et, pendant l'été, on ne trouve plus que de rares touffes d'herbes et de mousse, mûrissant à la hâte leurs graines dans les creux abrités des rochers. Plus haut encore, la fusion complète de la neige et de la glace ne peut avoir lieu l'été; la terre n'est jamais à découvert, et toute végétation est absolument impossible.

Jules. — Et il y a des gens qui donnent le doux nom de patrie à ces épouventables contrées?

Paul. — Il y a des gens, les Esquimaux, qui les habitente tout l'année, l'hiver dans une hutte de neige, l'été sous une tente de peau de phoque.

Émile. — On construit des maisons avec de la neige!

Paul. — Pas précisément des maisons comme les nôtres, mais enfin des huttes où l'on est fort bien à l'abri. Des tranches régulières de neige sont découpées et superposées en une muraille circulaire que recouvre un dôme construit avec les mêmes matériaux. Une porte très-basse, close avec des peaux, est ménagée au midi. Pour avoir du jour, on pratique au sommet du dôme une ouverture ronde, dans laquelle on enchâsse une plaque de glace en guise de vitre. Enfin à l'intérieur, tout autour du mur, est dressé un banc de neige, que l'on recouvre de gravier, de bruyère et de peaux de renne. Ce banc est le lit de repos pour la famille; les peaux en sont le matelas; et la neige, la pailassel. Dans ces demeures, jamais un foyer ne brûle : le bois manque, et d'ailleurs, avec du feu, l'habitation se fondrait et coulerait en pluie sur les habitants.

ÉMILE. — Tiens, c'est vrai. Et où fait-on alors le feu pour faire rougir les cailloux quand on veut chauffer de l'eau ?

PAUL. — On le fait dehors, en plein air.

ÉMILE. — Et avec quoi, puisqu'il n'y a pas de bois en ce pays?

PAUL. — Avec des tranches de lard de baleine et des ossements de poissons.

ÉMILE. — On doit geler dans ces huttes de neige, où il est impossible d'allumer du feu?

PAUL. — Non, car une mèche de mousse, alimentée d'huile de veau marin, brûle continuellement dans un petit pot de terre, pour liquéfier de la neige et donner de l'eau pour la boisson. Le peu de chaleur qui s'en dégage suffit pour maintenir dans l'habitation une température supportable, grâce à l'épaisseur des murailles de neige.

XXIII

Le chien des Esquimaux.

Ces notions vous disent assez que tout animal domestique à nourriture végétale est impossible en ce pays. Où trouver fourrage abondant pour le bœuf, le cheval ou même l'âne, lorsque le sol est caché sous une épaisse couche de neige la majeure partie de l'année, et lorsque, pendant les trois à quatre mois de belle saison, toute la verdure consiste en de maigres pelouses où le mouton aurait à peine de quoi brouter! D'ailleurs ces animaux succomberaient à la rudesse de l'hiver. Une seule espèce peut vivre en ces régions désolées : c'est le renne, de la taille à peu près du cerf, mais de forme plus robuste et plus trapue. Ses bois ou cornes sont divisés en deux branches, l'une plus courte dirigée en avant, l'autre plus longue dirigée en arrière, et toutes les deux terminées par des palmures élargies et dentelées.

Louis. — D'après la figure que vous nous montrez là, le renne est un superbe animal, à qui il doit falloir copieuse nourriture. Comment trouve-t-il de quoi brouter lorsque tout a disparu sous la neige?

Paul. — S'il lui fallait l'herbage de nos animaux domes-

Fig. 22. — Le Renne.

tiques, nul doute qu'au premier hiver il ne pérît de famine ; mais il se contente d'une nourriture dont aucun de nos bestiaux ne voudrait. C'est un lichen de couleur blanche et divisé en une multitude de rameaux serrés, qui lui donnent l'apparence d'un petit buisson de quelques pouces de hauteur. Il vient à terre, qu'il tapisse à lui seul sur des étendues immenses. Pendant l'hiver, les rennes grattent la neige avec leurs sabots de devant, et mettent à découvert, pour s'en nourrir, la grossière plante, ramollie par

l'humidité. C'est ainsi que d'interminables champs de
neige, tristes domaines de la famine, sont néanmoins
pour ces animaux des pâturages suffisants. Ce lichen, dernière ressource végétale de l'extrême nord, se nomme
Lichen des Rennes. On le trouve partout, sur les terrains
les plus arides, depuis les pôles jusqu'à l'équateur. Parmi
les broussailles de nos plus mauvaises collines, vous le
rencontrerez en abondance, frais et souple en hiver, tout
sec et craquant sous les pieds en été.

JULES. — Le renne devrait habiter nos pays, puisqu'il
y a le lichen dont il se nourrit.

PAUL. — Le climat est beaucoup trop chaud pour lui.
A peine supporterait-il la douceur de nos hivers, et que
serait-ce de la chaleur de nos étés? Il lui faut les neiges
et l'âpre température des régions polaires, hors desquelles
il dépérit rapidement.

En Laponie, le renne est un animal domestique. Il y
remplace notre bétail et tient lieu à la fois de la vache,
de la brebis, du cheval. Le Lapon se nourrit de son laitage
et de sa chair; il s'habille de sa chaude fourrure; il se fait
un cuir très-souple de sa peau. Quand la terre est couverte de neige, il l'attelle à son traîneau et parcourt en
un jour jusqu'à trente lieues, emporté par le rapide équipage, dont les sabots largement étalés glissent sur la nappe
neigeuse presque sans s'y enfoncer.

Le renne n'est pas rare au Groënland, mais il y vit à
l'état sauvage car l'Esquimau, bien moins civilisé que le
Lapon, n'a pas encore su le gagner par des soins et le ré-
duire en domesticité. Il erre librement et n'est qu'un gibier sur lequel le Groënlandais compte pour varier un
peu sa nourriture de poissons. Comme animal domestique,
que reste-t-il donc à l'Esquimau, puisque la seule espèce
capable de vivre au voisinage des huttes de neige, puisque
le renne est, dans cette misérable région, un animal farouche, dont le chasseur n'approche qu'avec ruse et prudence! Il lui reste le chien, le fidèle associé, qui grâce à
son genre de nourriture peut accompagner l'homme par-

tout, jusque dans ses expéditions les plus aventureuses vers l'un ou l'autre pôle. Là où le renne cesserait d'avancer, le lichen manquant ou se trouvant couvert d'une couche trop-épaisse de neige, lui avance toujours, car pour entretien il n'a besoin que d'un os de poisson, et la mer voisine fournit abondante pêche. L'Esquimau a pour tout le chien.

JULES. — Ce tout est bien peu.

PAUL. —Bien peu, soit ; mais encore sans le chien, l'Esquimau ne pourrait subsister dans son triste pays. Avec l'aide du chien, il chasse le renne sauvage, dont la chair lui donne des vivres, et la peau l'ameublement de la hutte ; sur les glaces, il attaque l'ours blanc, dont la fourrure deviendra chaude casaque d'hiver ; il se rend maître du veau-marin, qui fournira ses intestins pour des cordages et sa graisse huileuse pour l'entretien continuel de la lampe. Enfin le chien est pour lui, non-seulement un compagnon de chasse, mais encore une vaillante bête de trait, qui le transporte rapidement où bon lui semble.

Le *chien des Esquimaux* est à peu près de la taille de nos chiens de berger, mais de formes plus robustes. Il a les oreilles droites, la queue roulée en cercle, les poils laineux et très-serrés, comme il convient pour résister au froid atroce du pays qu'il habite. Aucune espèce domestique ne mène vie plus dure que la sienne. De loin en loin, pour toute nourriture, un os ou quelque grosse arête de poisson ; jamais d'abri, si ce n'est le trou qu'il se creuse lui-même dans la neige ; des coups bien plus souvent que des caresses ; après les fatigues de la chasse, les fatigues plus rudes encore du traîneau ; telle est sa pénible existence. De mauvais traitements, une faim continuelle ne sont pas faits pour adoucir le caractère. Aussi les chiens des Esquimaux sont-ils querelleurs entre eux, hargneux envers les hommes, toujours prêts à montrer les dents, prêts surtout à se jeter voracement sur les victuailles. Il n'est pas au monde de pillards plus audacieux; nulle correction **ne saurait les empêcher, tant la faim les dévore, de** happer le morceau laissé par mégarde à leur portée.

Jules. — Ces compagnons-là ne doivent pas être des plus dociles.

Paul. — Les femmes, qui les traitent avec plus de douceur, leur donnent à manger et les soignent quand ils sont petits, s'en font aisément obéir. Presque toujours, même quand ces pauvres animaux souffrent le plus cruellement de la faim, elles réussissent à les rassembler pour les atteler au traîneau.

Émile. — Je désirerais, mon oncle, avant d'entendre le reste, savoir au juste ce que c'est qu'un traîneau; je ne me figure pas bien ce que c'est.

Paul. — Le traîneau, ainsi que son nom l'indique, est une espèce de léger chariot sans roues, destiné à être traîné soit sur la glace, soit sur la neige, où le glissement est facile. Celui des Esquimaux est d'une construction grossière. Représentez-vous deux pièces de bois relevées en arc à chaque bout et disposées à côté l'une de l'autre à une certaine distance. Ce sont là les maîtresses pièces, celles qui doivent supporter tout le reste et glisser elles-mêmes sur la neige. Entre les deux est établie une charpente de légères barres transversales, et sur cette charpente s'élève une sorte de niche doublée de fourrures où s'accroupit le voyageur. Voilà le traîneau.

Les deux pièces principales, sorte de grands patins glissant sur la neige durcie, sont, vous dis-je, en bois; je me hâte d'ajouter que, d'habitude, elles sont formées d'autres matériaux, car le bois est chose des plus rares en ce pays, où la végétation ne fournirait même pas un manche de balai. Tout le bois dont on dispose est apporté par la mer, des pays lointains, au moment des fortes tempêtes. L'Esquimau n'a donc pas toujours à son service les deux soliveaux nécessaires. Il les remplace par deux ossements de baleine, choisis pour la force et la courbure. Si les os font défaut, une dernière ressource lui reste. Avec des intestins de veau marin ou des lanières de peau, il lie en deux paquets des poissons de belle taille; il donne à ces

paquets la configuration voulue et les expose à la gelée,
qui les durcit comme pierre jusqu'au retour de la belle
saison. Ce seront là les deux patins, les deux maîtresses
solives du traîneau.

Émile. — Quel singulier pays où, pour solive, on fait
usage d'un paquet de poissons gelés !

Paul. — Le rôle de cette solive ne finit pas là. Quand
elle a glissé tout l'hiver sur la plaine neigeuse, elle se
dégèle au retour des chaleurs, et les poissons qui la composent sont mis cuire dans le sac d'eau bouillante.

Émile. — On les mange ?

Paul. — Mais certainement, mon ami ; on mange la
charpente du traîneau démoli.

Émile. — Encore une fois : si jamais ces gens-là m'in-
vitent, je refuserai. Je craindrais le tour de langue pour
appropier, et les poissons traînés des mois et des mois on
ne sait où.

Paul. — Le traîneau connu, parlons de l'attelage. Le
harnais des chiens se compose de deux bandes de cuir
de renne, l'une entourant le cou, l'autre la poitrine, et
reliées entre elles par une troisième bande qui passe entre
les pattes de devant. A ce harnais, vers les épaules, se
rattachent deux longues courrois fixées au traîneau par
l'autre extrémité.

Les chiens attelés sont au nombre de douze à quinze.
En tête marche seul le plus intelligent de la bande, et le
mieux doué pour l'odorat ; les autres suivent, plusieurs de
front et d'autant plus rapprochés du traîneau qu'ils sont
plus novices dans le métier. Assis dans la niche de son
véhicule, jambe de ci, jambe de là, les pieds effleurant
presque la neige, l'Esquimau conduit son équipage avec
un fouet d'une longueur énorme, car ce fouet doit pouvoir
atteindre jusqu'au premier rang, distant du traîneau de
sept à huit mètres. Mais autant que possible il s'abstient
d'en faire usage, car un coup de fouet donné est plus
souvent une cause de désordre qu'un motif pour aller
plus vite. Le chien frappé, ignorant d'où vient le coup,

s'en prend à son voisin et le mord ; celui-ci rend la pareille à un autre, qui s'empresse de houspiller le suivant ; en un instant, de proche en proche, la mêlée devient générale. C'est alors grand travail que de rétablir la concorde et de remettre en état les traits rompus ou enlacés.

Le fouet n'intervient donc que de loin en loin, pour corriger un chien trop indocile, et c'est principalement de la voix que le conducteur guide son attelage. Le chien chef de file est surtout attentif à la parole du maître ; il se dirige à droite, à gauche, en avant, il accélère la marche ou la ralentit, et les autres se règlent sur son pas. Chaque fois qu'un ordre lui est donné, il tourne, sans s'arrêter, la tête sur l'épaule et regarde le maître, comme pour lui dire : c'est compris. Si la route a été déjà parcourue, le conducteur n'a qu'à laisser faire : le chef de file suit les traces alors même qu'elles seraient invisibles pour l'homme. Dans une profonde obscurité, au milieu de violentes rafales de neige, il continue, servi par son flair et son étonnante sagacité, à guider le reste de l'attelage sans presque jamais s'égarer.

En un jour, sont ainsi franchis jusqu'à 150 kilomètres. Si la fatigue commande une halte, l'Esquimau se construit un abri avec de la neige tassée pour murs et une grande dalle de glace pour toit. Il s'y arrange de son mieux pour dormir après avoir mangé parcimonieusement un morceau de salaison dégelé à la chaleur d'une lampe. Au réveil, un signal est donné, et aussitôt, autour de la hutte, des monticules de neige s'agitent et se secouent. Ce sont les chiens de l'attelage qui ont dormi dehors et que la neige avait recouverts pendant le sommeil. L'Esquimau leur distribue une maigre pitance, bien prestement avalée ; et, sans retard, il attelle le traîneau pour reprendre sa marche en avant jusqu'à ce qu'il ait atteint l'ours blanc ou le renne qu'il convoite.

XXIV

Le chien de Montargis.

Paul. — Le chien est très-attaché à son maître; s'il le perd, il en garde longtemps souvenir. Je vais vous en citer un exemple assez remarquable pour avoir laissé trace dans l'histoire.

En l'an 1371 vivait à la cour du roi Charles V un gentilhomme, le chevalier Macaire, qui envieux de la faveur dont l'un de ses compagnons, Aubry de Montdidier, jouissait auprès du roi, surprit un jour son rival, accompagné seulement de son chien, dans un coin désert de la forêt de Bondy. Trouvant l'occasion favorable pour satisfaire son odieuse rancune, il se jeta soudainement sur Aubry, le tua et l'enterra dans la forêt. Le mauvais coup fait, il revint à la cour tenir bonne mine.

Jules. — Ah! le misérable!

Paul. — Le chien cependant se coucha sur la fosse de son maître, où nuit et jour il hurlait de douleur. Lorsque la rage de la faim le pressait trop, il rentrait à Paris, grattait à la porte des amis de son maître, mangeait à la hâte ce qu'on lui donnait, et regagnait tout aussitôt le bois pour se coucher de nouveau sur la fosse. Le voyant ainsi aller et revenir tout seul, constamment soucieux et témoignant par de sinistres abois quelque chagrin profond, des gens le suivirent dans la forêt, épièrent ses démarches et reconnurent qu'il s'arrêtait sur un monceau de terre fraîchement remuée, où ses gémissements devenaient plus plaintifs encore.

Jules. — Ils fouillèrent sans doute et le crime fut découvert?

Paul. — Frappés de la terre remuée et des hurlements du chien en ce lieu, ils fouillèrent et trouvèrent le mort, auquel sépulture plus honorable fut donnée; mais rien ne put faire soupçonner l'auteur du meurtre.

Émile. — Et le chien, que devint-il?

Paul. — Après avoir appris aux amis et parents d'Aubry que son maître avait été misérablement assassiné, il lui restait une plus difficile tâche, celle de découvrir le meurtrier. Un parent du défunt l'avait pris chez lui et s'en faisait accompagner lorsqu'il sortait. Un jour, par hasard, au milieu d'autres gentilshommes, le chien aperçoit l'assassin Macaire. Lui sauter à la gorge pour le mordre et l'étrangler, c'est pour lui l'affaire d'un instant.

Émile. — Hardi! le brave chien! Étrangle le coquin!

Paul. — Vous allez trop vite, mon ami : nul ne soupçonnait encore que Macaire fût l'auteur de l'horrible méfait. On s'empresse à son secours; on écarte le chien, on le bat, on le chasse. L'animal revient toujours, furieux; et comme on l'empêche d'approcher, il se débat, aboie de loin, et tourne ses menaces du côté où Macaire a disparu.

Ces rencontres se renouvellent. Chaque fois le chien, d'une douceur parfaite envers toute autre personne, est saisi d'une rage de colère à la vue du meurtrier et recommence ses assauts. C'est à Macaire seul qu'il en veut, sans que les menaces ni les coups puissent l'apaiser. L'archarnement est tel, qu'on finit par se demander si le chien ne serait pas poussé par le désir de tirer vengeance de la mort de son premier maître.

Émile. — Nous y voici : le soupçon est éveillé.

Paul. —On parle au roi de l'affaire; on lui raconte qu'un gentilhomme de sa cour a été trouvé enterré, victime d'un assassin inconnu; on lui dit que le chien du défunt, avec une persistance indomptable, se jette sur le chevalier Macaire toutes les fois qu'il le voit. Le roi fait venir la personne soupçonnée et lui ordonne de se tenir cachée au milieu des autres assistants, qui sont en grand nombre. Le chien est alors introduit. L'odorat l'avertit sur le champ de la présence du meurtrier. Avec sa furie accoutumée, il choisit son homme parmi tous les autres et s'élance sur lui. Comme s'il se sentait assisté de la présence du roi, il attaque avec plus d'assurance que jamais, et par ses abois plaintifs semble demander que justice lui soit faite. On se hâte d'intervenir, sinon Macaire était dévoré par la bête.

Émile. — Et c'eût été bien fait.

Paul. — Attendez : la punition viendra. L'étrange conduite du chien, jointe à d'autres indices, avait fait impression sur l'esprit du roi. A quelques jours de là, Charles V fit comparaître Macaire devant lui et le pressa, par ses questions, de lui avouer la vérité. Qu'y avait-il de fondé dans les soupçons émis sur son compte? Comment expliquer, s'il n'était pas le coupable, les attaques continuelles, les aboiements du chien à son égard? Retenu par la crainte d'un honteux supplice, Macaire nia le crime obstinément.

A cette époque de mœurs souvent barbares, lorsque l'accusateur affirmait et que l'accusé niait, sans qu'il y eût de part ou d'autre des preuves suffisantes, il était d'usage de faire décider la question par un combat à mort entre les deux. Celui qui succombait avait tort.

Jules. — Mais être le plus faible ne prouve rien contre le droit! On peut avoir mille fois raison et être battu par son adversaire!

Paul. — C'est une idée très-juste que vous émettez là, et je fais des vœux pour que vous soyez tous de jour en jour plus convaincus de cette noble vérité. En nos temps lamentables, vous apprendrez cela plus tard, mon ami, en nos temps lamentables une maxime a eu cours, vraie maxime de bête fauve : *la force prime le droit.* Au siècle de Charles V, si grossier qu'il fût, on n'aurait osé dire semblable horreur; mais enfin, la superstition aidant, on croyait que le vaincu avait tort, parce que, prétendait-on, le droit ne peut jamais succomber, soutenu qu'il est par Dieu même. Aussi appelait-on un combat de justice un jugement de Dieu. Hélas! hélas! mon pauvre ami! qu'on était loin des idées saines! Que nous en sommes loin nous-mêmes avec notre duel, reste de l'antique barbarie! Que prouve en faveur de celui qui l'envoie une balle bien dirigée? Rien, si ce n'est qu'il connaît mieux le maniement des armes que son adversaire, ou que le hasard l'a mieux favorisé. C'est cependant ainsi que se vident les querelles où se trouve engagé ce que nous avons de plus précieux, l'honneur. Mais passons.

Le roi ordonna donc que l'affaire se terminât et que la vérité se reconnût par un combat entre l'homme et le chien. Une grande enceinte fut dressée avec siéges pour le roi, toute sa cour et nombreuse assemblée. Au milieu du camp se tenaient les deux champions : l'homme avec un gros et pesant bâton; le chien avec ses armes naturelles, ayant seulement un tonneau percé pour sa retraite et pour faire ses relancements.

Émile. — Ce tonneau devait lui servir de refuge pour éviter les coups de bâton?

Paul. — C'était la citadelle où, si l'attaque devenait trop pressante, il pouvait rentrer pour échapper aux coups de gourdin. Mais le brave animal n'en usa même pas. Dès qu'il fut lâché, il s'élança au-devant de Macaire. Mais le bâton du gentilhomme était assez fort pour l'assommer sur place d'un seul coup; aussi se mit-il à courir çà et là à l'entour de l'homme pour éviter la pesante chute de la massue. Puis, prenant son temps, il sauta d'un bond à la gorge de son ennemi et s'y attacha si bien qu'il renversa Macaire sur le dos. Celui-ci, à demi étranglé, cria miséricorde et supplia qu'on le délivrât de la bête, promettant de tout avouer. Les gardes du camp retirèrent le chien, et les juges s'étant approchés par le commandement du roi, Macaire leur confessa son crime.

Émile. — Et l'assassin en fut quitte pour la morsure du chien?

Paul. — Macaire fut pendu, comme un scélérat qu'il était.

Jules. — Au moins cette fois le combat avait décidé juste.

<hr>

XXV

La Rage.

PAUL — De tous les animaux malfaisants que vous connaissez, au moins par ouï-dire, quel est celui dont vous redouteriez le plus la rencontre?

ÉMILE. — Moi, si j'allais au bois cueillir des noisettes, je n'aimerais pas du tout me trouver face à face avec un loup, serais-je armé d'un bon bâton.

Fig. 23. — Le Tigre.

JULES. — Si je rencontrais un loup, je grimperais aussitôt sur un arbre et de là je lui ferais la nique, car il ne sait pas grimper. Je redouterais davantage un ours, qui monte aux arbres mieux que nous, serre l'homme entre ses pattes et l'étouffe.

LOUIS. — Quant à moi, la bête la plus à craindre serait le tigre. On le dit si féroce. D'un bond, il se jette sur l'homme comme le chat le fait à l'égard de la souris.

PAUL. — Le loup est un poltron. Le menacer de sa plus grosse voix, lui lancer quelques pierres, lui montrer le bâton, cela suffit pour le mettre en fuite. Cependant, s'il était poussé par la faim, il prendrait de l'audace et l'on pourrait passer en sa compagnie un bien vilain quart d'heure. L'ours est un danger plus sérieux. Avec lui, la retraite sur un arbre est impossible, et une fuite précipitée n'a pas grande chance de succès, car il est fort agile. Quelle lamentable situation que d'être oppressé dans un horrible embrassement, et de sentir sur sa figure la tiède haleine de la bête! Avec le tigre ce serait pire. Qu'il lance ses griffes, qu'il morde à pleines mâchoires, et l'homme est en lambeaux. Rien de terrible comme sa soudaine attaque et sa fureur de carnage.

Louis. — Voilà bien, comme je l'ai dit, l'animal le plus à craindre, s'il se trouvait dans nos pays. Heureusement il n'y en a pas.

Paul. — Nous n'avons pas de tigre dans nos bois, mais nous sommes entourés d'un animal plus redoutable encore, dans certaines circonstances. Ce terrible ennemi, que nous sommes exposés à rencontrer à tout instant, ne possède pas, de bien s'en faut, la force du tigre ni de l'ours; il n'a pas même le plus souvent celle du loup; parfois il est si faible, qu'un coup de poing bien asséné suffirait pour l'assommer. Son naturel n'a rien de sanguinaire; ses dents et ses ongles ne sont pas d'une puissance à nous effrayer.

Émile. — Eh bien alors! En quoi cet ennemi est-il si à craindre?

Paul. — Que cette faiblesse ne vous rassure pas. Pour moi, je frissonne à la seule idée du danger qu'il nous fait courir. Contre les autres, si dangereux, si forts qu'ils soient, la défense est possible. Avec du sang-froid et des armes, on peut sortir victorieux de la lutte; si l'on est atteint d'un coup de dent ou de griffe, la blessure peut guérir. Contre lui, présence d'esprit, adresse, courage, armes, secours, tout est inutile; qu'il vous happe une seule fois, qu'il vous fasse de la pointe de la dent une simple écorchure saignante, un rien : c'est assez pour mettre la vie dans le plus grave péril. Mieux vaudrait se trouver sous la gueule du loup ou entre les pattes de l'ours. Vainement vous avez le dessus, vous écartez la bête se jetant sur vous, vainement vous la tuez : une petite écorchure reçue, insignifiante venant de tout autre animal, sera dans un prochain avenir votre mort, mort épouvantable, comme il n'y en a pas de plus atroce au monde. A la suite de cette blessure de rien, un jour viendra, non éloigné, où, soudainement saisi d'une démence furieuse, secoué par d'horribles convulsions, écumant de bave et ne reconnaissant plus ni parents ni amis, vous vous jetterez sur eux en vraie bête féroce, pour les mordre à pleines dents et leur communiquer ainsi votre mal. Nul espoir de vous rendre à la santé, nul moyen d'alléger vos souffrances ; il faudra vous laisser périr, objet d'horreur et de pitié.

Jules. — Cet animal si redoutable, quel est-il ? Sommes-nous bien exposés à nous trouver aux prises avec lui ?

Paul. — Nous y sommes journellement exposés. Nul n'est assuré de ne pas être attaqué aujourd'hui même, à l'instant, car la terrible bête fréquente nos places publiques, vague dans nos rues, a pour demeure nos habitations et vit pêle-mêle avec nous. Elle n'est autre, en effet, que le chien.

Jules. — Le chien, le plus utile et le plus dévoué de nos serviteurs !

Paul. — Lui-même. Autant il est digne de notre attachement dans les conditions habituelles, autant il devient l'objet d'un juste effroi quand il est atteint d'une maladie qu'on appelle la *rage*.

Louis. — On dit, effectivement, les chiens enragés bien dangereux. D'où leur provient cette maladie ?

Paul. — Sur le point de départ, on ne sait rien du tout. Sans causes appréciables, sans motifs que nous puissions démêler, le chien est pris de rage ; la maladie est spontanée, c'est-à dire se déclare toute seule. Tous peuvent être atteints : l'heureux chien de bonne maison comme le misérable, sans demeure et cherchant de quoi vivre dans les tas de balayures, au coin des rues. Je dois ajouter cependant que les souffrances de la faim et de la soif, que les mauvais traitements favorisent l'apparition de la maladie; les chiens vagabonds sont plus sujets que les autres à la rage spontanée. Nouveau motif, et très-sérieux, d'avoir soin de nos chiens. Les laisser cruellement pâtir, c'est les exposer à l'invasion d'un mal horrible, qui deviendra peut-être notre perte.

Une fois la rage spontanée déclarée dans un chien, la maladie, si l'on ne prend des précautions, se propage en d'autres avec une effrayante rapidité; dix chiens, cent chiens peuvent, en un bref délai, devenir eux-mêmes enragés. L'animal atteint de la rage est, en effet, tourmenté de l'irrésistible besoin de mordre. L'œil hagard, la queue entre les jambes, le poil hérissé, la lèvre écumante, il se jette, tête baissée, sur le premier chien qui se présente, le mordille et se jette aussitôt sur un autre, puis sur un autre encore, autant qu'il s'en trouve sur son chemin. Or, tout chien mordu est lui-même enragé dans quelques jours, qui plus tôt, qui plus tard; et propage le mal à la ronde de la même façon, à moins que d'énergiques mesures ne coupent court à ce fléau.

Le mal se communique à l'homme également par la morsure. Le chien enragé mord bêtes et gens sans distinction; il se jette furieux sur les passants; il se jette sur son maître, qu'il ne reconnaît plus. Si sa dent baveuse perce la peau d'une blessure saignante, c'en est fait : la rage est communiquée.

JULES. — C'est donc ici comme pour le venin des vipères?

PAUL. — Exactement de même. De la gueule du chien enragé dégoutte une bave mortelle, un vrai venin, qui, mélangé avec le sang par le moyen d'une blessure, donne la rage au bout d'un certain temps. Sur la peau intacte, cette bave est sans effet aucun; mais sur une simple écorchure saignante, elle a toute sa redoutable action. Bref, semblable en cela aux autres venins, la bave rabique, ainsi s'appelle-t-elle, doit s'infiltrer dans le sang pour agir.

C'est vous dire que la morsure est moins dangereuse faite à travers des vêtements, surtout s'ils sont épais. Les vêtements peuvent essuyer les dents du chien au passage et retenir la bave venimeuse ; ils peuvent même arrêter un peu l'effort des mâchoires et empêcher les crocs de l'animal de plonger bien avant. S'il y a simple meurtrissure, sans écoulement de sang, la bave n'a pas pénétré et le danger est nul.

La condition nécessaire au développement de la rage, savoir le mélange de la bave du chien avec notre sang et son introduction dans nos veines, doit toujours être présente à l'esprit si nous voulons éviter un danger qui nous menace au milieu de toutes les apparences de la sécurité. Il est à remarquer qu'au début de la maladie le chien est plus caressant que d'habitude ; la pauvre bête semble vouloir encore une fois prodiguer ses témoignages d'affection à ceux qu'elle aime, avant de s'abandonner aux transports de fureur qu'elle ne pourra bientôt plus maîtriser. En ce moment, je suppose, vous avez à la main une légère blessure, et le chien vient, tout soumis, tout suppliant, vous lécher avec amour sur la petite plaie. Sa langue mélange la bave avec votre sang ; le terrible venin s'infiltre dans vos veines. Fatale caresse ! La rage et toutes ses horreurs en seront peut-être la conséquence. Tenez-vous pour avertis : ne permettez jamais au chien, si rassurantes que soient ses apparences, de vous lécher en un point de la peau entamé. Nul ne pourrait affirmer que l'atroce maladie ne couve pas déjà en lui, et vous seriez victimes de trop de confiance.

La rage se déclare dans l'homme le plus communément de trente à quarante jours après la morsure. Cela commence par des douleurs de tête, une profonde tristesse, une inquiétude continuelle, un sommeil troublé et des rêves effrayants, puis surviennent des convulsions et le délire. La figure exprime une terreur profonde ; les lèvres bleuissent et se couvrent d'écume ; le gosier se resserre au point de ne pouvoir plus avaler. La vue des liquides inspire au malade une insurmontable aversion, une goutte d'eau introduite dans la bouche le jetterait dans d'épouvantables suffocations. Arrivent alors des accès de démence pendant lesquels le patient se démène, furieux, pour mordre, et déchire qui le soigne. Le mal l'a changé en bête féroce. La mort vient enfin mettre un terme à cette horrible agonie.

Jules. — Il n'y a donc pas de remède contre la rage ?

Paul. — La médecine n'en connaît encore absolument aucun. Tout ce qu'elle peut faire, c'est de laisser mourir, en écartant à jamais les exécrables idées ayant cours autrefois, et peut-être même de nos jours. Pour se débarrasser du malade incurable et dangereux, il fallait, disait-on, l'étouffer entre deux matelas. Qui commettrait maintenant cette barbare action serait poursuivi par la justice et puni comme meurtrier.

Louis. — Jadis on étouffait entre deux matelas ; maintenant on laisse expirer le malade. Le progrès n'est pas grand.

Paul. — Pardon, mon ami : ce n'est pas petit progrès que d'avoir pour toujours banni du lit du malade les brutalités insensées de l'ignorance, en attendant, et ce jour viendra, je l'espère, que la science ait enfin raison de la terrible maladie.

La rage, une fois déclarée, vous dis-je, ne peut plus se guérir, en l'état de nos connaissances ; mais du moins, au moyen de certaines précautions, pouvons-nous la prévenir et empêcher les morsures du chien enragé d'amener leurs funestes conséquences. La bave rabique agit en empoisonnant le sang ainsi que le fait le venin des serpents dangereux. Les précautions à prendre sont donc, dans les deux cas, à peu près les mêmes : il faut empêcher cette bave de s'infiltrer dans les veines, il faut la détruire dans la plaie. A cet effet, on lie au-dessus de la blessure la partie mordue, afin d'y ralentir la circulation ; on fait saigner les chairs déchirées, on les lave pour expulser autant que faire se peut la venimeuse humeur ; puis, le plus tôt possible ;

on brûle au vif les plaies avec un fer chauffé à blanc.

Émile. — Ah! l'affreux remède! N'y en aurait-il pas d'autre?

Paul. — C'est le seul, et il faut l'employer sans tarder le moins possible, et hardiment. Il y va de la vie. Ces précautions prises, surtout celle du fer rouge, on peut se rassurer ; la maladie ne se déclarera pas. Il est bien entendu que l'opération n'irait que mieux avec l'assistance d'un médecin, dont la main est plus exercée que la nôtre ; mais si le secours doit tarder, agissons nous-mêmes, car la promptitude est ici la meilleure chance de succès.

Jules. — Je frémis à l'idée de ce fer rouge sous lequel la plaie fume. Cependant je n'hésiterais pas devant la brûlure pour éviter le plus horrible des sorts.

Émile. — Puisque c'est le seul moyen de salut, je n'hésiterais pas davantage. C'est égal : peste soit des chiens qui nous exposent au fer rouge si nous voulons éviter pire. Ne pourrait-on pas empêcher ces animaux de devenir enragés?

Paul. — Empêcher toute apparition de la rage n'est pas en notre pouvoir, mais il dépend de nous de rendre les chiens enragés assez rares pour qu'il n'y ait pas lieu de trop s'en effrayer. Quand cette maladie menace, notamment au milieu des fortes chaleurs de l'été, des ordonnances de police exigent que tout chien hors de sa maison soit muselé. On jette en outre dans les rues des boulettes empoisonnées pour se débarrasser des chiens errants. A ces mesures de la police, nous devons ajouter notre propre surveillance ; nous devons avoir toujours l'œil sur nos chiens, si nous en avons, car, vivant avec nous, ils seront les premiers à nous exposer au péril. Il nous importe donc au plus haut point de savoir à quels signes se reconnaît qu'un chien couve la rage. C'est ce que je vais vous apprendre, d'après les maîtres qui ont étudié à fond ce grave sujet.

J'écarterai d'abord deux idées erronées, fort répandues et qui pourraient devenir fatales en donnant une fausse sécurité. On croit généralement qu'un chien enragé est toujours dans un état de fureur. Que cet état furibond se manifeste quand la maladie est dans son plein, rien de plus vrai ; mais aussi rien de plus faux au début. Loin d'être pris d'accès furieux, le chien dont la rage débute montre, au contraire, une exagération de sentiments affectueux ; par des caresses multipliées, il semble solliciter de l'homme comme une sorte de secours contre les vagues terreurs dont il est tourmenté. En second lieu, dit-on, un chien enragé ne boit pas et manifeste pour l'eau une horreur profonde ; tout chien que l'on voit boire ne peut être enragé. Cette idée est tellement enracinée dans la plupart des esprits que, pour désigner la rage, on a fait, avec deux mots grecs, un nom spécial, celui d'*hydrophobie,* signifiant horreur de l'eau. Eh bien, mes amis, n'oubliez jamais ceci : quoi qu'en dise l'expression grecque, un chien enragé boit très-bien ; il boit avidement chaque fois que l'occasion s'en présente, sans manifester aucune aversion pour l'eau. Plus tard, lorsque l'animal touche à sa fin, le gosier se resserre et ne peut plus avaler. Alors, et seulement alors, le chien fuit avec horreur la boisson. Ainsi, loin de nous rassurer, c'est au contraire un motif de crainte de plus quand on voit le chien devenir plus caressant que d'habitude et boire avec une avidité non accoutumée.

C'est par une inquiétude et une agitation sans motifs que se manifestent les premiers signes de l'invasion de la rage. Le chien ne peut tenir en place ; il va sans but d'un lieu dans un autre, il se retire dans un coin, où il tourne sur lui-même sans pouvoir trouver une position qui lui convienne. Son regard exprime une tristesse sombre. Il semble obsédé par une idée fixe, d'où l'appel d'une voix amie peut seul un instant le tirer. Puis il retombe dans sa tristesse.

Les aliments ne sont pas encore refusés. Le chien, au contraire, se jette gloutonnement sur la nourriture qu'on lui présente ; parfois sa dépravation d'appétit est telle, qu'il avale même des matières non alimentaires, du bois, de la paille et tout ce qui peut se trouver à sa portée, jusqu'à ses excréments. L'eau est bue avec la même avidité. Dès qu'apparaissent cette agitation sans motif, cette sombre tristesse, cette exagération de caresses et cette dépravation de l'appétit, le chien doit être soupçonné de rage ; la prudence exige qu'il soit tenu à la chaîne et surveillé de très-près.

Le soupçon devient certitude complète si l'animal fait entendre de loin en loin un cri particulier, tout à fait caractéristique, que l'on nomme *hurlement rabique*. Au milieu de ses accès de lugubre tristesse, tout à coup, le chien s'élance d'un bond contre un ennemi imaginaire. Puis, le museau dressé en l'air, il jette un aboiement ordinaire, qui se termine brusquement et d'une singulière façon, par un hurlement aigu. A ce son discordant, on dirait certains chants du coq, au moins pour le timbre rauque et fêlé.

Louis. — Le chien hurle fréquemment, par exemple d'ennui, quand il est enfermé. Ce ne doit pas être là signe de rage ?

Paul. — Non, mon ami. Le hurlement ordinaire ne dénote autre chose qu'un sentiment passager de tristesse, d'ennui, de frayeur ; et ce cri ne peut être confondu avec le véritable hurlement rabique, dont les caractères sont bien différents. Celui-ci débute par un aboiement parfait, et se termine tout à coup par un hurlement aigu et prolongé, comparable à la voix du coq.

Tant que ne s'est pas déclarée la démence furieuse, qui doit terminer la marche de la maladie, l'animal est inoffensif ; mais il est inutile, il serait même dangereux d'attendre jusque-là. Si le hurlement rabique se fait entendre il n'y a plus de doute possible : le chien est décidément enragé. Pour notre sécurité et pour épargner aussi à la pauvre bête les tortures qui l'attendent, il faut sur le champ tuer le chien. Dans l'intérêt de l'animal comme dans le nôtre, c'est une bonne action.

JULES. — Pauvre chien! le maître lui donne un dernier regard de regret, et, la larme à l'œil, lui loge une balle dans la tête.

XXVI

Le Chat.

PAUL. — Le chat est venu dans nos demeures longtemps après le chien; sa domestication n'en est pas moins très-ancienne. L'Orient, d'où nous l'avons reçu, le possède de temps immémorial. L'antique Égypte, la vieille terre des Pharaons, nous a transmis à ce sujet les documents les plus curieux.

Dans ce pays, célèbre par sa profonde vénération envers les animaux domestiques, des honneurs presque divins étaient rendus au bœuf, au chien, au chat et à bien d'autres. Plus rapprochés que nous des âges primitifs et gardant encore souvenir des misères dont l'animal domestique avait affranchi l'homme, les Égyptiens sans doute témoignaient leur reconnaissance par ces honneurs, qui nous semblent aujourd'hui le comble de la superstition. Le bœuf, ouvrant avec la charrue le sillon de l'agriculture, occupait le premier rang. Un magnifique bœuf blanc, appelé bœuf *Apis*, était nourri aux frais de l'État dans un temple somptueux de granit et de marbre, et soigné par un collége de serviteurs, qui l'approchaient avec des révérences, riches costumes de solennité, coups d'encensoir, enfin toutes les marques d'une sainte vénération.

ÉMILE. — Pour renouveler la litière et mettre du fourrage au râtelier, on s'avançait avec l'encensoir et des génuflexions?

PAUL. — Oui, mon ami.

ÉMILE. — Les temps sont bien changés pour le bœuf. Aujourd'hui le bouvier le laisse ignominieusement se

crotter de bouse sur une avare litière ; et pour l'activer, il
ne lui épargne guère les coups d'aiguillon.

PAUL. — Aux jours de grande fête, quand le bœuf Apis
sortait escorté de son collége de serviteurs, la foule se
prosternait à terre sur son passage, le front dans la poussière. A sa mort, le deuil était général en Egypte. Une
immense cuve de granit, chef-d'œuvre d'art et de patience,
où mille ouvriers avaient mis la main, recevait la dépouille sacrée, puis était déposée dans une chambre sépulcrale creusée au sein d'une montagne et ornée de tout

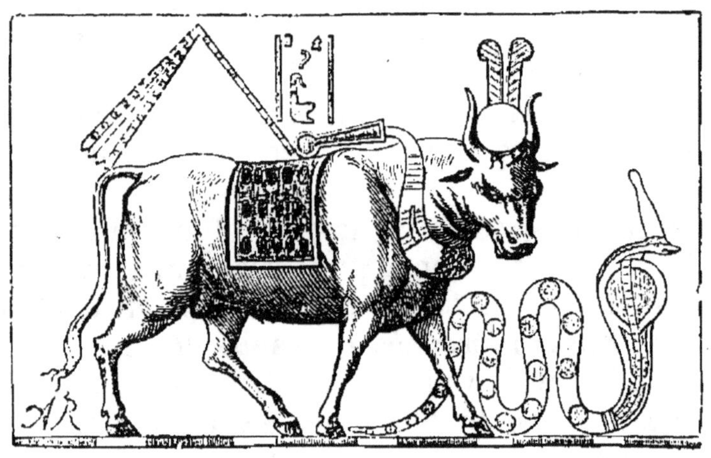

Fig. 24. — Le Bœuf Apis, d'après les vieux monuments de l'Égypte.

ce que la sculpture et la peinture pouvaient produire de
plus somptueux.

JULES. — Et les autres animaux domestiques recevaient
de semblables honneurs?

PAUL. — Tous étaient honorés, mais aucun autant que
le bœuf. Pour le chat, par exemple, on se bornait à l'imprégner d'aromates après sa mort, à l'envelopper de fines
bandelettes de lin, et à placer le cadavre ainsi préparé
dans une caisse de bois odoriférant, avec dorures, peintures,
inscriptions. Ces caisses étaient ensuite disposées par
étages dans les niches d'une chambre sépulcrale, pratiquée
à une grande profondeur dans le roc vif.

Dans telle de ces chambres, aussi fraîche maintenant de décoration que si elle datait d'hier, on retrouve aujourd'hui, après trois et quatre mille ans écoulés, un nombre prodigieux de cadavres de chats et d'autres animaux, suffisamment conservés pour être reconnus, grâce au bitume aromatique dont on les avait imprégnés. Eh bien, l'examen de ces vieilles reliques nous renseigne sur un point d'un haut intérêt : il nous démontre que les animaux domestiques de ces temps si reculés ne diffèrent pas de ceux de nos jours. Tels étaient le bœuf, le chien, le chat, il y a quatre mille ans, tels ils sont aujourd'hui.

Le chat, puisque c'est de lui que j'ai à vous parler aujourd'hui, le chat en particulier est de tous points semblable au nôtre. Le chasseur de rats d'il y a quarante siècles ne diffère en rien de notre matou. Mais lui-même d'où est-il venu, à cette lointaine époque, dans la demeure de l'Égyptien ; de quel pays est-il originaire ?

Au sud de l'Égypte est l'Abyssinie, où nous avons déjà trouvé le chien sauvage, d'où très-probablement est issu notre lévrier. Là se trouve encore, tantôt en liberté au milieu des bois, tantôt en domesticité dans les habitations, une espèce de chat, appelé *chat ganté*, qui présente avec notre espèce domestique une frappante ressemblance. On s'accorde à le regarder comme la souche de nos chats, souche peut-être seulement partielle car on incline à croire qu'une seconde espèce, asiatique suivant toute apparence, compterait au nombre des ancêtres de la race telle qu'elle est dans nos demeures. Bref, le chat nous est venu de l'Afrique orientale.

Dans les vieilles forêts de l'Europe, et notamment dans celles de l'est de la France, vit en petit nombre, une espèce de chat, appelée *chat sauvage,* qu'il est impossible de considérer comme le point de départ du chat domestique, malgré les opinions ayant cours. Organisé pour l'exercice violent, la bataille, l'ascension à la cime des arbres, les bonds à grande distance, il a les pattes plus longues et plus fortes que celles du chat vulgaire, la tête plus grosse et la mâchoire plus robuste. La queue, très fournie de poil et ondée d'anneaux noirs, est plus renflée à l'extrémité qu'à la base. Le pelage est une chaude fourrure d'un gris jaunâtre, avec de larges raies noires, transversales et contournées, imitant un peu la robe du tigre. Une bande obscure s'étend, tout le long de l'échine, de la nuque à la naissance de la queue. Enfin les pelotes charnues de la plante des pieds, les lèvres et le nez sont noirs.

Le chat domestique, au contraire, habituellement a les lèvres roses ainsi que le nez et les pelotes des pattes. Il porte en outre, sur le devant du cou et de la poitrine, une bande de couleur claire, qui se prolonge parfois sous le ventre. Pareille coloration du nez, des lèvres, des pattes et du devant du cou se retrouve, trait pour trait, dans l'espèce sauvage de l'Abyssinie ou chat ganté; et c'est là un des motifs qui font considérer cette espèce comme la souche, ou au moins comme l'une des souches du chat domestique.

Louis. — Mais j'ai vu souvent des chats domestiques avec les lèvres noires. Ceux-là, d'où proviennent-ils?

Paul. — Il y a chez eux alors apparemment quelque parenté avec l'espèce de nos bois. Les chattes des habitations isolées, au voisinage des grandes forêts, ont parfois commerce, assure-t-on, avec le chat sauvage. Les petits issus de ces relations portent inscrite sur le nez et les lèvres leur origine paternelle, et transmettent ces traits de famille à leurs descendants. Mais si ce mélange donne à notre chat vigueur nouvelle, il est bien loin d'améliorer son caractère. Le chat sauvage de nos bois est, en effet, une bête intraitable, rebelle à tous les soins. C'est un destructeur acharné de gibier, et si l'occasion s'en présente, un ravageur de poulaillers plus à craindre encore que le renard.

On présume que l'une de nos variétés domestiques, appelée *chat tigré*, compte ce bandit dans sa parenté; du moins elle a les lèvres noires et le pelage à zébrures du **chat sauvage**. Elle en a aussi jusqu'à un certain point le caractère. Le chat tigré est le moins familier de tous, le plus méfiant, le plus enclin à la rapine. Aucun autre n'a la griffe plus prompte si l'on cherche à le saisir, ou seulement à lui passer la main sur le dos. Mais ses travers de sauvagerie ne doivent pas faire oublier ses qualités : il n'y a pas de plus ardent chasseur de souris. Il est vrai que le fromage oublié sur la table et le gibier suspendu dans la cuisine non assez haut, fixent aussi un peu trop son attention.

Je lui préfère et de beaucoup le *chat* d'*Espagne,* plus civilisé, plus doux de caractère, et non moins versé dans la chasse aux souris. C'est dans cette variété, l'une des plus répandues, que se sont le mieux conservés les caractères originels, c'est-à-dire ceux du chat ganté de l'Abyssinie. Le chat d'Espagne a le poil assez court et brillant, les pelotes des pieds, les lèvres et le nez roses, le devant du cou de teinte claire. Son pelage est généralement taché, par plaques irrégulières, de blanc pur, de noir et de roux vif. Mais, chose fort singulière, l'association des trois couleurs ne se montre jamais que sur la robe de la chatte ; le chat est réduit à deux couleurs au plus, habituellement le blanc et le roux.

JULES. — Alors tout pelage tricolore annonce une chatte ?

PAUL. — Jusqu'ici, je n'ai pas vu d'exception à cette étrange règle.

JULES. — C'est bien singulier que cette inégale répartition des couleurs, trois pour la chatte, deux au plus pour le chat. Les autres animaux ne nous montrent rien de semblable.

PAUL. — Le *chat angora* forme une troisième race. C'est une magnifique bête, de majestueuse prestance, à poils soyeux et très-longs, surtout autour du cou, sous le ventre et à la queue. Mais les qualités ne correspondent pas au faste de la fourrure. L'angora est l'ami des doux loisirs, l'ami des siestes prolongées sur les fauteuils d'un salon. Qu'on ne lui parle pas de guetter patiemment la souris au grenier. Choyé de sa maîtresse, assuré de sa tasse de lait, il trouve le métier de chasseur trop rude. A lui le repos, les caresses, la couchette moelleuse. J'ai fini sur le compte de ce paresseux.

Passons aux armes du chat : les dents et les griffes. En vous racontant l'histoire des Auxiliaires, je vous ai déjà fait remarquer la conformation du râtelier du chat, si bien armé pour la proie vivante. Je rafraîchis vos souvenirs à cet égard en vous remettant la figure sous les yeux. Comme ces molaires, découpées en arêtes tranchantes qui jouent l'une contre l'autre à la façon de lames de ciseaux, sont bien faites pour tailler la chair ! Et ces canines, si longues et si pointues, ne sont-elles pas des poignards dont le chat

Fig. 25. — Dents du Chat.

transperce la souris? Comme tout cela doit horriblement pénétrer dans le pauvre petit corps de la victime! Il suffit de voir ce râtelier pour reconnaître un sanguinaire chasseur.

C'est par surprise, en traître, que le chat saisit la proie. Il lui faut donc une chaussure spéciale, qui rende son approche silencieuse et amortisse complétement le bruit de ses pas. A ce sujet, un souvenir me revient. On vous racontait, étant plus jeunes, les prouesses du Chat-botté, qui prenait des perdrix et offrait sa chasse au roi de la part de son maître, le futur marquis de Carabas.

ÉMILE. — Ah! oui, je me rappelle. La bête rusée, un grain de blé dans la patte et le sac ouvert, attendait les perdreaux dans un sillon. Quelles chasses exagérées nous mettions sur son compte ! Perdreaux étourdis, cailles innocentes et lapereaux benêts, accouraient en foule dans le sac. A notre dire, tout le gibier du canton y passait. Un jour, le chat défie l'ogre de prendre la forme de toutes sortes d'animaux, comme il s'en prétendait le pouvoir. L'ogre stupide s'empresse de se changer en lion d'abord, puis en souris. Mais crac !..... la griffe est lancée, la souris prise et l'ogre avalé. Le château appartient désormais au fils du meunier, devenu, pour tout de bon, le marquis de Carabas. Suivaient les noces et le gala. N'est-ce pas cela, mon oncle ?

PAUL. — A merveille ; seulement, je dois vous dire que je vois avec regret des bottes intervenir dans la chasse. Comment avec cette chaussure, qui résonne et crie sur les petits cailloux du chemin, le chat pouvait-il s'approcher du gibier sans être entendu ?

ÉMILE. — C'est vrai. Otons-lui alors les bottes ; supposons qu'il les laisse au moulin pour aller en chasse, et qu'il ne les met que dans les grandes occasions.

PAUL. — Comme le chat réel est bien mieux avisé que celui du conte ! Ce n'est pas lui qui se chausserait de bottes retentissantes et s'exposerait à faire gémir sous ses pas les planches du grenier. Pour peu qu'elle entendît dure semelle, la souris jamais ne sortirait du trou. Ce qu'il faut vraiment au chat, ce sont des pantoufles et non des bottes ou des sabots, des pantoufles bien épaisses et bien moelleuses, qui étouffent tout bruit de pas.

Considérez en dessous la patte du chat. Vous y verrez sous chaque doigt une pelote charnue, un vrai coussin mollement rembourré. Une autre pelote, beaucoup plus large, occupe le centre. En outre, des touffes de duvet garnissent les intervalles. Ainsi chaussé, le chat marche comme sur de l'étoupe, comme sur de l'ouate ; et il n'y a pas d'oreille qui puisse l'entendre s'approcher. N'est-ce pas là, je vous le demande, des pantoufles silencieuses, merveilleusement appropriées à la capture par surprise ?

Louis. — Il est de fait que le chat ne s'entend nullement approcher.

Jules. — Le chien, lui aussi, a sous les pattes de semblables coussinets, mais plus grossiers. Néanmoins on entend ses pas, peut-être à cause des ongles qui frottent un peu contre le sol.

Paul. — Votre peut-être est de trop. Ce sont bien les ongles qui, en frappant le sol, rendent la marche du chien sensible à l'ouïe malgré les pelotes charnues.

Jules. — Comment fait donc alors le chat? Il a des ongles, et des plus robustes.

Paul. — Le chat possède un secret à lui. Pendant la marche et le repos, il tient ses ongles rentrés dans une gaîne que forme l'extrémité des doigts; il fait alors, comme on dit, patte de velours. Ainsi retirées dans leurs étuis, les ongles ne débordent pas la patte et ne peuvent choquer le sol. Au premier avantage de ne faire aucun bruit en marchant, s'en adjoint un autre non moins précieux pour le chat. Cachées au fond de leurs gaînes, les griffes ne s'émoussent point; elles conservent, pour l'attaque, leur tranchant et leur pointe acérée. Ce sont des armes fines que l'animal garde dans un fourreau jusqu'au moment d'en faire usage. Alors de leurs étuis les griffes brusquement s'échappent, comme poussées par un ressort, et la patte de velours de tantôt devient un harpon horrible, qui s'implante dans les chairs et laboure la proie de sanglants sillons.

Émile. — Si je presse doucement des doigts la patte du chat, les griffes sortent de leurs étuis; si je cesse de presser, les griffes aussitôt rentrent.

Paul. — Vous avez là juste ce qui se passe au gré du chat. Examinons de plus près ce curieux mécanisme. L'osselet terminal des doigts, celui qui porte l'ongle, se rattache à l'osselet précédent au moyen d'un ligament élastique, dont l'effet, à l'état de repos, est de relever le premier os et de le coucher sur le dos du second. Supposez que l'extrémité de vos doigts ait assez de jeu pour se replier en arrière, et vous aurez une idée exacte de la chose. Dans cette position de l'osselet terminal, l'ongle se tient relevé, à demi enfoncé dans un pli de la peau et caché sous les poils épais de la patte.

Jules. — Je comprends : c'est alors patte de velours ; les griffes sont rentrées dans leurs étuis.

Paul. — Faut-il faire usage des armes ? le chat n'a qu'à vouloir, et les griffes à l'instant surgissent. Voyez sur la figure cette espèce de réseau de cordages. Ce sont des ten-

Fig. 26. — Disposition des griffes du Chat. C, osselet terminal du doigt.; A, B, tendons qui font sortir les griffes.

dons que tirent, quand le veut l'animal, les muscles ou faisceaux de chair situés plus haut. Ils se rattachent à la face inférieure de l'osselet terminal des doigts. Entraîné par le tendon correspondant, cet osselet pivote, comme sur une charnière, sur l'extrémité de l'os qui précède et se met en ligne droite avec lui. De même coup, les crocs des ongles font saillie hors de la patte.

Émile. — En voilà-t-il des cordons et des ficelles pour mouvoir les griffes d'un chat ! Je ne m'y retrouve pas sans peine, tant c'est compliqué. Le gros est cependant compris. Pour la patte de velours, le chat n'a qu'à laisser faire : les ongles rentrent et se tiennent tous seuls dans leurs étuis ; s'il faut sortir les griffes, les cordages, les tendons tirent, et cela suffit.

PAUL. — Etre chaussé de molles pantoufles, qui permettent d'approcher sans bruit de la proie guettée, et deviennent tout à coup pour l'attaque des armes terribles, n'est pas condition suffisante pour le succès du chasseur ; il faut encore des yeux qui puissent guider l'animal au milieu de la nuit, si favorable aux embûches. Sous ce rapport, le chat est admirablement partagé. Ses yeux sont disposés de façon à recevoir plus ou moins de lumière suivant les besoins de la vision.

Observez un chat au soleil. Vous verrez la prunelle de ses yeux réduite à une étroite fente et semblable à une ligne noire. Pour ne pas être ébloui par la trop grande clarté, l'animal a fermé le passage aux rayons de lumière ; il a clos la prunelle tout en laissant les yeux largement ouverts. Portez le chat à l'ombre : la fente des yeux s'élargira et deviendra un ovale. Mettez-le dans une demi-obscurité : l'ouverture ovale se dilatera jusqu'à devenir un rond, et ce rond s'agrandira de plus en plus à mesure que la clarté sera plus faible.

Grâce à ses prunelles, qui s'ouvrent énormes et peuvent ainsi recueillir encore un peu de lumière là où pour les autres règne profonde obscurité, le chat se guide dans les ténèbres et chasse de nuit encore mieux qu'en plein jour, invisible qu'il est aux souris, tandis qu'il les voit suffisamment lui-même. Néanmoins si la lumière faisait tout à fait défaut, si l'obscurité était absolue, le chat n'y verrait plus du tout. Rappelez-vous à ce sujet notre ancienne conversation sur les oiseaux de proie nocturnes. On prétend que le chat voit clair dans l'obscurité la plus complète ; je vous ai démontré, au contraire, que, pour tout animal, quel qu'il soit, la vision est impossible du moment qu'il n'y a plus de lumière, ce qui s'appelle plus.

Jules. — Le chat ne peut voir sans lumière aucune, je n'en fais pas le moindre doute ; il m'est arrivé pourtant de le trouver en chasse dans des endroits où aucune clarté ne pouvait pénétrer.

Paul. — Il avait alors pour guide ses moustaches, dont il fait emploi quant la vue est empêchée.

Émile. — Oh ! le curieux guide que des moustaches ! Et comment les quelques longs poils qui hérissent sa lèvre peuvent-ils lui apprendre où il est?

Paul. — Vous vous figurez peut-être que le chat porte moustaches uniquement pour se donner un petit air fanfaron. Détrompez-vous : ce sont là pour lui précieuses ressources en chasse nocturne. Avec les moustaches, il palpe le terrain, il reconnaît les lieux, il explore coins et recoins. Qu'une souris vienne à frôler un de leurs poils longuement épanouis dans toutes les directions, il n'en faut pas davantage pour avertir le chat. A l'instant, la gueule happe et la griffe saisit. Conclusion : ne jamais couper les moustaches au chat; vous le mettriez en pénible embarras; vous le rendriez moins habile à la chasse aux souris.

Louis. — C'est ce que j'ai entendu dire sans pouvoir m'en rendre compte. Maintenant je vois que priver un chat de ses moustaches, par espièglerie d'enfant, c'est en quelque sorte priver un aveugle de son bâton.

Paul. — A mon humble avis, on a médit du chat. L'éloquent historien des bêtes, Buffon, s'exprime ainsi sur son compte : « C'est un domestique infidèle, que l'on ne garde que par nécessité, pour l'opposer à un autre ennemi domestique encore plus incommode et qu'on ne peut chasser. »

Émile. — Buffon veut parler du rat et de la souris?

Paul. — Évidemment. « Quoique les chats, dit-il, surtout quant ils sont jeunes, aient de la gentillesse, ils ont, en même temps, une malice innée, un caractère faux, un naturel pervers, que l'âge augmente encore et que l'éducation ne fait que masquer. De voleurs déterminés, ils deviennent, seulement quand ils sont bien élevés, souples et flatteurs comme les fripons; ils ont la même adresse, la même habileté, le même goût pour faire le mal, le même penchant à la petite rapine. Comme eux, ils savent couvrir leur marche, dissimuler leur dessein, épier les occasions, attendre, choisir, saisir l'instant de faire leur coup, se dérober ensuite au châtiment, fuir et demeurer éloignés jusqu'à ce qu'on les rappelle. Ils n'ont que l'apparence de l'attachement; on le voit à leurs mouvements obliques, à leurs yeux équivoques. Ils ne regardent jamais en face la personne aimée; soit défiance, soit fausseté, ils prennent des détours pour approcher, pour chercher les caresses, auxquelles ils ne sont sensibles que pour le plaisir qu'elles leur font. On ne peut dire que les chats, quoique habitants de nos maisons, soient des animaux entièrement domestiques. Ceux qui sont le mieux apprivoisés n'en sont pas plus asservis; on peut même dire qu'ils sont entièrement libres. Ils ne font que ce qu'ils veulent, et rien au monde ne serait capable de les retenir un instant de plus dans un lieu d'où ils voudraient s'éloigner. D'ailleurs la plupart sont à demi sauvages, ne connaissent pas leurs maîtres, ne fréquentent que les greniers et les toits, et quelquefois la cuisine et l'office lorsque la faim les presse. Ils prennent moins d'attachement pour les personnes que pour les maisons. »

JULES. — De cette accusation, il ne résulte, à mon sens, qu'une chose : c'est que Buffon n'aimait pas les chats.

LOUIS. — Ou peut-être encore l'a-t-il écrite sous l'irritante influence de quelque méfait commis par ses matous.

PAUL. — A mon tour, je vous dirai : traitez bien le chat et il ne sera pas sauvage, nourrissez-le et il ne deviendra pas voleur, témoignez-lui un peu d'attention, et il vous témoignera la sienne. Mais quel misérable sort lui est fait le plus souvent! On le laisse maigrir de faim, sous prétexte qu'alors il chasse mieux les rats. S'il entre dans la cuisine, miaulant de famine, on le pourchasse à coups de balai ; s'il s'aventure dans la salle à manger pour recueillir les miettes tombées de la table, le chien, jaloux de l'os qu'il tient entre les pattes, gronde et menace de l'étrangler. Pour dernière ressource, la pauvre bête se livre à la rapine. Qui aurait le courage de lui en faire un crime ? Ce ne sera pas l'oncle Paul.

JULES. — Ni moi non plus, car enfin faut-il qu'il mange.

PAUL. — Le chat ne s'attache pas à son maître, dit Buffon ; il n'est pas caressant. J'en appelle à vos souvenirs. Quand Minette, notre gentille chatte, s'installe, avec des *rons-rons*, sur les genoux d'Émile, au coin du feu, et qu'elle lui passe et repasse son joli museau rose sur les joues, puis sur le front, de plus en plus haut, jusqu'à ce qu'elle ait fait tomber la casquette, ne sont-ce pas là, je vous le demande, des baisers, des caresses et des plus amicales ? Émile est aux anges quand sa casquette tombe culbutée par le fin museau. Il la remet et les frictions d'amitié recommencent de plus belle.

ÉMILE. — Bien sûr, la chatte alors me rend caresses pour caresses. Son regard est affectueux, et non traître et méfiant comme le dit l'auteur que vous venez de lire. Et puis Minette ne dérobe jamais rien, Minette a toujours avec moi patte de velours. Elle ne s'est pas permis encore une seule égratignure, depuis si longtemps que nous jouons ensemble.

JULES. — Émile oublie une bien belle qualité. Minette est un zélé chasseur. Qu'elle entende quelque part le plus léger *frou-frou*, et la voilà pour des heures et des heures à l'affût, immobile, patiente, toute yeux et toute oreilles. Souris entendue est pour elle souris prise. Ce n'est pourtant par la faim qui lui donne cette ardeur de chasse, car elle tue sa capture, puis l'abandonne sans vouloir la manger.

ÉMILE. — Minette a d'autres talents. Quand un changement de temps menace, elle se met un peu de salive sur la patte, puis se lave, se relave les oreilles et le museau.

C'est signe de neige, dites-vous alors, c'est signe d'orage.
Et rarement, la prédiction de la chatte est en défaut.
Lorsque la bise souffle, âpre et sèche, j'aime à lui passer
la main sur la fourrure, d'où j'aillissent des perles lumi-
neuses ; j'aime, à la veillée, entendre son *ron-ron*, qui
me porte au sommeil.

PAUL. — Pourquoi les qualités de Minette ne sont-elles
pas d'accord avec ce que dit Buffon ? Parce que vous aimez
la chatte, et que la chattte vous aime à son tour. Les bêtes,
mes amis, sont ce que les gens les font. A bon maître,
bon serviteur.

<hr>

XXVII

Le Mouton.

PAUL. — Sur l'origine du chat, on a des soupçons,
des probabilités ; sur l'origine du mouton, on ne sait
encore rien. Mais si l'on ignore de quelle espèce sauvage
le mouton descend, on est du moins certain qu'il nous
est venu de l'Asie, où l'homme élevait en troupeaux la
précieuse bête dès les temps les plus reculés dont l'histoire fasse mention.

JULES. — Le chien nous a été donné par l'Orient, le chat
aussi, le mouton aussi ; et, d'après quelques-unes de vos
paroles dans nos précédentes causeries, j'ai cru comprendre que les autres animaux domestiques provenaient
également de l'Asie.

PAUL. — La provenance asiatique de nos animaux domestiques les plus anciennement connus et les plus im-
portants, est une vérité qu'affirment, sans l'ombre d'un
doute, tous les souvenirs de l'histoire. Nous devons à
l'Orient le bœuf, le cheval, l'âne, le mouton, la chèvre, le
porc, le chien, le chat, la poule. La civilisation, en effet,
a eu pour point de départ les terres de l'Asie centrale, où

florissaient déjà des populations connaissant le troupeau et l'agriculture, lorsque, dans nos pays occidentaux, l'homme, encore plongé dans une misérable barbarie, vivait uniquement de chasse et poursuivait l'ours et l'urus avec ses armes de pierre.

Jules. — Ces anciens peuples de l'Orient sont donc venus s'établir ici, amenant avec eux les premiers animaux domestiques?

Paul. — C'est bien ainsi que les choses se sont passées, et telle est la cause de l'origine asiatique de nos plus anciens animaux domestiques.

Jules. — Le mouton était sans doute avec les nouveaux arrivants?

Paul. — Fort probablement, car, d'après ses mœurs d'aujourd'hui, le mouton dénote assez qu'il est sous la dépendance de l'homme depuis très-longtemps. Aucune espèce n'a été aussi profondément détournée de ses caractères primitifs, preuve d'une servitude fort ancienne.

Au début, lorsqu'il errait sauvage sur les plateaux gazonnés de l'Asie, le mouton devait avoir des moyens de défense contre ses ennemis, sinon sa race n'existerait plus. Il ne lui suffisait pas de tondre la pelouse, il lui fallait aussi faire bonne contenance dans le péril, ou du moins se dérober au danger par la fuite. Les autres espèces domestiques partageaient les mêmes risques, suite nécessaire de la liberté; mais toutes savaient se défendre, et toutes, sous la protection de l'homme, ont gardé néanmoins l'usage de leurs propres moyens de protection. Abandonné à lui-même, le chien, par son courage et sa meurtrière mâchoire, tient vaillamment tête à qui l'attaque; le cheval fuit d'un galop rapide, ou fracasse les os à l'ennemi d'une vigoureuse ruade; le chat grimpe aux arbres et du haut de sa forteresse brave l'assaillant; les taureaux se groupent en rond, les faibles au centre, les forts à la circonférence et les cornes en dehors, malheur alors à qui s'approche; la chèvre culbute à coups de tête l'agresseur. Que sait faire à son tour le mouton en péril?

Rien. Sans idée de défense, imbécile, stupide, il attend que le loup le croque.

Voyez un troupeau surpris par quelque bruit extraordinaire. Les moutons se précipitent affolés de peur; ils se rassemblent, se serrent les uns contre les autres, baissent la tête jusqu'à terre, puis attendent, immobiles, l'issue de l'événement. Le loup, si c'est lui qui a causé la panique, le loup n'a qu'à choisir dans la masse compacte : aucun n'aura l'idée de résister ou de fuir. Que deviendraient-ils si les bergers et les chiens n'étaient là, prenant leur défense? En peu de jours, ils périraient, saignés par le loup jusqu'au dernier. Voyez-les encore en rase campagne par un mauvais temps. Ils se serrent les uns contre les autres et ne bougent plus, endurant la pluie, la neige, grelottant d'humidité et de froid, sans qu'aucun d'eux songe à gagner un abri. Leur stupidité est telle, qu'ils ne semblent pas même s'apercevoir de l'incommodité de la situation; ils restent où ils se trouvent et s'y maintiennent opiniâtrément. Pour les faire avancer et les conduire en lieu plus convenable, le berger est obligé de les chasser devant lui et de leur donner un chef instruit à marcher le premier.

Certes, dans sa liberté primitive, le mouton ne pouvait être l'animal actuel de nos bergeries; il devait posséder les qualités nécessaires au maintien de son existence, il devait trouver en lui des moyens de protection et imiter au moins la chèvre, qui fait résolûment face au danger, ou, si elle est trop faible, escalade d'un pied sûr les corniches de rochers pour s'y réfugier. Tel qu'il est de nos jours, le mouton est absolument incapable de vivre hors de la protection de l'homme; livrée à elle-même, l'espèce entière périrait bientôt, victime des animaux carnassiers et des intempéries. Pour perdre ainsi tous ses instincts originels et descendre au dernier point de l'imbécillité, combien de siècles de servitude ne lui a-t-il pas fallu? Je ne me chargerais pas de le dire; mais je vois du moins que le mouton est, après le chien, un des premiers animaux asservis par l'homme.

Nulle autre espèce, le chien excepté, n'a subi entre nos mains des changements aussi profonds. Que je vous cite quelques-uns des étranges résultats obtenus. On trouve en Afrique, à Madagascar et dans l'Inde, une race de moutons dont la queue, chargée de droite et de gauche d'un pesant amas de graisse, est transformée en une sorte de battoir énorme, plus large à sa base que le corps lui-même. Le poids de ce gênant appendice atteint et dépasse une trentaine de livres.

Louis. — Gênant appendice, je le crois bien : le mouton ne doit pas avoir la marche facile avec ce lourd battoir qui lui fouette les jarrets. Le suif de cette queue fournirait matière à pas mal de paquets de chandelles, mais c'est là richesse fort incommode quand il faut fuir devant le loup.

Paul. — Cette race se nomme *mouton à large queue*. D'autres moutons, particuliers à la Russie méridionale, ont la queue de médiocre grosseur comme les nôtres, mais très-longue et balayant la terre.

Jules. — Encore un embarras pour fuir le loup. Dans son état primitif, certainement le mouton n'avait ni cette queue traînante s'embarrassant aux buissons, ni cette queue changée en lourde fabrique de suif.

Paul. — Il n'avait pas davantage les singulières cornes qu'il porte parfois aujourd'hui. Certains moutons ont les cornes démesurément développées et roulées en longues spirales, qui tantôt se dressent sur le haut du front et tantôt se dirigent en travers. Ce sont là des armes plus menaçantes qu'efficaces ; elles surchargent inutilement la tête et sont pour l'animal cause de sérieux embarras s'il s'agit de traverser un fourré de broussailles. Comme pour mieux s'empêtrer dans les ronces, d'autres races ajoutent encore à l'incommode ornement. Les moutons de l'île de Chypre ont deux paires de cornes, l'une s'élevant droite sur le front, l'autre se recourbant derrière les oreilles. Ceux des îles Feroë en ont trois paires, toutes disposées en spirale et dirigées en arrière. Nos moutons en général n'ont que deux cornes, assez petites et faisant à peine un tour sur les côtés de la tête ; c'est ainsi apparemment que les portait l'espèce primitive. Enfin la majeure partie de nos troupeaux est composée de moutons entièrement dépourvus de cornes. C'est le mieux pour l'animal, qui de la sorte se trouve allégé d'une charge inutile.

Ces cornes doubles, triples en nombre et s'enroulant de bizarre façon, cette queue allongée jusqu'à traîner à terre ou bien gonflée de suif et large outre mesure, tout en nous montrant de quelles modifications singulières le corps du mouton est capable, sont pour nous sans utilité aucune : il serait bien préférable que l'animal, modifié par nos soins, gagnât en quantité de viande et fournît plus abondantes ressources à l'alimentation. Les Anglais, grands consommateurs de viande, se sont les premiers proposé ce problème : faire du mouton une fabrique à côtelettes et à gigots ; accroître en lui, jusqu'aux limites du possible, ce qui peut se manger, et, pour rétablir la balance, diminuer ou même faire disparaître ce qui ne peut se manger.

Un éleveur célèbre, bienfaiteur de l'humanité, Hakewell est son nom, résolut la question en Angleterre il y a maintenant environ un siècle. Il se dit : le mouton que je veux pour fabrique de gigots ne doit pas avoir de cornes, car cet inutile ornement détournerait, en pure perte, une partie de la substance de la bête ; la nourriture qui servirait à la formation et à l'entretien des cornes, sera mieux employée à donner de la chair. Pour le même motif, il n'aura de laine que juste de quoi s'habiller et se défendre du froid. Les os, je ne peux les supprimer, et c'est vraiment dommage ; à leur place je préférerais quelque chose de plus nourrissant. Mais enfin, il en faut de toute nécessité à l'animal ; ils sont la charpente indispensable au soutien des chairs. Si je ne peux les supprimer, les os du moins seront légers, amincis, réduits de poids et de grosseur. Il faut que, lorsque le gigot sera servi sur la table, le couteau pénètre comme dans une pelote de beurre et ne trouve au centre qu'une menue baguette pierreuse. Je réduirai de même tout ce qui n'est pas viande et ne laisserai au mouton que l'indispensable à l'exercice de la vie.

JULES. — Et cela se fit comme le désirait l'éleveur?

PAUL. — Cela se passa comme le prévoyait Hakewell. Dans ses bergeries, le mouton se transforma en une opulente fabrique de viande, comme jamais ne s'en était vue de pareille, et devint une paire d'énormes gigots et une paire d'énormes épaules, conduites au pâturage par une petite tête sur quatre fines jambes.

ÉMILE. — Avec de larges côtelettes interposées?

PAUL. — Bien entendu. Quelques nombres vous montreront l'importance du résultat obtenu. Le poids brut de nos moutons ordinaires est en moyenne de 30 kilogrammes, représentant environ 20 kilogrammes de viande nette. Le *mouton Dishley*, ainsi s'appelle la race perfectionnée due aux travaux de Hakewell, le mouton Dishley pèse de 60 à 100 et parfois 150 kilogrammes; son rendement en viande nette varie de 50 à 100 kilogrammes. C'est, dans le cas le moins favorable, deux fois et demi autant de viande que le produit de nos vulgaires moutons; c'est, dans le cas le plus favorable, exceptionnel il est vrai, jusqu'à cinq fois.

LOUIS. — L'homme fait donc ce qu'il veut de ses animaux domestiques, pour les changer ainsi à son gré?

PAUL. — Il ne fait pas précisément ce qu'il veut, car l'organisation a, dans ses écarts, des limites infranchissables, devant lesquelles échoueraient toutes nos tentatives; mais il peut beaucoup, avec des soins prolongés et judicieusement conduits vers un but toujours le même. Le grand moyen mis en œuvre par Hakewell au sujet du mouton, et utilisé depuis pour l'amélioration des diverses races domestiques, consiste surtout dans la sélection, dont je vous ai déjà dit quelques mots relativement au chien. On fait de la sélection en choisissant et conservant pour la propagation de l'espèce les individus chez lesquels se montrent, au plus haut degré, les qualités que l'on recherche. Ces qualités, si faibles qu'elles soient au début, peuvent acquérir un grand développement après plusieurs générations, car les fils héritent des aptitudes des pères, les maintiennent et les accroissent de leurs propres aptitudes.

JULES. — Vous avez comparé cela à la boule de neige, qui grossit en roulant.

PAUL. — Oui, mon ami : les générations qui se succèdent, toujours choisies parmi les meilleures, sont les diverses couches qui apportent leur appoint à la grosseur de la boule.

JULES. — Le mouton Dishley a dû singulièrement faire la boule de neige pour arriver du poils de 30 kilogrammes à celui de 150.

PAUL. — J'avoue que pareille transformation n'est pas l'affaire d'un an, et qu'il a fallu à Bakewell une belle confiance dans sa méthode pour consacrer sa vie entière à la poursuite du résultat prévu par son génie.

ÉMILE. — Comment est-il, ce fameux mouton Dishley?

PAUL. — Il a le corps tout d'une venue, presque cylindrique. La tête est petite, nue et dépourvue de cornes. Elle est portée par un cou si mince et si court, qu'elle semble tenir directement au tronc.

ÉMILE. — A voir la figure que vous nous montrez, on dirait que la tête sort à demi par un trou pratiqué au milieu de la toison.

PAUL. — Cela provient de la petitesse du cou. La laine, longue et rude, est formée de mèches pointues, pendantes et peu serrées, de façon que la toison entière est bien inférieure, en poids, à ce que ferait supposer le volume de l'animal. Les quatre membres sont fins et nus. Tous les os enfin sont remarquablement légers, et réduits juste à ce qu'il faut de solidité pour porter les massives chairs de la bête.

LOUIS. — Cette race se trouve-t-elle en France?

PAUL. — Elle est représentée chez nous par la *race fla-*

mande, élevée en Flandre, en Normandie et dans le Poitou. C'est la plus corpulente des races françaises, car elle

Fig. 27. Mouton Dishley.

fournit des moutons dont le poids atteint et dépasse une soixantaine de kilogrammes. Vient au second rang,

pour la grosseur, la *race picarde*, répandue dans la Picar-
die, la Brie et la Beauce. La *race bocagère*, de la Touraine,

Fig. 28. — Mouton de la race flamande.

de la Sologne, de la Bourgogne, de l'Anjou, enfin d'une
partie du centre de la France, est plus petite encore. Elle

est remarquable par la finesse de sa laine et par l'excellence de sa chair. A côté d'elle, peut se classer la *race provençale*, qui occupe le Roussillon, la Provence et le Languedoc. D'immenses troupeaux de cette race paissent l'hiver dans les pâturages salés avoisinant la Méditerranée, notamment dans la vaste plaine caillouteuse de la Crau, et dans l'île de la Camargue, que le Rhône forme à son embouchure en se bifurquant. Les froids finis, ces troupeaux se transportent sur les hautes montagnes du Dauphiné, où ils passent, en plein air, toute la belle saison. Je reviendrai dans un instant sur leurs intéressantes migrations.

Outre la viande, le mouton nous fournit la laine, plus importante encore, car elle est la meilleure matière pour nos vêtements. D'autres animaux, le bœuf et le porc par exemple, nous alimentent de leur chair; le mouton seul peut nous vêtir. Avec la laine se font les matelas et se fabriquent les draps, les flanelles, les serges, enfin les diverses étoffes les plus aptes à nous défendre du froid. Elle est par excellence la matière première du vêtement; le coton, malgré son importance, ne vient qu'en seconde ligne; et la soie, si précieuse qu'elle soit, lui est très-inférieure sous le rapport des services rendus. Nous nous habillons avant tout avec les dépouilles du mouton, nous nous couvrons de sa toison, convertie par la filature et le tissage en magnifique drap.

ÉMILE. — Cependant la laine n'a rien de beau sur le dos de la bête; elle est sale, mal peignée, souvent couverte d'ordures. Pour arriver de cette toison malpropre au drap, il doit falloir pas mal de préparations.

PAUL. — Pas mal en effet. Parlons seulement de la première, car les autres nous conduiraient trop en dehors de notre sujet.

Telle qu'elle est sur le mouton, la laine est souillée par la sueur de l'animal et la poussière, formant ensemble un enduit de crasse appelé *suint*. Un énergique lavage est nécessaire pour enlever ces impuretés. Le moyen le plus convenable consiste à laver le mouton lui-même avant de le tondre. Le troupeau est conduit au bord d'une eau courante, qui ne soit pas trop froide afin de ne pas compromettre la santé de l'animal, et là, chaque mouton est saisi, à tour de rôle, par des hommes qui le plongent dans l'eau, et de leurs mains frottent et pressent la toison jusqu'à ce que le suint ait disparu et que l'eau sorte bien claire des touffes de laine. C'est ce qu'on appelle le *lavage à dos*, parce que la toison est nettoyée sur le corps même, sur le dos de l'animal.

D'autres fois, le mouton est tondu sans être d'abord lavé, tel qu'il sort de la bergerie, avec toutes ses souillures de poussière et de sueur. La laine ainsi obtenue se nomme *laine en suint*, tandis qu'on appelle *laine désuintée* celle qu'on a lavée. La laine en suint est trop malpropre pour être employée telle quelle, même à la confection des matelas ; on la nettoie dans l'eau courante d'une rivière, et alors elle est pareille à celle que donne le mouton lavé.

Pour tondre les moutons, on les lie par les quatre membres afin de les rendre immobiles pendant l'opération et de leur éviter ainsi des blessures ; on les dispose à hauteur d'homme sur une table, et, avec de grands ciseaux à larges lames, on détache la laine aussi près que possible de la peau, tout en ayant bien soin de ne pas entailler la pauvre bête. Comme les brins de laine sont naturellement crépus et enchevêtrés entre eux, la toison se détache tout d'une pièce.

La couleur des moutons est le blanc, le brun et le noir. La laine blanche peut recevoir par la teinture toutes les nuances possibles, depuis les plus claires jusqu'aux plus foncées, tandis que la laine noire ou brune ne peut recevoir que des couleurs obscures. La laine blanche est donc toujours préférable à l'autre ; mais si belle qu'elle soit après les lavages qui la débarrassent du suint, elle est encore bien loin de posséder le degré de blancheur convenable quand elle doit rester sans teinture. On la blanchit en l'exposant, dans une pièce fermée, à la vapeur suffocante **qui se dégage du soufre allumé.**

La laine n'a pas la même valeur suivant les moutons qui l'ont produite ; il y en a de plus grossière et de plus fine, à brins plus longs et à brins plus courts. La plus estimée, celle que l'on réserve pour les fines étoffes, provient d'une race de moutons principalement élevés en Espagne, et connus sous le nom de *mérinos*. Cette race a le corps trapu, court, épais ; les jambes fortes et courtes ; la tête grosse, armée de robustes cornes qui retombent en spirale derrière l'oreille ; le front laineux et le museau

Fig. 29. — Mouton mérinos.

fortement recourbé. La peau, fine et rose, forme en divers points du corps, autour du cou principalement, d'amples replis qui augmentent la surface de la toison. La laine couvre tout le corps, moins le museau, depuis le bord des sabots jusqu'autour des yeux. Elle est fine, frisée, à brins élastiques et courts. Le suint dont elle est imprégnée est très-abondant ; aussi la poussière agglutinée forme-t-elle, à la surface de la toison, une croûte grisâtre, une espèce de cuirasse qui se fendille çà et là avec de légers craquements lorsque l'animal remue, et se referme d'elle-même pendant le repos. Par le lavage, toutes ces impuretés disparaissent, et la laine du mérinos apparaît alors avec une blancheur de neige et une souplesse rivale de celle de la soie.

En Espagne, les troupeaux mérinos passent l'hiver dans les fertiles plaines du sud, sous un climat remarquablement doux. Aux premiers jours d'avril, ils se mettent en marche vers le nord pour gagner les hautes montagnes, où ils arrivent après un voyage d'un mois à six semaines. Toute la belle saison, ils séjournent dans les pâturages élevés, riches en pelouses savoureuses, que le soleil d'été ne dessèche point; en fin septembre, ils redescendent dans les plaines du sud. Ces troupeaux voyageurs, abandonnant, suivant la saison, la plaine pour la montagne ou la montagne pour la plaine, se nomment *troupeaux transhumants.* Tel d'entre eux compte dix mille bêtes, que conduisent cinquante bergers et autant de chiens.

JULES. — Ce doit être quelque chose d'intéressant à voir que ces immenses troupeaux en marche sur les grandes routes, quand ils vont aux pâturages des montagnes.ou qu'ils en reviennent.

PAUL. — Ce qui se passe dans le midi de la France peut nous en donner une idée. Je vous ai dit que les vastes plaines du littoral de la Méditerranée, la Crau et la Camargue, nourrissent des troupeaux considérables, qui émigrent aux montagnes du Dauphiné quand viennent les chaleurs et retournent chez eux à l'approche des froids.

JULES. — Ces moutons sont-ils des mérinos?

PAUL. — Non, mon ami : ce sont des moutons ordinaires; mais, comme les mérinos, ils voyagent alternativement de la plaine aux montagnes et des montagnes à la plaine; en un mot, ce sont des troupeaux transhumants. Voyons-les en marche au retour.

En tête cheminent les ânes, chargés des hardes et des vivres. Une volumineuse et grave sonnaille pend à leur

Collier, fait d'une large lame de bois blanc recourbé. Si quelque chardon se montre sur le bord de la route, ils se détournent, cueillent du bout des lèvres, en grimaçant, la savoureuse bouchée, et reprennent tout aussitôt leurs postes de chef de file. Dans de grands paniers de sparterie, l'un d'eux porte les agneaux nés en voyage, trop faibles pour suivre le troupeau. Les pauvrets bêlent, branlant la tête aux mouvements de la monture, et les mères répondent du sein de la foule. Suivent de front les boucs puants, hautement encornés, au nez camus, au regard de travers ; la clarine appendue au collier de bois sonne sous leur épaisse barbe. Viennent après les chèvres, les jarrets battus par la lourde mamelle, gonflée de lait. A côté d'elles cabriole et se heurte déjà du front la bande folâtre des chevrettes et des chevreaux. Telle est l'avant-garde.

Quel est celui-ci, avec son bâton de houx coupé dans une haie des Alpes, avec son grand manteau de bure drapé sur l'épaule ? C'est le maître berger, responsable du troupeau. Sur ses talons cheminent les béliers, conducteurs de la plèbe stupide. Leurs cornes, roulées en spirale aiguë, font trois et quatre tours. Ils ont collier de bois blanc comme les boucs et les ânes ; mais leurs amples sonnettes, signe d'honneur, ont pour battant une dent de loup. Des houppes de laine rouge, autre signe de distinction, sont fixées à leur toison, sur les flancs et le dos. Au milieu d'un nuage de poussière, vient maintenant la multitude, pressée, bêlante, faisant comme une rumeur d'orage avec le bruit de ses innombrables petits sabots frappant le sol. A l'arrière sont les traînards, les boiteux, les éclopés, les brebis mères accompagnées de leurs agneaux. Au moindre arrêt, ceux-ci ploient les genoux en terre, embouchent la tétine, et, pendant que leur queue se trémousse et frétille, choquent du front la mamelle pour en faire couler un jet de lait. Les bergers ferment la marche. Ils activent de la voix les retardataires ; ils donnent leurs ordres aux chiens, aides de camp qui vont et reviennent sur les flancs de l'armée et veillent à ce que nul ne s'écarte. Si tout est en ordre, les chiens cheminent à côté de leurs maîtres, tout pensifs, pénétrés de leurs graves fonctions, et se remémorant peut-être les bois d'où ils arrivent, les sombres bois où il y a des ours.

XXVIII

La Chèvre.

PAUL. — Dans les régions montueuses de la Perse, vit en troupes une chèvre sauvage, l'*Ægagre,* que l'on s'accorde à regarder comme la souche de l'espèce domestique. Sa taille et sa forme sont à peu près celles de notre chèvre. Elle a le pelage d'un gris fauve avec une ligne noire sur l'arête du dos. La queue et l'avant de la tête sont noirs, les joues rousses, la barbe et le dessous du cou bruns. Les cornes sont tranchantes à la face antérieure, courtes dans la femelle, très-longues dans le mâle, toujours dressées sur le front et non roulées en arrière des oreilles à la façon de celles du bélier.

En domesticité, la chèvre a conservé ses instincts primitifs, sans doute parce que, de moindre valeur que le mouton, elle n'a pas été, de la part de l'homme, l'objet d'autant de soins pour un complet asservissement. Elle est restée parmi nous ce qu'elle est sur les rochers pelés de son pays natal, vive, vagabonde, aventureuse, amie des solitudes et des lieux escarpés, se plaisant à la cime des rocs, dormant au bord des précipices et toujours prête à jouer des cornes à la moindre apparence d'hostilité.

Volontiers elle accompagne les moutons au pâturage, mais sans se mêler au troupeau, dont la stupide société lui déplaît. Elle marche en tête broutant, pour prendre patience jusqu'à l'arrivée, quelque menu rameau dans les haies.

JULES. — Ainsi marchent, capitaines de la compagnie,

les boucs du troupeau émigrant. Les chèvres suivent, pêle mêle avec les chevreaux. Seules, elles iraient les premières et occuperaient le poste d'honneur des ânes et des boucs.

PAUL. — Arrivés au pâturage, les moutons se mettent paisiblement à tondre le gazon, sans trop s'écarter du point choisi par le berger. Du reste, le chien est là pour rappeler aussitôt à l'ordre quiconque voudrait s'éloigner.

ÉMILE. — Mais la chèvre n'écoute pas les avis du chien; elle n'a rien de plus pressé que de faire bande à part?

PAUL. — C'est ainsi. La pelouse est verte, unie comme un tapis; l'herbe y est tendre, touffue. Que désirer de plus! Eh bien, non : la grasse pelouse et la compagnie du timide mouton ne sont pas son affaire. Il y a tout là-haut, sur la crête de la colline, de grands rochers fendus, éboulés en désordre. Dans les fentes, riches d'une pincée de terre, viennent de maigres touffes de gramen à demi brûlées par le soleil; entre les éclats de pierre tordent leurs racines de chétifs buissons, à feuillage rare et coriace. Voilà les lieux de délice de la chèvre. Rien ne peut la retenir; elle y va.

Bientôt vous la verrez sur le flanc abrupt des rochers, circulant avec aisance où d'autres qu'elle se casseraient le cou, et n'ayant parfois pour soutien qu'une étroite saillie où ses quatre sabots trouvent tout juste la place nécessaire. De cette position dangereuse, elle allonge le cou et s'efforce d'atteindre au buisson voisin. Ce buisson ne vaut pas mieux que les autres, comme il y en a tant en des lieux de facile accès; mais la difficulté lui donne nouveau charme, et, pour l'avoir, la chèvre s'expose sur des pentes qui seront sa perte si elle vient à glisser. Soyons sans inquiétude à cet égard : la chèvre ne tombera pas; sa jambe nerveuse est d'une sûreté sans égale, et sa tête, si étourdie qu'elle paraisse, n'est jamais prise de vertige devant le précipice. Le rameau convoité est atteint, le buisson contourné, et l'ascension se continue d'une saillie à l'autre. La chèvre est à la cime du roc. Par quelques bêlements, elle annonce à la ronde sa prouesse. Les moutons sont là-bas, sous ses pieds. Fière, elle les regarde, se disant peut-être en elle-même : Les poltrons ! jamais ils ne monteront ici.

C'est pour vous dire, mes amis, que la chèvre est fort difficile à garder en troupeaux. Son humeur errante la porte toujours à s'éloigner, et sa prédilection pour les précipices l'entraîne en des points où il serait dangereux pour le berger de la suivre. Elle a un travers plus grave encore. Je vous l'ai montrée abandonnant au plus tôt la grasse pelouse, délices du mouton, pour escalader les cimes ro-

Fig. 30. — La Chèvre commune.

cheuses et brouter de mauvaises broussailles sur quelque corniche pleine de péril. C'est qu'en effet à l'herbe tendre des meilleurs pâturages, elle préfère le dur gazon, jauni au soleil, séché sur pied, et surtout les jeunes pousses ligneuses de l'arbuste et du buisson. Jusque-là tout est pour le mieux, car de pareils goûts nous permettent de tirer profit des terrains les plus stériles, du roc nu. Là où la brebis périrait de misère, la chèvre trouve à remplir sa mamelle de lait. Malheureusement sa passion pour l'écorce amère de l'arbuste a de fâcheuses conséquences. Les cultures, les jardins, les vergers, les haies vives, les taillis et les bois n'ont pas de plus terrible ennemi que la chèvre. Les jeunes pousses sont avidement broutées, les écorces sont rongées, et tout arbrisseau atteint périt. Aussi, pour prévenir les dégâts, des ordonnances sévères interdisent-elles aux troupeaux de chèvres l'accès de tout lieu boisé.

JULES. — Je ne voudrais pas de pareilles rongeuses de rameaux et d'écorce parmi les poiriers du jardin. Si des chèvres y erraient libres, je pourrais bien dire adieu pour toujours aux belles poires fondantes.

PAUL. — J'ai dit les défauts, voyons les qualités. — La chèvre est bien plus intelligente que la brebis. Volontiers elle vient à nous, elle se familiarise avec facilité ; elle est sensible aux caresses et capable d'attachement. Dans les ménages dont elle est la vache laitière, elle est la compagne des enfants qui savent gagner son amitié par quelques poignées d'herbe choisie. Elle partage leurs jeux, elle les amuse par ses folles gambades.

ÉMILE. — Elle vient aussi aux camarades tête basse, comme pour les renverser d'un coup de front. Mais c'est pour rire. On lui présente la main à plat, et c'est là-dessus qu'elle frappe, bien doucement, sans faire du mal, pourvu que l'on soit bien amis. Dans le cas contraire, je ne voudrais pas me trouver devant les cornes de la chèvre.

PAUL. — On est toujours amis quand on la traite avec douceur. Les coups de tête sont alors inoffensifs et le jeu ne dégénère pas en combat.

Pour bien apprécier le bon caractère de la chèvre, il faut avoir été témoin du fait que voici. Lorsqu'un petit enfant encore à la mamelle a le malheur de perdre sa mère, il arrive que parfois on a recours à la chèvre pour l'allaiter. L'excellente bête est vraiment admirable dans ces fonctions de nourrice ; la mère la plus tendre n'est ni plus vigilante, ni plus empressée. Au vagissement du poupon chéri, elle répond par un bêlement de tendresse et accourt en toute hâte, se couchant sur le flanc pour mieux présenter la mamelle au nourrisson. Si l'on tarde de mettre le petit enfant à sa portée, la chèvre, par ses mouvements inquiets, sa voix tremblotante, je dirais presque ses gestes, supplie qu'on le fasse téter. Que vous dirais-je, mes amis ? ici la bête est sublime de dévouement.

Voulez-vous voir maintenant la chèvre faisant preuve de son naturel peu farouche, plein d'assurance? Je vous apprendrai que, dans les villes du Midi, les marchandes laitières ont l'usage de conduire par les rues leur troupeau de chèvres, pour vendre, de porte en porte, le lait trait à l'instant même sous les yeux de l'acheteur. Que ferait la timide brebis ainsi menée au sein du tumulte d'une ville populeuse? Elle fuirait effarée, et dans sa sotte frayeur se ferait écraser sous les roues. La chèvre, elle, ne s'émeut de rien. Foule confuse, bruissement des voitures, aboiement des chiens en noise, tout lui est indifférent. La bande cornue, dont l'approche s'annonce par le clair tintement des clochettes, circule familière, rassurée, au milieu de tout ce va-et-vient, comme en pleine solitude des montagnes. Avec une gracieuse coquetterie, elle se mire aux grandes vitres des magasins et fait résonner ses sabots sur les dalles des trottoirs. Aux portes des pratiques, dont précis souvenir est gardé, la troupe s'arrête. Une chèvre, chacune à son tour, est saisie par la laitière ; et le lait tout chaud jaillit, écumeux, de la mamelle dans la mesure de fer-blanc. On passe à une autre pratique, à travers la foule, et cela se continue ainsi, mesure par mesure de lait, jusqu'à ce que le troupeau ait épuisé ses provisions du jour.

JULES. — Y a-t-il quelque avantage à conduire ainsi les chèvres de porte en porte?

PAUL. — Mais sans doute : l'acheteur ne peut plus douter de la fraîcheur et de la pureté du lait puisqu'il le voit traire sous ses yeux; et la laitière trouve dans la confiance de ses pratiques un dédommagement à son surcroît de peine.

JULES. — C'est juste. Nul ne s'avise de dire que le lait est allongé d'eau s'il le reçoit sortant de la mamelle.

PAUL. — Le lait de chèvre est léger et très-nourrissant; il convient aux personnes faibles mieux que le lait épais de la brebis ou le lait de la vache. Il est en outre d'une abondance remarquable, eu égard à la petite taille de l'animal. Le produit est médiocre si la chèvre ne donne que deux litres de lait par jour, et cela pendant six à

Fig. 31. — La Chèvre de Cachemire.

neuf mois de l'année. Il y en a qui, bien nourries, en produisent journellement trois et quatre litres.

Aussi la chèvre, si peu difficile à nourrir, est-elle précieuse ressource dans les contrées montagneuses et arides; elle remplace la vache laitière dans la cabane du pauvre, comme l'âne y remplace le cheval.

La fécondité de la mamelle est à peu près l'unique mérite de la chèvre, car sa chair filandreuse et sans goût n'a pas de valeur. Seul, le chevreau est estimé, surtout dans le Midi, où la végétation aromatique des collines relève sa fadeur naturelle. La toison de la chèvre, quoique utilisée pour certains tissus grossiers, n'a pas grande importance non plus et ne peut en aucune manière tenir lieu de la laine des brebis. Cependant une race originaire des pays montueux du centre de l'Asie, la *Chèvre de Cachemire,* fournit un duvet d'une incomparable finesse, avec lequel se fabriquent de précieuses étoffes. Cette chèvre, sous une épaisse fourrure de longs poils, porte un abondant duvet qui la défend des rigueurs du froid et tombe naturellement tous les printemps. Lorsque cette époque est venue, on peigne l'animal avec un démêloir, qui recueille, dans la toison, le fin duvet détaché de la peau.

Une autre race, la *Chèvre d'Angora,* rivalise presque, pour la finesse du duvet, avec la chèvre de cachemire. Elle tire son nom de la ville d'Angora, dans la Turquie d'Asie. Rien de plus séduisant de forme, rien de plus gracieux que ces petites chèvres, à longue toison soyeuse, toujours d'un blanc pur. Du même pays nous viennent le chat angora et le lapin angora, l'un et l'autre doués, comme la chèvre, leur compatriote, d'une fourrure longue, soyeuse et blanche.

XXIX

Le Bœuf

PAUL. — La conquête du bœuf s'est faite en Asie, à une époque très-reculée, alors que, dans nos pays occidentaux, couverts de forêts sauvages, erraient, vivant de chasse, quelques misérables tribus tatouées. Ce dut être pour l'homme de l'Orient un événement des plus mémorables que celui de la soumission du bœuf, venant prêter ses fortes épaules aux travaux de l'agriculture et amenant avec lui l'abondance. Ce dut être aussi périlleuse entreprise, impossible sans doute sans le concours du chien.

La chèvre familière est venue à l'homme peut-être d'elle-même ; le mouton pacifique s'est laissé parquer sans résistance ; mais le bœuf, terrible de puissance et de colère, lançant au ciel d'un coup de cornes l'ennemi éventré, certes ne se laissa pas conduire sans combat de sa forêt natale dans l'étable. Nul souvenir n'est resté des vaillants qui, les premiers, osèrent s'attaquer à la formidable bête avec l'espoir de la subjuguer ; nul souvenir n'est resté non plus de la difficile éducation qui, prolongée des siècles peut-être, finit par dompter la farouche capture. Du moment que l'histoire nous parle du bœuf dans les plus vieilles annales de l'humanité, elle nous le montre soumis, patient, docile au joug, enfin tel qu'il est aujourd'hui.

Mais si ces dompteurs de taureaux des temps antiques demeurèrent inconnus, tout l'Orient conserva mémoire de leur précieuse acquisition. L'homme fut oublié et l'animal célébré, ici d'une façon, là d'une autre, au gré des imaginations naïves, s'ingéniant à témoigner leur reconnaissance pour les services rendus. Je vous ai parlé de l'antique Égypte, qui élevait des temples de marbre au bœuf Apis et se prosternait le front dans la poussière quand passait la majestueuse bête, avec son cortége de serviteurs. En tel autre pays, la religion ordonnait à chacun, comme œuvre des plus méritoires, d'élever au moins un bœuf ; en tel autre, la race n'étant pas encore assez répandue pour qu'il fût permis de s'en nourrir, les lois punissaient de mort quiconque tuait ou même maltraitait un de ces animaux. De nos jours, dans l'Inde, la vache est créature trois fois sainte. Sa queue, symbole d'honneur, se porte en étendard devant les grands ; et pour s'attirer les faveurs du Ciel, le peuple ne croit pouvoir mieux faire que de se frotter le corps de bouse de vache et d'aller se laver ensuite dans les eaux du Gange. Ces frictions de bouse sacrée vous font sourire, mes enfants ; elles me suggèrent à moi de graves réflexions. De quel abîme de misère ne faut-il pas que les animaux domes-

tiques nous aient retirés pour que l'Indou garde encore
de nos temps, en des pratiques étranges, quelques ves-
tiges de l'antique vénération de tout l'Orient pour l'un
d'eux, le plus important, le bœuf?

Jules. — Étrange pratique vraiment que de se barbouil-
ler de bouse pour honorer la vache. On aurait pu trouver
mieux.

Paul. — En tout temps et en tout pays, l'imagination
populaire aisément s'est abandonnée et toujours s'abandonne aux extravagantes idées. Dans la ville la plus importante du Midi, j'ai vu, moi, oncle Paul, conduire en
triomphe dans les rues le bœuf gras qui doit être sacrifié
la veille du jour de Pâques. Un rameau de laurier au
front, des rubans multicolores aux cornes, la bête pacifique porte sur les épaules un gentil petit enfant, tout
rose, tout potelé, vêtu d'une peau d'agneau. Un cortége
l'accompagne, en costumes aux vives couleurs. N'est-ce
pas là comme un vague souvenir de la procession du
bœuf Apis, avec cette différence que le bœuf égyptien
revenait, après le triomphe, à sa crèche parfumée, tandis
que le nôtre finit par le coup de massue de l'abattoir? Le
bœuf enrubanné est conduit de porte en porte, où les gens
du cortége ne manquent pas de présenter le bassin pour
recevoir les offrandes en espèces, car il est à remarquer
qu'au bout de toute superstition se trouve la quête de la
pièce de monnaie. Ainsi se fait dans toute la France, avec
plus ou moins de pompe, la promenade du bœuf gras.

Mais voici qui prend un caractère à part. Si la maison
est ouverte d'une porte assez vaste, on fait entrer le bœuf
dans le vestibule, où sa présence doit porter bonheur; et
si de fortune, en ce moment, l'animal lâche sur le parquet
les matériaux dont se frotte l'Indou, c'est, pour le visité,
le comble des bénédictions. Des avenirs prospères sont
annoncés par l'ordure large de quelques empans : ainsi
le croient, ainsi l'espèrent les préjugés naïfs. Vous voyez,
mes amis, que, sans sortir de chez nous, nous retrouvons,
sous une forme un peu différente, les pratiques de l'Inde,

qui vous font tant sourire. Je ne peux voir en tout cela qu'un reste des antiques honneurs rendus au bœuf. Sans se rendre compte de ces coutumes, sans en savoir l'origine, sans en comprendre la signification, l'habitude populaire les perpétue parmi nous.

JULES. — Les restes des vieux usages prouvent bien que l'acquisition du bœuf a laissé dans l'esprit de l'homme ineffaçable trace ; mais encore une fois, que n'a-t-on trouvé mieux ?

PAUL. — Puisqu'il vous faut mieux en l'honneur du bœuf, voici de quoi vous satisfaire : la précieuse bête a son nom inscrit à jamais parmi les étoiles, ces bijoux du ciel. Je m'explique. — L'histoire dit que l'invention de l'astronomie est due aux pâtres de l'Orient, passant le loisir des nuits, sous le plus doux des climats, à déchiffrer les secrets des astres, tandis que les troupeaux reposaient en plein air. Pour se reconnaître au milieu de la multitude infinie des étoiles, ces pâtres donnèrent aux principaux groupes ou constellations des noms qui se sont perpétués et dont la science fait toujours usage. Ce que l'homme possédait de plus précieux reçut alors une consécration céleste, son nom servit à désigner telle ou telle autre partie du ciel. L'une des constellations s'appela le *Taureau ;* et c'est ainsi qu'elle s'appelle encore et s'appellera toujours. Dans ce groupe se voient des étoiles rangées en un angle dont les deux branches figurent les cornes de l'animal ; il s'y trouve aussi une superbe étoile qui lance des feux rouges et rappelle l'œil étincelant d'un taureau furieux. Quel honneur plus grand pouvait recevoir le bœuf, que d'être ainsi placé dans les magnificences du ciel ?

JULES. — L'idée des pâtres me satisfait en plein ; rien ne pouvait s'imaginer de mieux pour la glorification du bœuf. Les autres animaux domestiques ont eu sans doute aussi leur place dans le firmament ?

PAUL. — Bien entendu. Une autre constellation se nomme le *Bélier*, une autre se nomme la *Chèvre.*

ÉMILE. — Et le chien ?

Paul. — Le chien ne pouvait être oublié : n'est-il pas le premier allié de l'homme, le courageux serviteur qui nous a valu la conquête du troupeau ! Son nom a été donné à une magnifique constellation, où brille la plus belle étoile du ciel.

Émile — Et les autres, le chat, le cheval, le porc, l'âne ?

Paul. — Aucun d'eux n'a reçu, des bergers antiques, les honneurs du firmament, leur acquisition étant plus récente sans doute et de moindre importance. Bref, mes amis, les plus précieux et les plus anciens de nos animaux domestiques ont été glorifiés par des honneurs que n'ont jamais reçus prince, empereur et monarque : la reconnaissance humaine les a inscrits dans les splendeurs du firmament.

En Asie, d'où il est originaire, le bœuf ne se retrouve plus aujourd'hui à l'état sauvage ; mais dans les *Pampas* de l'Amérique du sud, l'espèce a repris sa liberté primitive, et vit, par troupes innombrables, en dehors de la surveillance de l'homme, pêle-mêle avec des chevaux redevenus également sauvages. On nomme Pampas les immenses plaines qui s'étendent de Buenos-Ayres jusqu'au pied de la Cordillère des Andes. Pendant la saison des pluies, ce sont des pâturages touffus, à hautes herbes ; pendant la saison de sécheresse, la verdure disparaît et le sol devient une plaine poudreuse, où se balancent des chardons. Rien, pas même un arbre, ne trouble l'uniformité de ces étendues, dont le regard n'atteint dans aucune direction les limites. Là vivent les bœufs sauvages, descendants des bœufs domestiques que les Espagnols amenèrent dans cette partie du Nouveau Monde, car l'espèce n'existait nulle part en Amérique avant l'arrivée des Européens.

Les quelques couples échappés des étables ou abandonnés à eux-mêmes dans les pâturages des Pampas, il y a de trois à quatre siècles, se sont tellement multipliés, qu'aujourd'hui le nombre des bœufs y est incalculable. On en tue, année moyenne, au delà de deux cent mille sans que les troupeaux paraissent diminuer. Le carnage s'est longtemps fait et continue à se faire, du moins en partie, uniquement pour avoir les peaux.

Jules — On tue les bœufs pour la peau seule? Leur viande n'est donc pas bonne !

Paul. — Elle est excellente, mais on ne sait qu'en faire, tant il y en a. La population du pays n'étant pas suffisante pour consommer cette masse énorme de nourriture, on écorche les bœufs abattus, on garde les peaux, qui peuvent indéfiniment se conserver, et l'on abandonne les chairs, véritable embarras. C'est là un gaspillage fort regrettable, car chez nous la viande devient de jour en jour plus rare, et notre alimentation trouverait précieuse ressource dans les bœufs de Pampas, abandonnés à la dent des animaux carnassiers.

Il est vrai que des tentatives sont faites pour ne pas laisser se perdre en entier ces copieuses provisions. On découpe les viandes en lanières, que l'on dessèche au soseil, que l'on sale, que l'on expose à l'action de la fumée pour les rendre incorruptibles ; et dans cet état, le commerce les expédie dans toutes les parties du monde. Malheureusement, je dois l'avouer, ces viandes conservées par le sel, la fumée ou la dessiccation, ne sont pas un manger bien agréable. Espérons qu'on trouvera des procédés de conservation plus avantageux, et qu'un jour l'Amérique du sud fournira à l'Europe un riche supplément de viande de boucherie.

En l'état des choses, le bœuf des Pampas est chassé principalement pour son cuir. Je dis chassé, car le bœuf des plaines herbues de Buenos-Ayres est véritable gibier : il ne tombe pas, comme le nôtre, sous la massue du boucher ; il est poursuivi en plein pâturage et abattu sur place. Le chasseur est à cheval. Il a pour arme le *lasso*, c'est-à-dire une très-longue et solide lanière de cuir, fixée par un bout à l'arçon de la selle, armée à l'autre de boules de plomb. Quand la bête poursuivie est à sa portée, le chasseur lui lance la perfide courroie, qui, sifflante et guidée par l'élan du plomb, s'enroule à diverses reprises autour des cornes et du cou. Aiguillonné par l'éperon, le cheval s'éloigne aussitôt, déployant toutes ses forces, et traîne après lui le bœuf, à demi étranglé. Un coup de dague dans le cœur achève la bête. La peau enlevée et roulée sur la croupe de sa monture, le chasseur de bœufs continue ses poursuites, abandonnant aux oiseaux de proie les cadavres, dont les ossements, blanchis par les pluies et le soleil, lui serviront de matériaux, dans ses expéditions futures, pour se dresser une hutte.

Émile. — Une hutte d'ossements !

Paul. — Oui, mon ami. Dans ces immenses plaines, le bois manque ainsi que les pierres. C'est donc avec des os empilés que le chasseur des Pampas se construit un abri, où il se repose sous un couvert d'herbages. Un crâne de bœuf, à longues cornes, le jour, lui sert de siége et la nuit d'oreiller.

Émile. — Je dormirais mal, ce me semble, avec la tête entre les deux cornes d'un crâne de bœuf.

Paul. — Le dur chasseur des Pampas dort là-dessus comme sur la plume.

Jules. — Et que fait-on de toutes les peaux obtenues dans ces chasses au bœuf?

Paul. — Il se fait de ces peaux un commerce considérable. Les navires nous les apportent, imprégnées de sel, qui en assure la conservation. Dans nos tanneries, on les dessale; puis, avec l'écorce du chêne, on les convertit en cuir destiné aux chaussures.

Louis. — Alors le cuir de nos souliers peut provenir de quelque bœuf étranglé au *lasso* dans les prairies des Pampas?

Paul. — Il n'y a rien là d'impossible. Je n'affirmerais pas que nous ne soyons chaussés de la dépouille d'un bœuf sauvage, car Buenos-Ayres nous envoie un appoint considérable pour la fabrication de nos cuirs. Peut-être aussi nos souliers proviennent-ils tout simplement du bœuf domestique, dont la peau est employée aux mêmes usages. Libre à vous de supposer au cuir de vos chaussures l'une ou l'autre origine.

Émile. — Je suis pour le bœuf sauvage, dont la carcasse peut-être fait maintenant partie de quelque hutte de chasseur.

Paul. — Pour en finir avec les bœufs redevenus sauvages, je vous dirai quelques mots de ceux de la Camargue. — Un peu au-dessous d'Arles, à sept lieues environ de la mer, le Rhône se bifurque et enclôt entre ses bras et la Méditerranée une grande plaine triangulaire : c'est la Camargue, terrain indécis que se disputent l'eau douce et l'eau salée, les alluvions du fleuve et les sables de la plage. Trois régions y sont à considérer en allant des rives du fleuve au centre de l'île, occupé lui-même par un vaste étang, celui de Valcarès. Ce sont : la région des terres cultivées, celle des pâturages et celle des étangs. La première, longeant les deux bras du Rhône, est d'une merveilleuse fécondité, rendue inépuisable par des limons annuels. De riches moissons dorent ces bandes riveraines, que la présence du fleuve préserve des infiltrations salines de la mer. Plus avant viennent les pâturages suant déjà le sel. Enfin, du centre à la mer est la région des étangs. Cette dernière n'est qu'un sol ébauché, une plaine en voie de se former par la lutte incessante du fleuve, qui toujours charrie, et de la mer, qui toujours déblaye.

Dans la région des pâturages, sans abri aucun, sans autre surveillance que celle de gardiens à cheval, qui, de loin en loin, viennent rassembler les bandes indisciplinées à l'aide d'un trident, errent des milliers de taureaux revenus à la nature sauvage. Noirs, petits et trapus, l'œil farouche et la corne menaçante, ils ont repris les caractères primitifs de la race. Malheur à qui viendrait troubler de sa présence leurs ébats parmi les roseaux. Seul, le pâtre, monté sur un cheval rapide et piquant les naseaux des pointes du trident, peut tenir en respect le sauvage troupeau. Un point, un seul, rappelle qu'ils sont encore les serviteurs de l'homme, les victimes vouées à ses abattoirs et quelquefois aussi hélas! à la barbarie de ses jeux : sur leurs épaules, le chiffre du propriétaire est marqué au fer rouge.

Dans les mêmes prairies galopent, insouciants des intempéries et fiers de leur liberté, des chevaux descendants de ceux que les Arabes, quelque temps maîtres du midi de la France, laissèrent dans ces contrées. Ils sont de pe-

Fig. 22. — Taureau gascon.

tite taille, vifs, ombrageux et blancs. Leur bouche ne connaît pas le mors, ni leur sabot le fer. A l'époque des moissons, ils sont amenés du fond de leurs pâturages pour trotter sur l'aire et dépiquer le blé. Le travail fait, on les remet en liberté.

De tous les animaux domestiques, le bœuf est certainement le plus utile. Pendant sa vie, il traîne les chariots dans les pays de montagnes; il travaille à la charrue et laboure les champs ; la vache, en outre, fournit du lait en abondance. Livré au boucher, il devient pour nous une source de produits très-variés, chaque partie du corps ayant sa valeur. La chair est un aliment de haut mérite ; la peau devient du cuir pour harnais et chaussures ; le poil fournit de la bourre aux selliers ; le suif sert à la fabrication des bougies et du savon ; les os, à demi calcinés, donnent une espèce de charbon ou noir animal employé surtout pour raffiner le sucre et l'amener à la perfection de blancheur ; ce charbon, une fois hors d'usage, est pour l'agriculture un engrais très-puissant ; chauffés dans de l'eau à une température élevée, les mêmes os fournissent la colle forte des menuisiers ; les plus gros, les plus épais d'entre eux vont à l'atelier du tourneur, où ils sont travaillés en boutons et autres menus objets ; les cornes sont façonnées par le tabletier en tabatières et boîtes à poudre ; le sang est utilisé concurremment avec le noir animal dans les raffineries de sucre ; les intestins, rendus incorruptibles, tordus et desséchés, sont transformés en cordes pour les instruments de musique ; le fiel enfin est d'un fréquent emploi entre les mains du teinturier dégraisseur pour nettoyer les étoffes et leur rendre en partie le lustre primitif.

Ce ne sont pas encore là toutes les qualités de l'animal. Sous l'influence des soins de l'homme, du climat, du sol et du genre de vie, le bœuf s'est modifié en une foule de races qui s'accommodent des conditions d'existence les plus diverses et donnent l'une plus de travail, l'autre plus de viande, l'autre plus de laitage, à notre choix. Parmi les races répandues en France, je me bornerai à vous citer les suivantes.

Un corps trapu, une tête large et forte, des cornes courtes et épaisses, un cou ramassé et volumineux, des membres puissants, un aspect fier, une démarche agile, une taille moyenne et bien prise, font de la race *gasconne* une des meilleures pour le travail. Son pelage, de nuance généralement brune ou fauve, est toujours de couleur plus claire le long du dos. Le centre principal de cette race est

Fig. 33. Taureau de Salers.

le département du Gers.

La race de *Salers* est originaire du département du

Fig. 34. — Vache bretonne.

Cantal. Son pelage est roux vif, souvent avec] des plaques

blanches à la croupe et au ventre. Les cornes sont

Fig. 55. — Bœuf normand.

grosses, lisses, noires au sommet. régulièrement contournées et relevées un peu en dehors. Très-rustique, sobre, intelligent, vigoureux, infatigable au labour, le bœuf de Salers est un excellent travailleur. Soumis à l'engraissement à la fin de ses pénibles travaux, il donne viande abondante, ferme et savoureuse. La vache, si elle est abondamment nourrie, peut fournir jusqu'à vingt litres de lait par jour.

La race *bretonne* peuple les cinq départements de l'an-

Fig. 36. — Taureau garonnais.

cienne Bretagne. Elle est de petite taille, mais ardente au travail et remarquable par l'excellence de son lait, riche en beurre. La vache a le pelage taché de blanc et de noir par larges plaques, le mufle noir, les cornes fines, l'œil vif et l'allure décidée. Le bœuf, pareillement taché de blanc et de noir, a les cornes puissantes et très-aiguës; mais la pacifique bête ne songe pas à faire usage de ses armes redoutables.

La *race normande* fournit des animaux d'une taille énorme, peu propres au travail et réservés pour la boucherie. On cite tels de ces colosses, élevés dans les gras pâturages de la Normandie, qui ont atteint le poids de 1970 kilogrammes. Dans le bœuf normand, la tête est longue et lourde, le mufle large, la bouche profondément fendue, la peau épaisse et dure, le poil fourni, tantôt roux, tantôt brun, tantôt blanc et noir. Les cornes sont assez courtes et contournées en avant vers le front. En moyenne, la vache donne annuellement 3000 litres de lait.

La race *garonnaise,* occupant le bassin de la Garonne depuis Toulouse jusqu'à Bordeaux, est pareillement de haute stature, de forte corpulence et presque aussi estimée pour la boucherie que la race normande. Son peláge est uniforme et rappelle la couleur jaune du froment. Les cornes, courbées en avant, sont entièrement blanches; le bord des paupières et le mufle sont d'un rose pâle. Enfin toute la physionomie de l'animal a quelque chose de remarquablement paisible.

XXX

Le Lait.

Mère Ambroisine venait de traire la chèvre pour le déjeuner. Tandis qu'Émile et Jules trempaient chacun leur pain dans une tasse de lait écumeux et tiède encore, l'oncle Paul, à qui toute occasion est bonne pour meubler de quelques nouvelles idées l'intelligence de ses jeunes neveux, entama ainsi la conversation.

PAUL. — Quelle précieuse ressource que le lait; quels friands déjeuners avec cet aliment si nutritif, si léger, si savoureux! Si j'en juge par l'accueil que vous lui faites en ce moment, vous savez très-bien en apprécier la va**leur.**

Émile. — De tout ce que pourrait nous donner mère Ambroisine, c'est bien le lait que je préfère pour ma part, surtout lorsque le pain est légèrement grillé dans le fourneau du poêle.

Jules. — Je n'ai pas besoin du raffinement d'Émile pour trouver le lait exquis.

Paul. — Puisque vous aimez tant le lait, apprenez un peu son histoire; le déjeuner vous fera ainsi double profit : aliment pour le corps et aliment pour l'intelligence.

Parlons d'abord d'une propriété dont plus d'une fois sans doute vous avez déjà vu les effets sans vous en rendre compte. De temps à autre, le lait tourne comme on dit, en d'autres termes, se caille. Pourquoi cela? Vous n'en savez rien. Je vais vous l'apprendre.

Voici un verre de lait tel que la chèvre vient de le fournir. Il est d'une fluidité irréprochable, sans la moindre trace de caillé. J'y exprime une goutte de jus de citron, une seule et je mélange. Aussitôt, un profond changement s'effectue : une partie du lait se caille et monte à la surface en épais flocons blancs; une autre partie reste liquide, mais en perdant sa blancheur et devenant semblable à de l'eau un peu trouble. Si je laisse le verre quelque temps en repos, le caillé s'amasse au-dessus, et flotte sur un liquide clair. Avec une goutte de jus de citron, je viens de faire brusquement tourner le lait.

Émile considérait avec un vif intérêt le contenu du verre si soudainement changé. L'oncle, à qui rien n'échappe, s'en aperçut. Qu'y a-t-il donc là qui attire tant votre attention? demanda-t-il.

Émile. — Votre expérience me rappelle certaine mésaventure qui m'arriva un jour avec le lait de mon déjeuner. Au raffinement de pain grillé, ainsi que le dit Jules, je voulus ajouter un autre raffinement. J'avais une orange dont je m'avisai d'exprimer le jus dans ma tasse de lait, croyant faire du tout un délicieux breuvage. Qui fut sot? Ce fut Émile l'étourdi : le lait se cailla à l'instant comme vient de le faire celui où vous avez mis du jus de citron.

A force de vouloir perfectionner, j'en étais arrivé à la triste nécessité de jeter ma tasse de lait, tant elle avait pris laide tournure.

Jules. — J'aurais voulu voir la moue d'Émile devant le résultat de son perfectionnement.

Émile. — J'étais fort surpris, je l'avoue, de ce que deux choses excellentes, chacune à part, le jus de l'orange et le lait, donnaient, par leur mélange, un breuvage si déplaisant.

Paul. — Vous saurez désormais, mes amis, que toutes les substances aigres font tourner le lait. Ce que j'ai obtenu avec le jus du citron, vous l'aviez obtenu avec le jus de l'orange, qui contient, mais en petite quantité et masquée par la saveur douce du fruit, exactement la même substance d'où provient l'aigreur du citron.

Le suc des feuilles de l'oseille, celui des raisins verts et en général des fruits non mûrs, le vinaigre, et enfin tout ce qui possède une saveur semblable, fait sur-le-champ cailler le lait. Les matières à saveur aigre s'appellent des acides. Le vinaigre est un acide; ce qui donne son aigreur au citron en est un autre; les raisins verts en contiennent un troisième; les feuilles de l'oseille en fournissent un quatrième. Le nombre des acides est fort considérable. Tous ceux qu'il nous importe de connaître sommairement possèdent la saveur aigre, tantôt plus forte, tantôt plus faible; tous enfin font tourner le lait ainsi que je viens de vous le montrer avec l'acide du citron.

De la théorie passons à la pratique. La propreté en toute chose est qualité de premier ordre, mais c'est surtout à l'égard du lait qu'elle doit être scrupuleusement observée. Les vases destinés à le contenir et à le conserver quelque temps seront chaque fois nettoyés à fond avec soin, si l'on ne veut s'exposer à le voir tourner. Supposons, en effet, qu'il reste dans les recoins d'un pot soit quelques gouttes de lait vieux, soit quelques traces de matières alimentaires quelconques. Ces impuretés ne tardent pas à s'aigrir, surtout par un temps chaud; et le lait, trouvant dans le vase une substance acide, se gâte et tourne rapidement. Que de fois accuse-t-on de cet accident la qualité du lait, lorsque c'est le défaut seul de propreté qui en est cause !

Le lait contient trois substances principales, savoir : la *crème*, ou matière grasse avec laquelle se prépare le beurre; la *caséine* ou *caillé*, qui sert à la fabrication du fromage ; enfin une substance à saveur légèrement douce et que l'on nomme *sucre de lait*. Ces trois matières enlevées, le reste du lait n'est guère que de l'eau. Pour les obtenir chacune à part, on s'y prend de la manière suivante.

Abandonné au repos dans un lieu frais et au contact de l'air, le lait se couvre, plus tôt ou plus tard suivant la saison, d'une épaisse couche onctueuse, qui prend le nom de crème. Voilà la matière à beurre. Elle monte d'elle-même à la surface et se sépare par le seul contact de l'air. On l'enlève avec une écumoire.

Ce qui reste est le lait *écrémé*, de même blancheur, de même aspect que le lait primitif, mais privé de sa matière grasse. Dans ce lait écrémé, versons quelques gouttes d'un liquide acide quelconque, par exemple de jus de citron. Le lait tourne, et d'épais flocons blancs se forment. Ces flocons sont le caillé, la caséine, enfin la matière du fromage.

Une fois la caséine recueillie, il ne reste plus qu'un liquide transparent, que l'on prendrait pour de l'eau un peu teintée de jaune. Ce liquide se nomme *petit-lait*. Il ne contient guère que de l'eau avec une petite quantité de sucre de lait, qui lui donne une légère saveur douce. C'est surtout en Suisse que s'obtient en grand le sucre de lait, par l'évaporation du liquide qui reste quand on a retiré du lait la crème et le caillé. Malgré son nom, cette matière n'a rien de commun avec le sucre ordinaire, avec le sucre en pains blancs dont nous faisons usage; c'est une substance d'un blanc terne, assez dure, craquant sous la dent, et d'une saveur faiblement sucrée. On n'en fait emploi qu'en pharmacie.

La crème et la caséine sont, par excellence, les matières nutritives du lait, dont les qualités alimentaires se trouvent ainsi proportionnées à leur abondance. Le lait qui en contient le plus est celui de brebis ; vient après celui de chèvre et enfin celui de vache. Quoique de très-peu de valeur pour nous, le sucre de lait ne mérite pas moins de nous occuper un instant, à cause de l'altération qu'il éprouve au grand dommage du lait. Peu à peu, surtout sous l'influence des chaleurs de l'été, cette matière sucrée devient aigre et se change en acide. Telle est la cause qui fait aigrir le lait trop longtemps conservé. Il est bien entendu que, lorsque cette aigreur se déclare, le lait ne tarde pas à tourner. Un caillot de caséine apparaît comme par l'addition artificielle d'un acide. Alors, pour conserver quelque temps le lait et l'empêcher de s'aigrir tout seul, il faut entraver la conversion du sucre de lait en acide. On y parvient en ayant soin de faire bouillir le lait un peu chaque jour.

XXXI

Le Beurre.

PAUL. — Du lait se retirent le beurre et le fromage. Je viens de vous indiquer en peu de mots comment s'obtiennent à part les matières propres à leur fabrication : la crème et la caséine. Des détails plus développés sont nécessaires ; je vais vous les donner, en commençant par le beurre.

La matière à beurre, la crème, est une substance grasse disséminée dans le lait en particules excessivement fines et de la sorte invisibles. Par le repos dans un lieu frais et au contact de l'air, ces particules grasses montent peu à peu à la surface et s'y rassemblent en une couche de crème. Un exemple emprunté à des faits qui vous sont plus familiers vous expliquera la cause de cette séparation s'effectuant toute seule.

L'huile, vous le savez, ne peut en aucune manière se dissoudre dans l'eau. Si un mélange des deux liquides est fortement agité, l'huile se divise en une infinité de trèspetites gouttelettes uniformément réparties, et le tout prend une teinte blanchâtre qui a quelque chose de l'aspect du lait. Mais cet état est de courte durée. Si l'on cesse de battre, de secouer le mélange, l'huile, plus légère, gagne goutte à goutte le haut, et bientôt les deux liquides sont

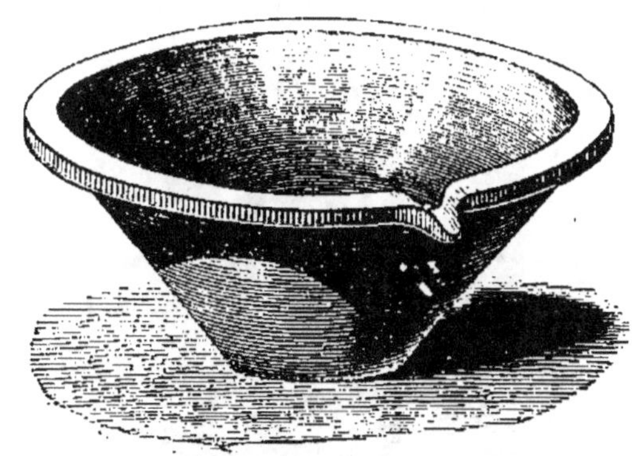

Fig. 37. — Terrine pour écrémer le lait.

complétement séparés, l'huile à la surface, l'eau au fond. Si l'on ajoutait un peu de gomme à l'eau pour la rendre visqueuse, la séparation de l'huile se ferait avec moins de facilité et le mélange conserverait plus longtemps l'apparence laiteuse; néanmoins les deux liquides finiraient toujours par se séparer.

La matière grasse du beurre ne se comporte pas autrement que l'huile de notre expérience. Elle n'est pas dissoute dans le lait; elle est simplement divisée en très-petites parcelles, que retient en place un liquide épaissi par la caséine, de même que de l'eau épaissie par de la gomme retient longtemps les gouttelettes huileuses. Par un repos prolongé, ces particules grasses se dégagent et montent à la superficie.

Jules. — La crème monte au-dessus du lait comme monte l'huile que l'on a battue avec de l'eau, seulement la séparation est plus lente, à cause de la caséine qui épaissit le liquide.

Paul. — C'est bien là tout le secret de cette curieuse séparation. Le lait est mis dans de grandes terrines étroites de base et larges d'orifice, ce qui a pour effet d'exposer une plus grande surface à l'action refroidissante de l'air

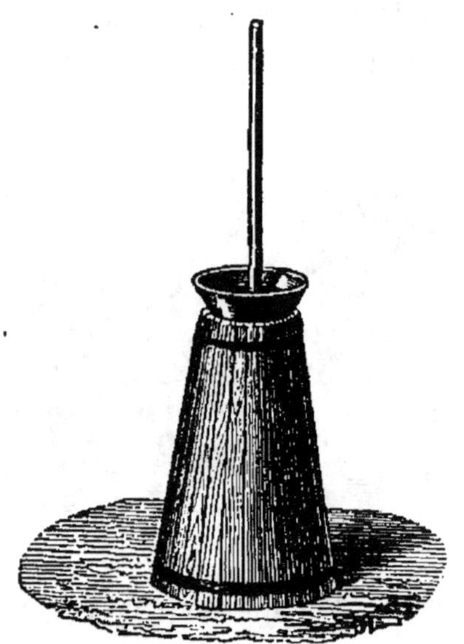

Fig. 38. — Baratte.

et d'accélérer ainsi la séparation de la crème. Le vase plein est déposé en un lieu frais et bien tranquille. Pendant l'été, une demi-journée suffit pour que la crème monte; pendant l'hiver, il faut au moins vingt-quatre heures. Quand la séparation est terminée, on lève la crème au moyen d'une écumoire ou d'une large cuillère presque plate.

La crème est d'un blanc jaunâtre, onctueuse au toucher à cause de sa matière grasse, d'une saveur douce et très-agréable, qui tient à la fois du beurre et du fromage frais. C'est un manger des plus exquis.

Émile. — Témoins ces délicieuses tartines que mère Ambroisine nous fait avec la crème, les jours de régal.

Paul. — Cette friandise ne peut se permettre tous les jours, car, avec la crème, se fait la provision de beurre de la maison.

Émile. — J'ai aidé une fois mère Ambroisine à manœuvrer la petite machine à beurre, l'espèce de tonnelet appelé *baratte*. Pourquoi faut-il taper si longtemps pour obtenir le beurre ?

Paul. — C'est ce que je vais vous expliquer. — Dans la crème, les particules de beurre sont simplement groupées à côté l'une de l'autre, sans faire corps ensemble. D'ailleurs une couche d'humidité, provenant du petit lait, les isole et les empêche de se réunir. Pour faire de toutes ces particules une masse compacte de beurre, il faut en exprimer le lait et les pétrir, les agglomérer ensemble. On y parvient par un battage prolongé.

L'instrument employé s'appelle *baratte*. Le plus simple consiste en une espèce de petit tonneau plus large à la base, plus étroit au sommet. Le couvercle supérieur est percé d'un orifice dans lequel s'engage une tige, terminée à l'intérieur de la baratte par un plateau de bois, rond et percé de trous. La crème étant jetée au fond de la baratte, on prend la tige des deux mains, et tour à tour, à coups pressés, on la soulève et on l'enfonce, de manière que la planchette terminale monte et descende dans la masse crémeuse. Par ce battage prolongé, les parcelles grasses se soudent l'une à l'autre et deviennent le beurre. D'autres fois, la baratte se compose d'un tonnelet dans lequel tourne, au moyen d'une manivelle, un axe portant des ailes ou planchettes trouées qui battent la crème dans leur rotation.

Quelques précautions doivent être prises pour mener à bien cette délicate opération. Pendant les chaleurs de l'été, il ne faut travailler à la baratte que le matin et dans un lieu frais. Il convient même de placer la machine dans une cuve d'eau fraîche. Si l'on néglige ce soin, le beurre peut devenir aigre pendant qu'on le travaille. En hiver, au contraire, il faut tenir la baratte un peu chaude en l'enveloppant de linges chauffés et en opérant près du feu. Le froid, en effet, durcit les particules grasses et les empêche de se souder l'une à l'autre. Si l'on ne fait intervenir une douce température pour les ramollir, elles seront très-lentes à se prendre en beurre et l'opération deviendra d'une fatigante longueur.

Une fois toutes les particules grasses bien agglutinées entre elles, le beurre est fait. On le retire de la baratte pour le mettre dans de l'eau fraîche, dans laquelle on le pétrit et le repétrit avec une large cuillère de bois, afin d'en chasser le petit-lait qui l'imprègne.

Si le beurre doit être prochainement consommé, il suffit de le tenir dans de l'eau que l'on renouvelle chaque jour, pour le conserver frais et l'empêcher de s'aigrir. Mais si l'on se propose d'en faire provision de longue durée, il faut recourir à des moyens de conservation plus efficaces. Le plus simple consiste à pétrir le beurre avec du sel de cuisine, bien séché au four et réduit en poudre fine. Après la salaison, le beurre est mis dans des pots en terre, et l'on couvre sa surface d'une couche de sel.

Une autre méthode de conservation consiste à fondre le beurre. Je dois vous dire d'abord que le beurre, si bien préparé qu'il soit, contient toujours dans sa masse une certaine quantité de petit-lait et de caséine. Ce sont ces matières qui, s'altérant plus tard au contact de l'air, font devenir le beurre aigre et enfin rance. Si la substance grasse était seule, si l'on parvenait à la débarrasser soigneusement de la caséine et du petit-lait qui l'accompagnent, sa conservation se prolongerait bien davantage. On atteint ce résultat par la fusion.

Le beurre est exposé, dans un chaudron, sur un feu clair, égal et modéré. La fusion arrive bientôt. L'humidité du petit-lait se dégage en vapeurs, dont on favorise la formation en agitant la masse fondue. Une partie de la caséine monte à la surface et forme une écume que l'on enlève;

une autre partie s'amasse au fond du chaudron. Lorsque le beurre fondu a pris une apparence semblable à celle de l'huile, et qu'une .goutte jetée sur le feu s'enflamme sans pétiller, preuve de l'absence de toute humidité, l'opération est à sa fin. On retire le chaudron du feu; on laisse quelques instants reposer le liquide pour donner à la caséine le temps de bien s'amasser au fond, et l'on transvase enfin le beurre par cuillerées dans des pots de terre soigneusement séchés au four. Ces pots doivent être de petite capacité et d'étroit orifice, afin de restreindre autant que possible l'accès de l'air, cause d'altération pour toutes nos substances alimentaires. Il est prudent de mettre au-dessus du beurre, une fois qu'il est figé, une couche de sel, comme on le fait pour le beurre salé. Finalement, on ferme les pots avec un parchemin ficelé.

XXXII

La Présure.

PAUL. — Pour obtenir le fromage, la première opération consiste à faire cailler le lait. Du jus de citron, du vinaigre ou tout autre acide amènerait ce résultat, ainsi que nous l'avons déjà vu; mais l'usage est de se servir d'un autre liquide, bien plus efficace encore et que l'on nomme *présure*. Apprenons d'abord en quoi consiste ce liquide. Cela demande certaines explications qui paraissent étrangères à notre sujet et qui cependant nous y conduiront tout droit.

Parmi nos animaux domestiques, nous en avons trois, le bœuf, la chèvre et le mouton, qui se font remarquer par des cornes au front et par le sabot fendu. Tous les trois ont une manière de manger fort différente de celle des autres espèces animales. Le chien, par exemple, avale une fois pour toutes sa nourriture, suffisamment mâchée, et l'introduit dans une cavité digestive unique, nommée *es-tomac*, où elle devient fluide et propre à la nutrition. Au contraire, la chèvre, le mouton et le bœuf mâchent et avalent deux fois la même nourriture; par deux fois diffé-rentes, à un intervalle de temps assez long, le même four-rage leur passe sous les dents et franchit le gosier.

On nomme *ruminants* les animaux qui, après avoir mâché une première fois la nourriture et l'avoir introduite dans les cavités digestives, la ramènent dans la bouche pour la mâcher de nouveau et lui faire subir une tritura-

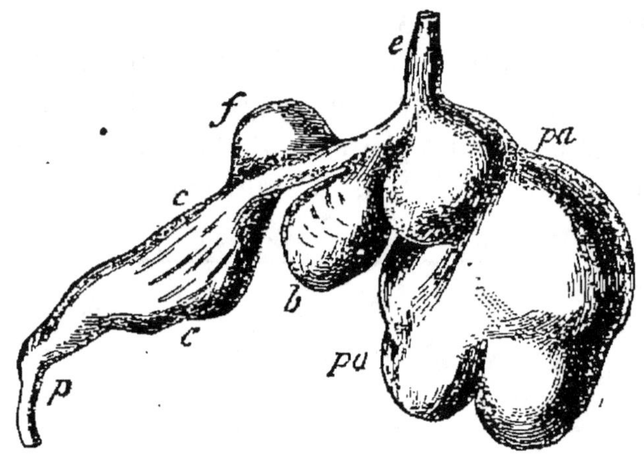

Fig. 30. — Estomac d'un ruminant.
e, œsophage ou canal des aliments : *pa*, panse ; *b*, bonnet ;
f, feuillet ; *c*, caillette.

tion plus complète. Le bœuf, la chèvre et le mouton sont des ruminants. Au lieu d'un seul estomac, ils en ont quatre, c'est-à-dire quatre poches membraneuses où les aliments passent de l'une à l'autre avant d'être convertis en purée nutritive.

La première de ces poches se nomme la *panse*. C'est une cavité spacieuse où l'animal accumule le fourrage, précipitamment brouté et mâché d'une façon très-incom-plète. Sa face intérieure est toute hérissée de courts fila-ments plats, qui lui donnent l'apparence d'un grossier velours.

Examinez le bœuf et le mouton au pâturage. Ils tondent l'herbe sans discontinuer, sans se donner un moment de répit; ils mâchent à peine, à la hâte, et avalent; une bouchée n'attend pas l'autre. C'est le moment de se remplir la panse, sans perdre un coup de dent par une trituration prolongée. Plus tard, aux heures de repos, le loisir viendra de reprendre la nourriture avalée et de la broyer au point convenable.

Le réservoir de la panse suffisamment approvisionné, l'animal se retire dans un endroit paisible, se couche dans une position commode et revient tout à l'aise, des heures entières, sur le travail de la trituration. Ce second acte de la préparation de la nourriture sous la meule des dents se nomme *rumination*. On voit alors le bœuf patiemment mâcher, d'un air de douce satisfaction, sans rien prendre au dehors. Que mange-t-il ainsi, quand il n'y a plus de fourrage sous son mufle? Il remange les provisions amassées dans la panse, provisions qui remontent du fond de l'estomac par petites bouchées. Puis le mouvement des mâchoires cesse, la bouchée est avalée; et aussitôt après, quelque chose de saillant, de rond, s'aperçoit courir sous la peau du cou. C'est une nouvelle pelote alimentaire qui remonte de la panse à la bouche pour être triturée. Pelote par pelote, la masse de fourrage accumulée dans la panse revient ainsi sous les dents, pour être broyée à point et avalée après d'une manière définitive.

Émile. — Voilà une façon de manger bien avisée. Pour ne pas perdre un moment quand ils sont au pâturage, le mouton, la chèvre et le bœuf ne se donnent pas la peine de mâcher; ils broutent sans relâche et font abondante provision. Puis, commodément couchés à l'ombre, ils ramènent sous les dents le contenu de la panse, et le broient tout à leur aise, petit à petit.

Paul. — La seconde cavité stomacale se nomme *bonnet*. Sa face intérieure se fait remarquer par des replis lamelleux, dentelés, dont l'ensemble forme un élégant réseau de mailles. Cette curieuse structure ne peut manquer de vous frapper si vous donnez un peu d'attention au gras-double, l'une des mille ressources de la cuisine ; car ce qu'on appelle gras-double n'est autre chose que l'ensemble des poches stomacales du bœuf.

JULES. — J'ai souvenir d'avoir vu, non sans intérêt, ces belles mailles du bonnet, ainsi que le grossier velours de la panse.

PAUL. — Le rôle du bonnet est de recevoir, par petites portions, les aliments déjà un peu ramollis dans la panse et de les mouler en pelotes, qui remontent une à une dans la bouche des ruminants. C'est enfin là que se façonnent les boules alimentaires que l'on voit glisser, de bas en haut, sous la peau du cou des bœufs qui ruminent.

Une fois remâchée ainsi qu'il convient, la nourriture ne redescend pas dans la panse, où elle se mélangerait avec des matériaux non encore préparés à point ; elle arrive dans le troisième estomac ou *feuillet,* ainsi nommé à cause de ses nombreux et larges plis parallèles, ayant quelque ressemblance d'arrangement avec les feuillets d'un livre.

Du feuillet, la nourriture passe enfin dans un quatrième et dernier estomac appelé la *caillette.* Par delà commence l'intestin. Or, devinez d'où provient ce nom significatif de caillette, sachant le sujet que j'ai principalement en vue ?

JULES. — Vous avez en vue certain liquide, la présure, qui fait rapidement cailler le lait. Le mot caillette doit alors venir du verbe cailler. Serait-ce donc avec ce quatrième estomac des ruminants, avec la caillette en un mot, que s'obtient la présure ?

PAUL. — Vous l'avez dit vous-même. C'est avec le quatrième estomac des ruminants, avec la caillette, que se prépare la présure, le liquide le plus efficace de tous pour faire cailler le lait. On prend, de préférence à toute autre, la caillette d'un jeune veau, on l'approprie avec soin, on la sale et on la fait sécher. Ainsi préparée, elle se conserve longtemps. Quand on veut s'en servir, on en coupe un morceau de la largeur de deux doigts, et on le met tremper dans un verre d'eau ou de petit-lait. Le lendemain matin, on jette une ou deux cuillerées de ce liquide, appelé présure, dans chaque litre de lait. En très-peu de temps, si la chaleur est douce, le lait se prend en une masse de fromage frais.

XXXIII

Le Fromage.

PAUL. — La principale substance du fromage est la caséine, coagulée par l'action de la présure. Mais, préparé avec la caséine seule, le fromage serait grossier, de peu de goût, et deviendrait dur comme pierre en se desséchant. Pour donner à la pâte onctuosité, souplesse et saveur, on laisse habituellement la crème dans le lait destiné à la fabrication du fromage. La caséine fournit la matière fondamentale de la préparation, la crème en fournit ce qu'on pourrait appeler l'assaisonnement.

De là deux qualités principales de fromage : l'une, préparée avec du lait d'où l'on a d'abord retiré la crème, ne contient que de la caséine ; la seconde, obtenue avec du lait non écrémé, contient à la fois la caséine et la crème. La première qualité, dite *fromage à la pie*, *fromage blanc*, et d'une façon plus expressive *fromage maigre*, est une nourriture de peu de valeur, que l'on ne cherche pas à obtenir pour elle-même, mais que l'on prépare uniquement afin de tirer quelque parti du lait ayant déjà servi à la fabrication du beurre. La seconde qualité, appelée *fromage à la crème* ou *fromage gras*, est celle qui apparaît habituellement sur nos tables, avec des qualités et des aspects fort divers, qui dépendent de la nature du lait et du mode de préparation.

Pour rendre le fromage plus onctueux encore et lui donner saveur plus fine, on ne se borne pas toujours à employer le lait tel qui est ; à la crème qu'il contient naturellement, on en ajoute parfois une dose provenant d'un lait écrémé exprès. Les fromages ainsi enrichis en matière grasse sont les plus délicats de tous. D'autres fois encore, on prend un moyen terme entre le lait naturel et le lait totalement dépouillé de crème ; c'est-à-dire que, sur deux parties de lait, on garde l'une telle quelle et l'on écrème l'autre pour les mélanger après.

Des proportions fort variables suivant lesquelles se font ces additions ou ces soustractions de matière grasse, résultent autant de qualités de fromages. Si d'autre part l'on considère que le lait de brebis n'a pas exactement les mêmes propriétés que celui de chèvre, ni celui de chèvre les mêmes propriétés que celui de vache ; si l'on ne perd pas de vue qu'un même lait varie suivant la nature des pâturages et les soins donnés aux troupeaux ; si l'on tient compte enfin des méthodes de fabrication changeant d'un lieu à l'autre, on verra combien peuvent être et sont nombreuses en effet les espèces de fromages.

Jules. — Pour ma part, j'en connais bien une demi-douzaine d'espèces. Il y a le roquefort, à pâte marbrée de bleu, à saveur piquante ; le gruyère, criblé de grands yeux ronds, à pâte un peu jaune et transparente comme la pierre à fusil ; le fromage d'Auvergne, grand comme une forte roue de remouleur, de goût peu délicat ; le fromage de Brie, en minces et larges galettes qui suent une sorte de crème puante ; le Mont-d'Or, contenu, sur quatre pailles, dans une boîte ronde de sapin ; et tant d'autres dont le nom m'échappe.

Paul. — Jules vient de nous citer les espèces de fromage les plus répandues ; j'ajouterai quelques mots sur la manière de les préparer.

Les fromages *frais* sont ceux que l'on consomme peu après leur fabrication. Ils sont blancs et mous. On les obtient soit avec du lait écrémé, soit avec du lait non dépouillé de sa crème, et dans ce cas ils sont incomparablement meilleurs. Lorsque la présure a opéré la coagulation, on met le lait caillé dans des moules ronds en fer-

blanc ou en poterie vernissée, dont le fond est percé de
quelques trous pour l'écoulement du petit-lait qui imprègne
la masse caillée. Une fois celle-ci suffisamment égouttée
et affermie, le fromage est fait : il est retiré du moule, prêt
à être servi sur la table, sans autre préparation.

Émile. — Voilà le fromage que je préfère. C'est lui qui,
étalé sur des tranches de pain, fait de si bonnes tartines.

Paul. — C'est juste, mais il a le tort de ne pas se con-

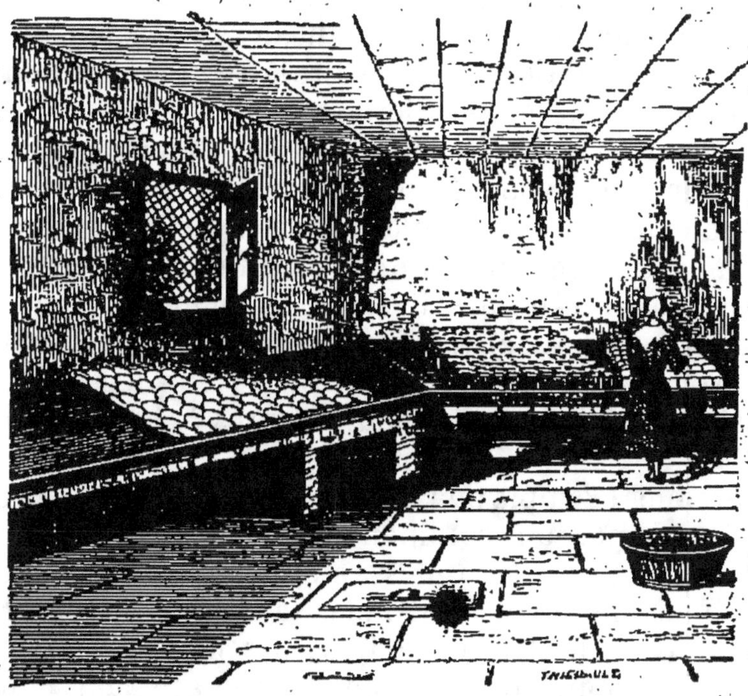

Fig. 40. — Intérieur d'une fromagerie.

server longtemps. En peu de jours, il s'aigrit et devient
immangeable. Tous les autres fromages feraient de même,
tous se gâteraient et deviendraient aigres si l'on ne prenait
certaines mesures pour leur conservation. Ces mesures
consistent dans l'emploi du sel, dont on frotte, dont on
saupoudre la surface des fromages, et que l'on incorpore
même quelquefois dans la pâte. Tous les fromages destinés
à être conservés longtemps sont donc plus ou moins salés,
tandis que le fromage frais ne l'est point.

14.

Parmi ces fromages salés, il y en a de mous, il y en a de fermes. Le fromage de Brie, ainsi appelé du nom de la localité où se fabrique le meilleur, dans la Seine-et-Marne, est une grande et mince galette molle, obtenue avec du lait de brebis. On le sale des deux côtés avec du sel en poudre fine; on le laisse ensuite baigner pendant deux ou trois jours dans le liquide salé qui en dégoutte. La salaison terminée, les fromages sont empilés dans un tonneau avec des lits alternatifs de paille, et abandonnés à eux-mêmes pendant quelques mois. Il se fait alors dans la pâte une sorte de fermentation, c'est-à-dire de commencement de pourriture, qui développe de nouvelles qualités. Le caillé perd l'odeur et la saveur fade de laitage pour acquérir la saveur relevée et l'odeur forte du fromage; sa masse devient plus onctueuse, elle se fluidifie même en partie et se change, sous la croûte, en une bouillie coulante, de l'aspect de la crème. Ce travail de modification se nomme *affinage*. Il est arrivé au point convenable lorsque la partie coulante, située sous la croûte, est d'agréable saveur. Les fromages sont alors retirés du tonneau et livrés à la consommation.

Ce premier exemple nous montre que le fromage acquiert ses qualités par un commencement d'altération. Avant ce travail de pourriture naissante, le fromage est simplement du caillé, douceâtre, fade, sans odeur prononcée; après ce travail, il a de l'odeur, il a de la saveur, enfin ce qu'il faut pour être vraiment du fromage. Mais la pourriture, une fois provoquée par nos soins, ne s'arrête pas en chemin, au point que nous voudrions. Elle se continue toujours, lentement il est vrai, si nous prenons quelques précautions; et le fromage, d'odeur de plus en plus prononcée, de saveur de plus en plus forte, finalement devient une infection. Tout fromage trop vieux finit donc par se corrompre; il se gâte en continuant à l'excès le genre d'altération qui, au début, lui a précisément communiqué les propriétés recherchées.

Par son appétissante saveur et sa pâte fine, le roquefort

est le roi des fromages, le chef de file de tout dessert bien assorti. Sa renommée s'étend dans le monde entier.

ÉMILE. — C'est lui qui est si fort et fait tant manger du pain ?

PAUL. — Lui-même. Son goût si relevé, sa pâte veinée de bleu, le font aisément reconnaître. On le fabrique dans un village de l'Aveyron, nommé Roquefort. Il s'obtient uniquement avec du lait de brebis, le meilleur de tous, à cause de sa richesse en caséine et en beurre.

LOUIS. — Le fromage de Brie s'obtient aussi avec du lait de brebis : cependant il n'a rien de commun, pour les qualités, avec celui de Roquefort ?

PAUL. — Cette différence si profonde nous prouve jusqu'à quel point la manière de préparer le fromage modifie ses qualités. Vous venez de voir les soins que l'on prend pour le fromage de Brie ; voici maintenant ceux qu'on donne au fromage de Roquefort.

Les pains de caillé ne sont plus de minces galettes, mais des formes aussi hautes que larges. On les expose pendant des mois dans des grottes creusées au sein d'un rocher, soit naturellement soit de main d'homme, aux environs du village de Roquefort. Ces grottes sont remarquables par les vifs courants d'air qui y règnent et par la fraîcheur de leur température. Pendant l'été, tandis qu'au dehors le thermomètre marque une trentaine de degrés, il marque seulement cinq degrés à l'intérieur des caves à fromages. La différence est celle de la chaleur d'un été accablant au froid d'un hiver déjà piquant. C'est dans les profondeurs de ces caves si froides que les fromages acquièrent leurs qualités. Les soins se bornent à les frotter de sel de temps en temps, et à les racler pour enlever la moisissure qui se développe à leur surface. Cette moisissure se propage même peu à peu dans l'intérieur de la pâte, où elle forme des veines bleues. Ce n'est pas un inconvénient ; au contraire, la saveur du fromage gagne à la formation du moisi, autre genre de pourriture qui ajoute ses énergies à celles de l'habituelle altération. Aussi ne se borne-t-on pas à laisser naturellement apparaître la moisissure : on la provoque en mélangeant avec la pâte fraîche un peu de pain moisi réduit en poudre. Le fromage serait meilleur livré à son propre travail, mais la préparation marche plus promptement ; et aujourd'hui hélas ! pour le roquefort comme pour tant d'autres choses, on se préoccupe plus de faire vite que de faire bien.

Les fromages dits d'Auvergne se fabriquent dans les montagnes du Cantal. On emploie le lait de vache. Lorsque le caillé est obtenu, le vacher, jambes et bras nus, monte sur une table et foule, comprime des pieds et des mains, la masse de fromage frais pour en faire suinter le petit-lait. La matière est ensuite divisée et mélangée avec du sel pilé, puis comprimée dans de grands moules ronds en formes dont le poids peut aller jusqu'à cinquante kilogrammes. Ces énormes fromages sont finalement abandonnés dans des caves au travail de la fermentation, qui les perfectionne.

Le fromage de Gruyère doit son nom à un petit village du canton de Fribourg, en Suisse. Dans les Vosges, le Jura et l'Ain, on prépare abondamment le même fromage. C'est encore le lait de vache qui sert à sa fabrication. Le lait, au tiers écrémé, est légèrement chauffé, sur un feu clair, dans de grandes chaudières. On verse alors la présure. Lorsque le caillé est formé, on le divise autant que possible en le remuant dans la chaudière avec une large latte, puis on continue de chauffer. Enfin le caillé est recueilli et soumis, dans un moule, à une forte pression. Le fromage qui en résulte est porté dans une cave où on l'abandonne à lui-même pendant deux à trois mois, après l'avoir frotté à plusieurs reprises de sel. C'est pendant ce séjour à la cave que se produisent les trous ou les yeux caractéristiques du fromage de Gruyère ; ils sont dus à quelques bulles de gaz dégagées de la masse en fermentation. Vous remarquerez dans la fabrication de cette espèce de fromage l'intervention de la chaleur. Le lait est chauffé sur le feu au moment où doit agir la présure, ce que l'on ne fait pas pour les autres qualités. Aussi le fromage de Gruyère est-il appelé fromage *cuit*.

Trop longtemps conservés, tous les fromages, les uns plus tôt, les autres plus tard, sont envahis, à l'extérieur d'abord, puis à l'intérieur, par des moisissures d'un blanc jaunâtre au début, ensuite bleues ou verdâtres et finalement d'un rouge de brique. En même temps, la pâte se corrompt, acquiert une odeur repoussante et une saveur tellement âcre, qu'elle endolorit les lèvres. Le fromage n'est plus alors qu'une pourriture à jeter au fumier. L'altération est d'autant plus rapide que la pâte est plus molle et plus perméable à l'air. Pour assurer aux fromages une longue durée, il faut donc les dessécher avec soin et leur donner, par une forte pression, une consistance compacte. Voilà pourquoi l'on presse avec tant de force, dans leurs moules, les grands fromages de Gruyère et d'Auvergne. Ce n'est rien encore par rapport à certains fromages, dits de Hollande, remarquables par leur aptitude à se conserver très-longtemps. Ces derniers sont tellement durs et secs, qu'il faut parfois les briser à coups de marteau et les mettre ramollir dans un linge mouillé avec du vin blanc, avant de pouvoir les manger.

Émile. — Ces fromages si rebelles, durs comme des cailloux, ne doivent pas être d'un usage bien répandu?

Paul. — C'est ce qui vous trompe. La cuisine fait usage de ce fromage dur pour assaisonner certains mets, après l'avoir réduit en poudre avec la râpe. Enfin la marine le fait entrer dans les provisions des vaisseaux destinés à de longs voyages. Le fromage de Hollande est tout rond comme une boule; la croûte en est rougeâtre. Il tire son nom du pays où s'en fait la fabrication.

XXXIV

Le Cochon.

PAUL. — Tout porte à croire que le cochon domestique descend soit de l'une, soit de l'autre des nombreuses espèces de sangliers répandues en Asie, peut-être même de plusieurs d'entre elles; mais les sangliers asiatiques ont avec celui de l'Europe une telle ressemblance de forme et de mœurs, qu'il me suffira de vous faire connaître ce dernier pour vous donner une idée juste des autres et vous montrer ainsi ce que devait être le cochon en son état primitif.

Très-fréquents autrefois dans les vieilles forêts de la France, les sangliers deviennent chez nous de jour en jour plus rares et sont destinés à disparaître tôt ou tard, comme ils ont déjà disparu de l'Angleterre, où leur race a été exterminée jusqu'au dernier, ainsi que celle des loups. Cette extermination générale s'explique par la situation du pays. L'Angleterre est de partout entourée par la mer. Si donc le loup et le sanglier, traqués comme deux incommodes voisins, finissent par être détruits à fond, les deux espèces sont anéanties à jamais dans l'île, puisque l'obstacle des mers empêche toute invasion de nouveaux arrivants.

ÉMILE. — C'est tout clair. Une fois le dernier loup et le dernier sanglier tués, les Anglais, protégés par la mer qui les entoure, sont définitivement débarrassés de ces animaux.

LOUIS. — Que ne pouvons-nous ainsi nous délivrer des loups! Volontiers je verrais la peau du dernier bourrée de paille et promenée de ferme en ferme. Je ne dirai rien du sanglier, dont j'ignore la manière de vivre.

PAUL. — Le sanglier est aussi un ennemi redoutable, non pour les troupeaux, mais pour les cultures, où il fait de graves dommages; d'ailleurs, c'est une bête brutale, dont la rencontre au fond d'un bois ne serait pas toujours sans péril. Sa taille et sa forme sont à peu près celles du porc vulgaire, dont il diffère surtout par son pelage grossier, d'un roux noirâtre ; par les soies du dos, raides et fortes, se hérissant, dans la fureur, en une crinière d'aspect horrible ; par sa tête, nommée *hure*, plus longue et plus arquée ; par ses oreilles plus petites, droites et très-mobiles ; par ses jambes plus grosses et plus courtes ; enfin par l'ensemble du corps plus ramassé. Les yeux sont petits, expressifs si l'animal est tranquille, ardents et farouches dans la colère. Les dents canines de chaque mâchoire s'échappent menaçantes hors des lèvres : celles d'en bas fort longues, recourbées, tranchantes et pointues ; celles d'en haut plus courtes et frottant contre les premières pour leur servir d'aiguisoir. Cet office de pierre à aiguiser a fait comparer les canines supérieures au grès des remouleurs et leur a valu le nom de *grès ;* tandis que les canines inférieures, terribles à l'attaque, se nomment *défenses.* De son robuste museau ou *boutoir,* le sanglier heurte et culbute ; du tranchant de ses défenses, il éventre et pourfend. La femelle ou *laie* n'a pas de défenses, mais sa morsure est des plus redoutables ; elle l'accompagne d'un féroce claquement de mâchoires et d'un piétinement acharné, à lui seul mortel pour l'adversaire foulé. Le cri de l'un et de l'autre consiste en un souffle bruyant, signe de fureur et de surprise ; hors du péril, la brute est ordinairement silencieuse.

Le sanglier aime les grandes forêts, dont il recherche les endroits les plus retirés et les plus sombres, où il ne soit pas inquiété par la présence de l'homme. De jour, il se tient couché dans sa retraite ou *bauge,* au plus épais des broussailles et des buissons. Dans le voisinage est habituellement quelque mare bourbeuse où il se vautre avec délices. Sur le soir, il quitte son gîte, à la recherche de la nourriture. De son groin il laboure le sol, toujours en ligne droite, pour déterrer des racines charnues ; il cueille les fruits tombés à terre, les grains des céréales, les châ-

taignes, les faînes, les noisettes, les glands, ces derniers
surtout, son régal préféré. Mais la nourriture végétale ne
suffit pas à sa voracité. S'il connaît un étang poissonneux,
il en bouleverse les rives pour atteindre les anguilles réfu-
giées dans la vase ; s'il sait un terrier de lapins, il le sac-
cage en creusant profonde tranchée et culbutant les
pierres à coups de boutoir. Il surprend la perdrix au nid
et dévore mère et couvée ; il broie les lapereaux au gîte ;
il happe pendant leur sommeil les jeunes faons du cerf
et du chevreuil. Enfin si la proie vivante manque, il fait
ventre de toute charogne. Toute la nuit se passe en semblables déprédations ; puis la bête regagne sa bauge aux
premières lueurs du jour.

La famille d'une laie comprend de trois à huit petits,
nommés *marcassins*, dont le pelage est rayé en long de
bandes fauves ou brunes sur un fond blanc. A six mois,
le poil devient plus foncé, gris sale, et le marcassin perd
son nom pour prendre celui de *bête rousse*. Les chasseurs
appellent *bête de compagnie* le jeune d'un an, et *ragot*
celui de deux ans. A cette époque, les défenses commencent à devenir dangereuses. Elles sont dans toute leur
puissance et la bête est qualifiée de *sanglier* dans l'intervalle de trois à cinq ans. Par delà, jusqu'à vingt-cinq ou
trente ans, limite ordinaire de sa vie, l'animal se nomme
vieux sanglier, ou bien encore vieil *ermite, solitaire*, à
cause de l'isolement dans lequel il vit. Alors les défenses
s'émoussent et se recourbent fortement vers les yeux.

La chasse au sanglier n'est pas sans péril. S'il se voit
traqué de trop près par la meute à sa poursuite, l'animal
prend refuge dans quelqu'épais fourré de ronces et de
houx et s'ouvre un passage à travers le rempart d'épines,
où tout autre que lui n'oserait pénétrer. Par la voie frayée,
les chiens s'élancent, rivalisant d'ardeur et d'aboiements.
Ils sont huit, ils sont douze, ils sont quinze ; n'importe :
le sanglier attend de pied ferme ses nombreux assaillants.
Acculé contre une souche noueuse, qui le protége en arrière, il aiguise ses défenses et fait claquer ses mâchoires

d'où découle la bave. Sa crinière se hérisse sur la hure et sur le dos ; ses petits yeux, enflammés de fureur, ressemblent à deux charbons rouges. Les plus hardis se précipitent pour le saisir aux oreilles ; il les disperse de quelques coups de boutoir distribués avec une foudroyante promptitude. Les uns retombent avec le ventre ouvert, d'où s'échappent les entrailles traînant sur les buissons ; les autres ont un membre cassé, une épaule disloquée ou tout au moins la peau fendue d'une boutonnière. Les mourants étirent les pattes dans les dernières convulsions de l'agonie, les blessés hurlent de douleur, les moins éclopés font prompte retraite. Mais des renforts arrivent, ramenant les fuyards à la charge. C'est alors, dans l'épaisseur des ronces, un vacarme indescriptible. Aux cris de la meute, qui hurle, aboie, gémit sur tous les tons, aux grognements de rage de la brute, se mêlent le bruit des broussailles cassées dans la bagarre et l'aigre voix des pies, accourues au tumulte et caquetant du haut des chênes sur l'événement insolite. Le sanglier sort enfin du fourré ; ivre de carnage, il poursuit à son tour. Gare alors au chasseur novice qui perdrait sa présence d'esprit, ou dont l'arme manquerait le but : il pourrait payer de la vie son imprudence et sa maladresse. Mais espérons qu'une balle, adroitement dirigée entre les deux yeux de la bête, mettra fin à une lutte où les meilleurs chiens de la meute ont déjà péri.

JULES. — Je m'aperçois que ce n'est pas ici la chasse au timide lapin. Qui se trouverait à la portée de l'animal furieux, harcelé par les chiens, ne serait pas, comme on dit, à la fête.

PAUL. — Il y a cependant des gens, au mâle courage, qui vont droit à la bête furibonde et lui plongent au cœur le coutelas de chasse. Mais d'habitude les choses se passent avec moins de péril et sans cet atroce éventrement de chiens, jeu de grand seigneur. Embusqué en lieu sûr, le chasseur attend le sanglier au passage et lui envoie une paire de balles. Tout se borne là. Si l'attaque a moins d'apparat, du moins elle épargne la vie des chiens et ne met pas en danger celle de l'homme.

JULES. — Je lui donne la préférence sur celle où toute une meute peut succomber. Je n'aime pas cette tuerie de chiens, que les défenses du sanglier entaillent au milieu des buissons.

LOUIS. — Et que fait-on de la bête abattue?

PAUL. — C'est une pièce de gibier comme nos bois n'en fournissent pas de pareille. Tel sanglier, vieux solitaire, atteint le poids de deux cents kilogrammes. Il y a là de quoi festoyer, je l'espère; d'autant plus que la chair est excellente. Le morceau d'honneur est la tête, autrement dit la hure.

Le sanglier d'Asie, d'où le porc descend, ne diffère pas du nôtre par les mœurs; c'est, comme lui, une bête farouche, grossière, vigoureuse, hardie, vorace, effroi des gens sous l'humide ombrage des forêts. Comment l'intraitable brute est-elle devenue le porc que nous élevons; par quels soins, par quels traitements de douceur a-t-elle perdu son antique sauvagerie? A cette question, il n'y a pas de réponse, pas plus que pour le chien, pas plus que pour le bœuf. Des siècles et des siècles de domesticité ont jeté l'oubli sur l'éducation première.

Malgré toutes les améliorations, le porc n'en est pas moins resté une bête grossière, rappelant en plus d'un trait le caractère du sanglier. Comme ce dernier, il se nourrit de tout; et plus que lui encore, il est porté aux insatiables satisfactions du ventre. Les périls de la liberté n'éveillant plus d'autres besoins, il se livre sans réserve à ses appétits voraces. Le porc est une créature à fabriquer du lard; il vit uniquement pour manger, digérer, s'engraisser. Sa goinfrerie va jusqu'à s'accommoder des rebuts de cuisine, des grasses lavures de vaiselle, des restes immondes, des tripailles, enfin de tout jusqu'à l'ordure. Mal lui en prend de fouiller l'immondice pour satisfaire sa gloutonnerie, car il peut ainsi contracter une maladie horrible, dont il sera parlé plus tard. Non content des pommes de terre cuites, des bouillies farineuses, du gland

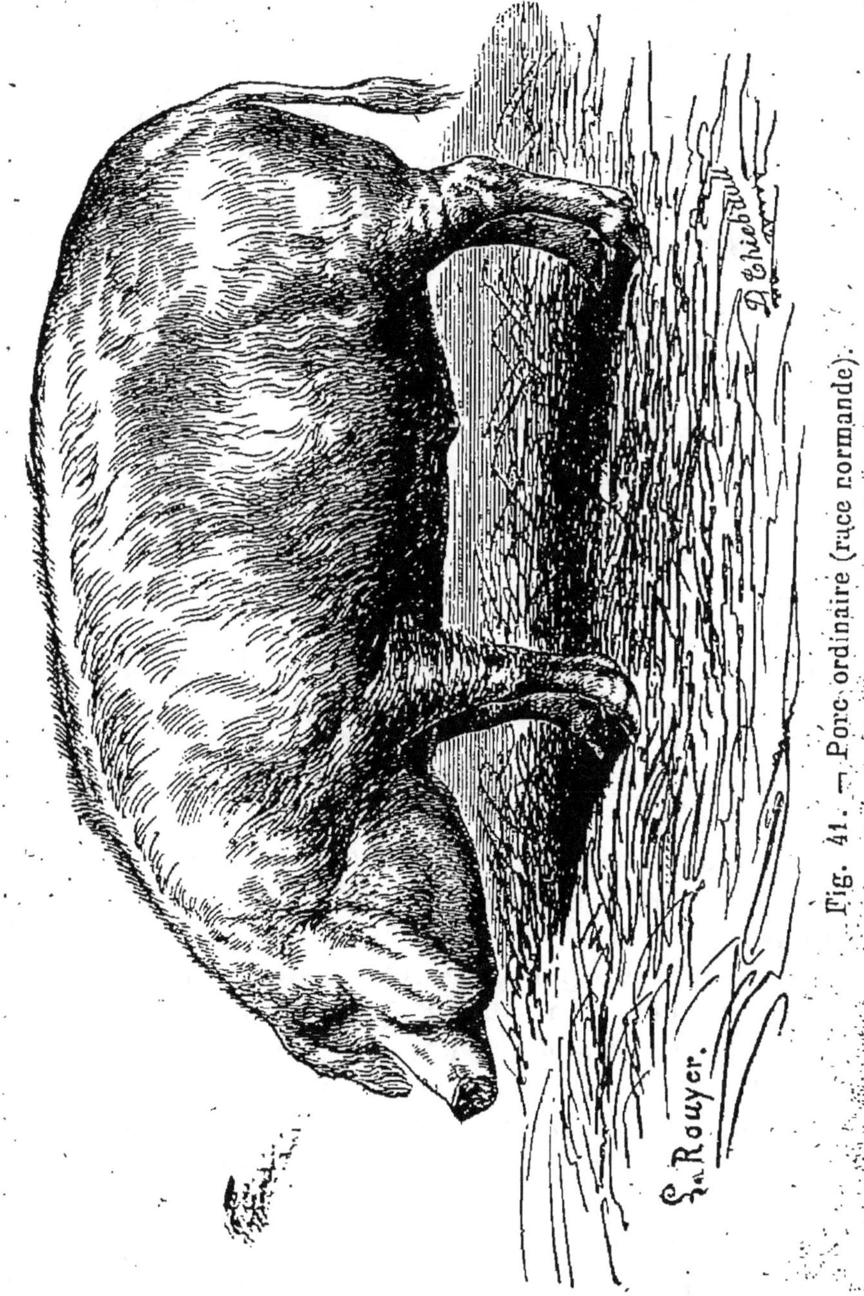

Fig. 41. — Porc ordinaire (race normande).

et autres vivres dont on approvisionne son auge, il creuse

la terre de son boutoir, à la recherche des racines, des vers,
des grosses larves. Ou bien il sommeille, couché sur le flanc,
tout entier aux délices de la digestion ; ou bien il fouille,
dans l'espoir d'une bouchée, si petite qu'elle soit. Dans les
champs cultivés, les prairies, les gazons, les dégâts marchent vite avec pareil mineur, qui met le sol sens dessus dessous. Pour couper court à sa manie d'excavation,
on lui perce le bord du groin de deux trous dans lesquels
on engage un bout de fil de fer que l'on recourbe ensuite
en anneau.

Jules. — Ah ! je sais. J'ai vu souvent de petites boucles
de fil de fer au bout du museau du porc. J'en ignorais
l'usage ; maintenant je comprends à quoi ces anneaux servent. Si le cochon veut fouiller, le fil de fer pressé contre
terre meurtrit la blessure dans laquelle il est passé ; et la
douleur force la bête à cesser le travail.

Paul. — C'est bien là le rôle des anneaux fixés au bord
du boutoir.

Émile. — On voit aussi des porcs avec une espèce de
grand triangle de bois passé autour du cou.

Paul. — Comme le porc est peu soumis et n'obéit guère
à la voix de qui le mène, si l'on doit conduire aux champs
plusieurs de ces animaux, on leur met au cou un large
collier de bois en forme de triangle, qui les empêche de
passer à travers les haies et de se répandre dans les cultures voisines.

La goinfrerie du porc est proverbiale. Gardons-nous de
la lui reprocher. Son vorace appétit nous tranforme en
viande savoureuse et en lard mille rebuts, dont ne voudrait
aucun des autres animaux domestiques et qui seraient
perdus pour nous sans son intervention ; avec des matières
sans valeur, son robuste estomac, que rien ne rebute, fait
ces provisions précieuses si bien appréciées de vous tous
sous forme de saucissons et de saucisses. Ne lui reprochons
pas davantage son amour passionné du bourbier, où il se
vautre pour apaiser la chaleur de son tempérament. Il
hérite en cela des habitudes de son ancêtre le sanglier,

qui, lui aussi, se complaît dans les délices d'un lit de bourbe. D'ailleurs il y va de notre faute encore plus que de ses goûts. Le porc aime le bain froid; c'est avec tous les signes de la satisfaction qu'il se laisse laver et brosser par qui le soigne. Il aime la propreté, à tel point que, seul des animaux domestiques, il se fait scrupule de souiller sa litière de ses ordures. Pourquoi donc le mot de cochon éveille-t-il l'idée de saleté? Ici, le plus souvent, nous sommes les coupables. Que l'on fournisse au porc de l'eau propre, nécessaire à ses bains, et il oubliera l'infect bourbier, dont il se contente faute de mieux; que l'on tienne son local en état convenable, et la pauvre bête en aura vive satisfaction, préférant de beaucoup une saine litière à une couche fangeuse. A ces soins de propreté, l'animal gagnera, et nous aussi.

De son vivant, le porc n'est d'utilité aucune, si ce n'est pour la recherche des truffes, où il excelle grâce au développement énorme de son nez et à la finesse de son odorat; néanmoins, pour pareil service, on lui préfère le chien, plus dégagé d'allures dans les terrains accidentés, plus actif, plus intelligent. C'est à sa mort que le porc dédommage des soins qu'il a coûtés. Assistons à l'événement, cause de liesse pour la famille.

Longtemps engraissé de pommes de terre, favorables à l'embonpoint, et de gland, qui donne consistance ferme et saveur à sa chair, le porc peut à peine se soutenir sur ses courtes jambes. Il sommeille et digère, paresseusement couché sur le côté. Au cou pendent trois et quatre gros bourrelets de graisse; sous le ventre tremblotent des coussins de saindoux; la croupe est bien arrondie, le dos matelassé de lard. C'est le moment. A la pointe du jour, la bête est tirée de sa douce oisiveté, et sacrifiée au milieu de cris perçants qui protestent contre sa cruelle destinée. Avec des torches de paille enflammées, on brûle les soies de l'animal, qui, bien raclé et lavé, est ouvert et dépecé. Maintenant, la mère de famille procède à la conservation de ces riches provisions. Chacun lui vient en aide dans la maison. Ici, sur un grand feu, dans un chaudron de cuivre bien luisant, se fond la graisse, qu'on verse à mesure dans des pots, où elle se fige en devenant blanche comme neige. A côté, les boudins durcissent dans l'eau bouillante ; plus loin, à l'aide d'un large coutelas, on réduit la viande en pâte pour faire les saucisses, qui, roulées en longue guirlande autour de deux lattes, doivent sécher longtemps, appendues au plancher, en regard de l'âtre. Là se prépare le jambon, qu'on enveloppera de toile et qu'on suspendra en un coin, sous le manteau de la cheminée, pour en assurer la conservation. Sur une claie sont étendues les plus importantes dépouilles de la bête, le dos et les flancs recouverts d'une couche de sel. Et la mère de famille s'épanouit le cœur de contentement ; elle voit ses armoires, ses dépenses s'emplir de vivres pour toute l'année.

Or, ces provisions, sur lesquelles se fonde l'espoir de la ménagère, seraient rapidement altérées et deviendraient impropres à la nourriture sans l'emploi du sel. Un morceau de viande abandonné à lui-même ne tarde pas à répandre une mauvaise odeur et à se corrompre. Plus la température est élevée et l'air humide, plus la corruption est rapide. Voilà pourquoi on choisit l'approche de l'hiver et autant que possible un temps sec pour préparer les dépouilles du porc. Cette préparation consiste à imprégner la viande, le lard, la graisse, d'une bonne dose de sel. La viande salée se dessèche sans se corrompre, et se conserve longtemps, mais non indéfiniment, car plus tôt ou plus tard elle rancit. Malgré cet inconvénient, la salaison est encore la meilleure manière de conserver la viande.

Un autre procédé fort anciennement connu et très-efficace consiste à exposer la viande à l'action de la fumée qui se dégage du bois en combustion. Tel est le motif qui fait suspendre sur les côtés du manteau de la cheminée les jambons déjà pénétrés de sel. Dans les fermes, on ne prend pas en général assez de soin pour cette opération : on se borne à mettre les pièces à portée de la fumée de l'âtre sans enveloppe qui les protége. Aussi la viande se couvre de suie, s'imprègne de sucs noirs et devient mauvaise. Pour éviter ces inconvénients, il suffit d'envelopper les jambons d'une double toile qui tamise la fumée, arrête la suie et ne laisse passer que les vapeurs vraiment propres à conserver la viande, sans la noircir et lui communiquer désagréable goût.

En divers pays, l'Allemagne et l'Angleterre par exemple,

Fig. 42. — Porc de race anglaise.

le fumage se pratique en grand tant pour la viande de bœuf que pour celle de porc. Trois ou quatre chambres, basses de plafond et communiquant entre elles pas des trous, sont en rapport avec une cheminés assez éloignée, où l'on brûle des copeaux de chêne et quelques plantes aromatiques. Les plus grosses pièces sont suspendues dans la première chambre, à des perches ou à des crocs en fer; les pièces moyennes sont dans la seconde; et les moindres sont reléguées dans la dernière. La fumée, à cause de l'éloignement de la cheminée, arrive froide dans le premier compartiment, où elle agit, avec toute sa puissance, sur les viandes épaisses, les plus difficiles à pénétrer. De là elle passe dans le second compartiment, et enfin dans le troisième et trouve ainsi sur son passage, à mesure qu'elle perd de son énergie, des morceaux moins résistants à son action. Comme aliment, la viande fumée est préférable à la viande salée ; elle est de meilleur goût et de digestion plus facile.

Le fumage s'applique aussi aux poissons. Vous en avez un exemple bien connu dans le hareng. Tel que nous le vend l'épicier, ce poisson est tantôt d'un blanc argenté tantôt d'un roux doré. Dans le premier état, il le nomme *hareng blanc* ; dans le second, *hareng saur*. La différence provient du mode de conservation. Immédiatement après la pêche, les harengs sont ouverts, vidés, lavés et mis tremper dans une saumure, c'est-à-dire dans une forte dissolution de sel. Au bout d'une quinzaine d'heures, on les retire, on les met égoutter, et finalement on les empile dans des tonneaux par lits réguliers. Le résultat de cette préparation est le hareng blanc, ainsi nommé parce que le poisson, simplement salé et mis en tonneau, conserve sa belle couleur argentée. Le fumage donne les hareng saurs, reconnaissables à leur teinte jaune dorée et à leur odeur de fumée. Le poisson frais est d'abord salé fortement par un séjour d'une trentaine d'heures dans la saumure. Puis on l'embroche par les ouïes à de menues branches, et on l'expose dans des espèces de cheminées où l'on brûle du bois vert, donnant peu de flamme et des torrents de fumée. C'est alors que le hareng prend sa couleur rousse et sa légère odeur de fumée.

XXXV

La ladrerie.

Jean était venu au marché vendre son porc; Mathieu, de son côté, s'y était rendu dans l'intention d'en acheter un. La bête de Jean lui plut. Après des pourparlers où toutes les finesses furent déployées de la part du vendeur pour vanter sa marchandise, de la part de l'acheteur pour la déprécier, on tomba d'accord sur le prix, et comme gage, on se tapa dans les mains.

Mais avant de sortir la bourse et de compter ses écus, Mathieu voulut s'assurer, c'était son droit, si le porc était sain. Un homme fut appelé, dont c'était le métier. Il prit l'animal par les jambes et le culbuta sur le flanc. Tandis que Jean et Mathieu tenaient en respect la bête, lui, un genou en terre et son bâton passé comme un levier entre les dents du porc, faisait bâiller les deux mâchoires. Alors il plongea la main dans l'affreuse gueule, et du bout des doigts fouilla, palpa à droite, à gauche et surtout sous la langue. Cependant le porc jetait des cris à fendre l'âme; et par leurs rauques grognements, tous ses compagnons de marché semblaient compatir à sa détresse. La place était en émoi. L'épreuve faite, l'animal fut lâché, et aussitôt tout redevint tranquille. Le porc était reconnu sain.

Émile passait au moment de l'opération. Que fait-on à la pauvre bête avec ce gros bâton passé entre les mâchoires? Pourquoi lui fouille-t-on la gueule? Ne pourrait-on le laisser en paix au lieu de le faire crier pire que si on l'égorgeait? — Telles étaient les questions qui traversaient l'esprit d'Émile, presque effrayé des cris perçants de l'animal et des grognements inquiets de ses compagnons. Le soir, à la veillée, la conversation vint sur cet événement.

Paul. — L'homme qui fouillait de sa main dans la gueule du porc, tandis que le bâton maintenait écartées les redoutables mâchoires, avait pour but de s'assurer que l'animal n'était pas ladre. Le porc, en effet, est sujet à une étrange maladie, appelée *ladrerie,* qui rend sa chair malsaine et même dangereuse. Lorsque l'animal en est atteint, sa chair et son lard sont farcis d'une multitude de grains blancs et ronds, depuis la grosseur d'une tête d'épingle jusqu'à celle d'un pois et au delà ; ces grains se nomment *hydatides.* Leur nombre est parfois si grand, que, dans un morceau de lard pas plus grand que les cinq doigts de la main, on en compterait des centaines. Pour reconnaître si un porc est ladre, on ne peut songer à fouiller dans le lard tant que la bête est vivante. Que fait-on alors ? On palpe les parties molles accessibles à la main, les parois de la bouche, le dessous de la langue principalement, lieu de prédilection pour les hydatides. Si l'on sent sous les doigts des grains durs, le porc est ladre et perd beaucoup de son prix ; si l'on ne sent rien de pareil, l'animal est sain et possède toute sa valeur. Voilà le motif de l'opération qui, ce matin, au marché, a tant intrigué Émile. L'homme qui palpait la gueule de la bête se nomme *langueyeur.* Sa fonction est de *langueyer* dans les marchés, c'est-à-dire d'examiner la langue pour reconnaître si l'animal est ladre ou non. Dans ces deux mots, nouveaux peut-être pour vous, vous reconnaissez sans peine le mot langue, d'où ils dérivent l'un et l'autre.

JULES. — Je vois fort bien que ces deux expressions ont rapport à l'examen qui porte principalement sur la langue du porc ; mais je ne comprends pas encore le moins du monde en quoi ces grains blancs et durs que recherche le langueyeur, en quoi ces hydatides, comme vous les appelez, peuvent rendre la viande malsaine et dangereuse.

PAUL. — Vous allez bientôt le comprendre. Chacun de ces grains est une loge, une cellule, une chambrette, si vous voulez, où vit une espèce de ver, grassement nourri de la subtance du porc. Vous connaissez le ver qui habite la pulpe juteuse des cerises, celui qui ronge l'amande des noisettes, celui qui s'établit au cœur de la poire et de la pomme, et tant d'autres enfin dont je vous ai raconté l'histoire au sujet des ravageurs. Eh bien, les fruits ne sont pas les seuls à héberger des hôtes aussi incommodes ; tout animal a ses parasites qui le mangent vivant. Pour sa part, le porc en a un grand nombre, surtout lorsque, dans sa goinfrerie, il se repaît d'ordures. L'un deux est le ver dont je vous parle.

C'est bien la plus singulière bête qu'il soit possible de voir. Figurez-vous une petite vessie pleine d'un liquide clair comme de l'eau ; sur cette vessie, un cou très-court et ridé ; enfin, à l'extrémité de ce cou, une tête ronde, portant sur les côtés quatre suçoirs et au bout trente-deux crochets rangés en couronne sur un double rang. Voilà le ver, voilà l'hydatide. Chacun est renfermé dans une sorte de petite bourse, dans une loge à demi transparente et ferme dont la substance est empruntée à la chair même du porc. Habituellement, la bestiole est en entier cachée dans son réduit ; d'autres fois, par un orifice de la bourse, elle allonge le cou et sort un peu la tête, sans doute pour s'alimenter des humeurs du voisinage au moyen de ses quatre suçoirs. Quant à l'espèce de vessie qui termine le ver, jamais elle ne sort de la cellule, dont elle remplit exactement la cavité. L'animal ne change donc jamais de place.

Émile. — Voilà certes une vie des plus monotones. Pour tout mouvement, le vermisseau montre de temps à autre la tête hors de la bourse qui le contient, puis la rentre et se renferme chez lui. Est-elle bien grande, cette bourse ?

Paul. — Il y en a de diverses grosseurs suivant le degré de développement du ver, car à mesure que celui-ci grandit, sa demeure devient aussi plus ample. La forme générale de ces loges est celle d'un petit œuf dont la plus grande dimension peut atteindre deux centimètres et la moindre de cinq à six millimètres.

Les hydatides habitent dans le lard et la chair du porc

vivant ; ils y vivent par milliers et milliers, à tel point que parfois on ne trouverait pas un morceau de lard de la grosseur d'une noix qui n'en contienne quelques-uns. Chacun, bien clos dans son réduit, dans sa loge à parois résistantes, grossit en paix, à l'abri de toute attaque, et fouille le voisinage avec sa couronne de crochets et ses quatre suçoirs.

Émile. — Quel misérable sort que celui du porc ainsi dévoré vivant, sans une place nette, sans pouvoir se défaire de l'acharnée vermine ! Le pauvre animal doit succomber bientôt ?

Paul. — Pas précisément. Il dépérit, il est vrai, mais résiste longtemps, car il a la vie dure.

Jules. — Je ne songe pas sans effroi aux horribles démangeaisons que doit lui causer cette armée de vermines qui fouillent et labourent de tous côtés son lard.

Paul. — Votre effroi redoublerait si vous saviez que cette vermine n'attend qu'une occasion favorable pour émigrer en notre corps même et nous ravager à notre tour.

Jules. — Comment ! ces affreux vers du porc auraient des prétentions sur nous !

Paul. — Et des prétentions hélas ! trop souvent accomplies, si nous n'y prenons garde. C'est ce que nous allons examiner.

XXXVI

Parasites de l'homme.

Paul. — On nomme *parasites* toute espèce animale qui vit aux dépens d'une autre et habite généralement sur son corps ou même à l'intérieur. Les hydatides, par exemple, sont des parasites du porc. Malgré les nobles acultés de son âme, qui en font le roi de la création,

l'homme lui-même a son rôle de victime dans cette lutte
entre dévorants et dévorés; il a ses parasites, qui vivent
de sa substance sans plus de façon que tel ver ronge la
cerise et tel autre la noisette. Trop de misères hélas ! nous
démontrent que la loi commune nous est appliquée sans
égard aucun pour notre supériorité incontestable. Il ne
sera pas hors de propos de rappeler ici rapidement quelques-uns des parasites de l'homme, pour préparer vos
esprits à cet autre parasite, redoutable entre tous, dont le
porc ladre est pour nous le point de départ.

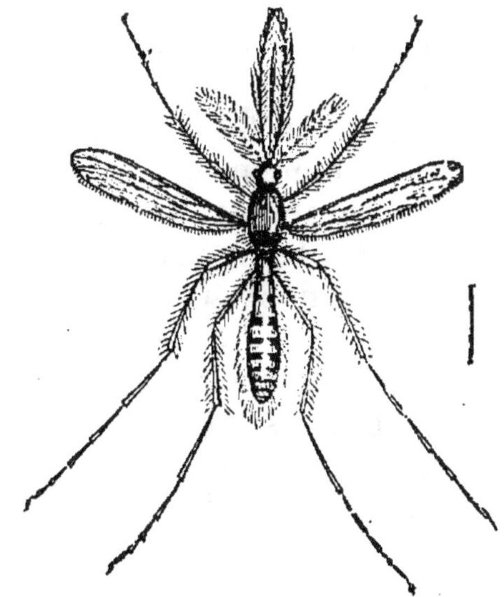

Fig. 43. — Le Cousin.

En dehors des puissants et féroces animaux, tels que le
lion et le tigre, entre les griffes desquels l'homme est
comme la souris sous la patte du chat, en dehors de ces
formidables espèces que nous pouvons du moins combattre,
nous sommes livrés en pâture à des hordes affamées
qui, par leur petitesse, leur nombre, leur gîte, bravent
impunément nos efforts. C'est d'abord un moucheron, le
cousin, qui, armé d'une lancette empoisonnée, puise impunément dans nos veines des gorgées du meilleur de notre
sang ; et dans une sorte de chant de guerre, sifflé de nuit

à nos oreilles, semble insulter à notre colère impuissante.

Jules. — Ce chant de guerre est le bourdonnement aigu que le cousin fait entendre quand il s'approche de nous et cherche, sur la peau, un point à sa convenance pour y plonger sa lancette. Que de soufflets je me suis donnés, sans pouvoir saisir l'odieux moucheron, lorsqu'il vient, au milieu de l'obscurité, bruire obstinément aux oreilles !

Paul. — Ce sont après les infectes punaises, qui nous explorent pendant notre sommeil et choisissent sur nous le morceau le plus tendre, celui qui est mieux de leur goût.

Émile. — Dégoûtantes bêtes, je vous ferai choisir si jamais je vous prends !

Paul. — En attendant qu'on les prenne, elles font les difficiles quand elles se promènent sur le dormeur. Pour elles, ceci ne vaut pas cela, ce morceau est de moindre valeur que cet autre ; et les puantes bêtes vont tâtant un peu de partout, jusqu'à ce qu'elles aient trouvé un point à leur convenance. Aux blancheurs de l'aube, dès les premiers signes du réveil, toutes prudemment font retraite et disparaissent, le ventre gonflé de sang, qui dans les jointures de la boiserie du lit, qui dans les plis des rideaux, qui dans les fissures du mur. Là, paisiblement tout le jour, elles digèrent, pour recommencer, la nuit d'après, leurs saignées sur l'homme.

Voici maintenant le pou et la puce, qui nous travaillent l'un la tête, l'autre tout le corps, de leurs irritantes morsures. Comme au cousin, comme à la punaise, il leur faut notre sang pour nourriture ; et certes ils ne s'en font pas faute, si la propreté ne nous débarrasse de leur odieuse présence.

Émile. — La puce, encore passe ; mais le pou ! ah quelle horreur !

Paul — J'ai souvenir d'un temps où votre répugnance pour la dégoûtante bête n'était pas aussi vive qu'aujourd'hui. Vous étiez tout petit alors et assez insoucieux des soins de propreté. Pour vous engager à vous laisser peigner et à prendre patience pendant l'opération, il fallait vous menacer d'une noyade tramée par la vermine contre les enfants malpropres. Les poux, vous disait-on, s'ils deviennent nombreux, tresseront vos cheveux en une corde, et, s'y attelant tous, vous traîneront à la rivière. En apprenant le sort lamentable qui l'attendait, petit Émile se soumettait tranquillement au peigne; mais il fallait recommencer, la fois d'après, le ridicule conte de l'attelage de poux.

ÉMILE. — Cette insouciance m'a bien passé, mon oncle. Aujourd'hui, la seule idée de l'abominable vermine me fait venir le frisson, et je ne manque jamais de donner à ma

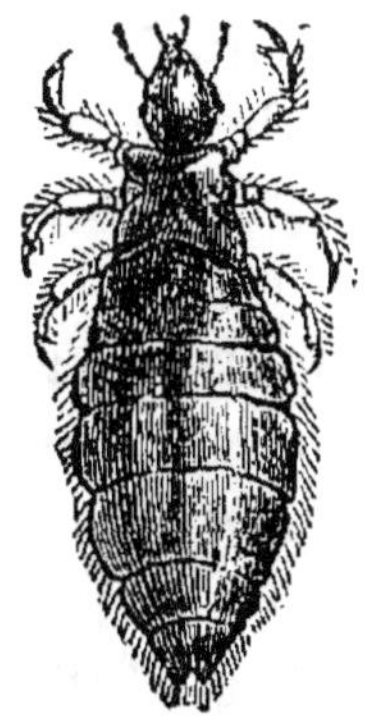

Fig. 44. — Le Pou.

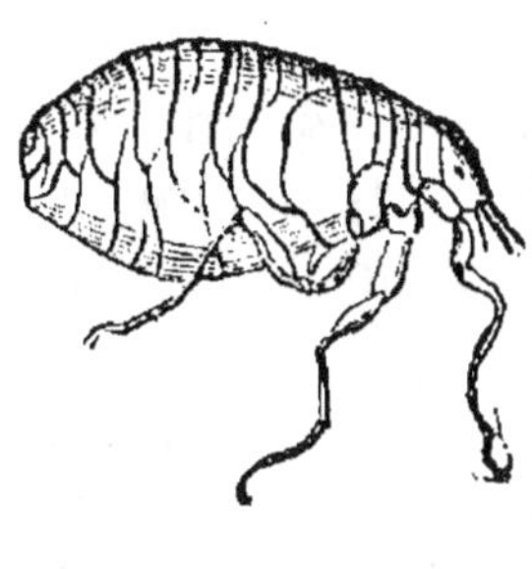

Fig. 45. — La Puce.

chevelure, chaque matin, de scrupuleux soins de propreté.

PAUL. — Ainsi doit faire tout garçon qui ne veut pas devenir un objet de dégoût, avec sa tignasse peuplée de vermine et semée de chapelets de points blancs, qui sont les lentes ou œufs des poux.

Je passe à d'autres parasites. Une toute petite bestiole, un ciron de rien, à grand peine visible, nommé *sarcopte*, s'établit dans notre peau, qu'il laboure de sillons à la manière d'une taupe fouillant une prairie. Ses taupinières à lui sont de petits boutons, des pustules, sièges de cuisantes démangeaisons. Telle est la cause de la maladie appelée gale.

Jules. — La gale est produite par un ciron qui nous laboure la peau ?

Paul. — Oui, la gale se propage par le simple toucher, parce que le ciron passe de la personne malade sur celle qui ne l'est pas.

Jules. — Et comment est-elle, cette horrible bestiole, qui, dit-on, fait tant gratter !

Paul. — Le sarcopte de la gale est un petit point blanc, tout juste perceptible aux yeux avec une grande attention. Sa forme est arrondie et rappelle un peu celle de la tortue. Il a huit pattes, deux paires sur le devant, deux paires en arrière, hérissées les unes et les autres de cils piquants et raides. Quand il marche, l'animalcule étale ses huit membres ; quand il est au repos, il les retire sous son corps voûté, à peu près comme une tortue rentre ses pattes dans sa coque. Enfin sa bouche est armée de griffes, crocs et fines pinces. C'est avec ces outils qu'il se creuse, de ci de là, dans l'épaisseur de la peau, de longues galeries, où il va et vient à sa guise, ainsi que le fait une taupe dans la terre. Le mot sarcopte signifie qui taille les chairs. Je vous laisse à penser les insupportables démangeaisons que doit produire ce laboureur de chair humaine quand, de son bec si bien outillé, il fouille et taille devant lui. Pour tuer ce parasite et mettre ainsi fin à la maladie, on expose les galeux, moins la tête, aux vapeurs asphyxiantes qui se dégagent du soufre en combustion ; ou bien on leur frotte le corps avec des liquides où entrent des compositions de soufre, propres à faire périr l'animalcule dans ses retraites au sein de la peau.

Ai-je maintenant tout dit au sujet des parasites de l'homme ? Hélas ! non ; nous sommes bien loin de compte. Une multitude d'autres ravagent les profondeurs de nos organes, d'où rien ne peut les déloger. Celui-ci se niche dans le globe de l'œil ; cet autre se trouve mieux dans le cerveau et prend domicile au centre même de l'instrument de la pensée ; ce troisième pénètre dans les veines et se laisse entraîner par le courant du sang ; ce quatrième séjourne dans nos entrailles et prélève la dîme de notre nourriture. Est-ce tout ! Pas encore ; mais c'est bien assez pour vous montrer à combien de ravageurs notre pauvre humanité est en proie.

JULES. — Vous m'épouvantez, mon oncle, avec ces parasites qui ne respectent rien en nous.

PAUL. — Je ne cherche pas, Dieu m'en garde, à éveiller une frayeur inutile ; mais, pour se garantir d'un danger, le mieux est de le connaître. Je ne dirai rien des parasites heureusement trop rares pour qu'il y ait lieu de s'en préoccuper ; je me bornerai à vous tracer une rapide histoire de l'un d'eux, qui nous menace plus fréquemment que les autres et nous vient du porc ladre.

XXXVII

Le Ténia.

PAUL. — Une foule d'animaux changent de forme dans le courant de leur existence, et, avec la nouvelle structure, prennent aussi une nouvelle manière de vivre. Ainsi la chenille et le papillon, par exemple, sont en réalité un même animal, mais avec des formes et des habitudes bien différentes. La chenille se traîne lourdement sur la plante, dont elle ronge le feuillage ; le papillon, doué de légères et gracieuses ailes, vole d'une fleur à l'autre pour y boire, avec sa longue trompe, une liqueur sucrée. Le ver de la cerise grossit au sein du jus qui l'alimente ; une fois devenu fort, il tombe de l'arbre avec le fruit gâté et se hâte de s'enfouir en terre pour y subir sa transformation. Il en sort, le printemps suivant, sous la forme d'une élégante mouche, qui vit du miel des fleurs et ne touche plus aux cerises, si ce n'est pour y déposer ses œufs un à un. De même encore, le ver de la noisette, grossi à point, perce d'un trou la robuste coque du fruit, sort de sa forteresse et s'ensevelit quelque temps dans le sol. Là, il devient un scarabée à longue trompe, le balanin des noisettes, qui, au printemps, abandonne sa retraite souterraine pour s'établir sur le feuillage des noisetiers et pondre ses œufs sur les fruits naissants.

Ainsi se comportent toutes les espèces animales changeant de forme. Dans la première moitié de leur vie, sous leur forme initiale, elles ont certaines habitudes et certaines demeures; dans la deuxième moitié de leur vie, sous leur forme finale, elles ont des habitudes et des demeures différentes.

Eh bien, le vermisseau qui, pour gîte, a les cellules ou granulations blanches de la chair du porc ladre, est, lui aussi, un animal à transformations. Il doit changer de forme, mais pour cela il lui faut d'abord changer de logis. Le ver de la cerise ne deviendrait jamais mouche tant qu'il resterait dans la cerise ; le ver de la noisette ne deviendrait jamais scarabée tant qu'il resterait dans la noisette. L'un et l'autre doivent émigrer et se creuser une demeure en terre pour cesser d'être vers et devenir celui-là une mouche, celui-ci un scarabée. Jamais, pareillement, les parasites du porc ladre n'atteindraient leur forme finale dans la chair et le lard qu'ils habitent; il leur faut, de toute nécessité, changer de logis pour que leur transformation puisse se faire. Mais comme ils ne peuvent d'eux-mêmes quitter leur cellule et se transporter dans leur nouvelle demeure, d'un difficile accès comme vous allez le voir, ils attendent patiemment, des années entières s'il le faut, l'occasion favorable d'émigrer.

Jules. — Cette nouvelle demeure, où est-elle donc?

Paul. — En nous-mêmes, mon pauvre enfant, exclusivement en nous-mêmes. Le ver de la cerise et celui de la noisette se contentent, pour leur transformation, d'un trou dans le sable; à l'odieux ver de la ladrerie, il faut le séjour du corps humain, rien que cela.

Jules. — Il me semble impossible que l'abominable bête arrive en nous.

Paul. — Elle y arrive très-bien, et c'est nous-mêmes, à notre insu, qui introduisons le perfide ennemi. Le porc, un jour ou l'autre, est sacrifié pour notre nourriture. Ses quatre membres deviennent des jambons, sa chair est convertie en saucissons et saucisses, son lard fournit de riches provisions. Toutes ces dépouilles sont abondamment salées, desséchées avec soin, quelquefois fumées ; rien n'est négligé pour en assurer longtemps la conservation. Or, au milieu de ces traitements énergiques par le sel, la dessiccation, la fumée, que pensez-vous que deviennent les vermisseaux habitants de la chair ladre !

Jules. — Ils ne peuvent manquer de périr.

Paul. — C'est ce qui vous trompe. Ils ont la vie singulièrement tenace, les maudits. L'âcreté du sel les laisse indifférents. Et puis si quelques-uns périssent, beaucoup même, il en reste toujours de survivants, car ils sont innombrables. Voilà donc nos vivres infestés d'une vermine qui, à la première occasion, va nous envahir. Vous mangez un travers de doigt de saucisse, une tranche de jambon, et c'est fait : avec l'appétissante bouchée, vous venez d'avaler l'horrible bête. Désormais, l'ennemi est chez vous, chez lui ; il va grandir, se développer, se transformer et faire rage.

Jules. — Mais l'estomac le digérera, je l'espère, comme il le ferait de toute autre chose ; et l'odieux intrus périra.

Paul. — Pas du tout. Les forces digestives de l'estomac n'ont pas de prise sur lui. Il passe outre, comme si de rien n'était, protégé peut-être par sa coque résistante, et va, plus loin, s'établir dans l'intestin d'une manière définitive.

Maintenant, pour le ver, tout est au mieux. L'emplacement est tranquille, rien ne peut venir l'y troubler ; les vivres, le meilleur de notre nourriture, abondent autour de lui. De sa couronne de crochets, façonnés en bec d'ancre, il se cramponne à la paroi du gîte, et sans retard

se met à se développer. A son arrivée, c'était un vermisseau très-court et ridé, terminé d'un côté par une petite
tête ronde, de l'autre par une volumineuse vessie. En peu
de temps, ce sera une espèce de ruban qui peut atteindre
jusqu'à l'énorme longueur de quatre à cinq mètres.

Louis. — Ah ! quelle horreur ! Se peut-il que nous servions
de demeure à un hôte pareil !

Paul. — Dites à plusieurs hôtes pareils, car d'habitude
ils ne sont pas seuls. On les nomme vulgairement *Vers
solitaires*, nom impropre, vous le voyez, puisqu'ils sont
en général plusieurs ensemble. Leur véritable nom est
Ténia, qui signifie ruban ou bandelette.

Figurez-vous une bandelette d'un blanc mat, une sorte
de ruban de longueur variable, qui peut aller jusqu'à cinq
mètres ; imaginez ce ruban presque aussi menu qu'un
crin vers la tête de l'animal, puis s'élargissant petit à petit
et atteignant la dimension d'un centimètre ; représentez-
vous la longueur entière de la bête divisée en tronçons
ou articles, les uns carrés, les autres oblongs, placés bout
à bout comme les grains d'un chapelet ou mieux comme
des graines de citrouille enfilées à la suite les unes des
autres, et vous aurez une idée suffisante du ténia.

Le nombre de ces articles est parfois d'un millier. En
outre, il s'en forme toujours de nouveaux, car le ténia a la
singulière faculté d'en produire indéfiniment à la file les uns
des autres. Tous sont pleins d'œufs, détestable semence
qui donne d'abord au porc la ladrerie et puis à l'homme
le ver solitaire. Ceux qui terminent l'animal, les plus vieux
et les plus mûrs, se détachent de temps en temps en chapelets et sont expulsés. Le porc qui fouillera dans l'ordure
où ils se trouvent, deviendra ladre par le fait des œufs
contenus dans ces articles, car chacun d'eux est le germe
d'un hydatide. Ces œufs écloront dans l'intestin de l'animal ; et aussitôt éclos, les jeunes vers, s'ouvrant de çà de
là un passage avec leur couronne de crochets, iront se
loger, à leur convenance, qui dans la chair, qui dans le
lard, pour s'y entourer d'une coque résistante, d'une cellule

formée aux dépens de la substance même du porc, et attendre, dans ce gîte, le moment favorable de leur émigration dans l'homme.

Ces pertes fréquentes en chapelets de tronçons ne troublent en rien la vigueur du ténia : d'autres articles lui poussent, et son effrayante longueur se maintient. Perdrait-il la presque totalité de son ruban, c'est pour lui accident nul ; pourvu que la tête reste, solidement fixée avec ses crochets, de nouveaux articles se forment et le ver reprend sa longueur. Tant qu'on n'est pas débarrassé de la tête, rien n'est donc fait pour la délivrance. Inutile de vous décrire, mes enfants, les atroces douleurs d'une personne en proie à ce redoutable parasite, si difficile à déloger.

ÉMILE. — Vous nous faites venir la chair de poule avec ce ver long de cinq mètres, et qui repousse, toujours plus vigoureux, pourvu que la tête lui reste.

LOUIS. — Ce serait précaution très-sérieuse que de veiller à ne pas être atteint.

PAUL. — La précaution est bien simple. Puisque le ténia a pour origine le porc ladre, méfions-nous de la chair de porc atteint de ladrerie. Cette chair, je vous l'ai dit, se reconnaît aux granulations blanches dont elle est remplie, et dont chacune est la demeure d'un vermisseau, première forme du ténia. Les préparations crues, telles que le jambon et le saucisson, sont seules à redouter, parce que la salaison et la dessiccation laissent en vie ces vers, sinon tous du moins quelques-uns. Mais la chair parfaitement cuite, bouillie ou rôtie, est absolument sans danger aucun, serait-elle infestée d'une multitude de ces granulations, parce que la chaleur, à un suffisant degré, tue sans retour les vers inclus.

La règle de conduite est alors évidente. Si un porc est ladre, ce n'est pas un motif pour le rejeter en plein ; sa chair, quoique de qualité inférieure, sa graisse et son lard peuvent très-bien être utilisés ; mais il faut alors soigneusement veiller à ne jamais faire usage de cette nourriture sans une parfaite cuisson à une chaleur assez élevée pour détruire tout germe dangereux. Quant au porc lui-même, on le préserve de la ladrerie par la propreté, en l'empêchant surtout de se repaître d'ordures. Tout porc qui vagabonde et fait ventre des immondices déposées le long des murs, peut rencontrer sous son groin des articles de ténia, les avaler avec la sale pâture et s'infester ainsi d'hydatides.

Pour terminer ces notions, je vous parlerai d'un autre ténia qui, à l'état de ver en ruban, vit dans l'intestin du chien, et à l'état de vessie ou d'hydatide, dans le cerveau du mouton. Le gazon souillé par les excréments du chien affecté de ce ténia, reçoit les œufs des articles mûrs expulsés. Un mouton vient à brouter ce gazon, et dans quelques semaines une terrible maladie se déclare dans la pauvre bête. L'œil hagard, la bouche baveuse, la tête pesante, l'animal tourne sur lui-même, toujours dans le même sens, et tombe pantelant sur le côté. La nourriture ne le tente plus, le brin d'herbe s'arrête sur ses lèvres sanguinolentes. Tous ses efforts pour se tenir debout sont impuissants ; il recherche sans cesse un appui, surtout pour sa tête, et si cet appui lui manque, il tombe après quelques rotations sur lui-même. On appelle *tournis* cette étrange maladie, caractérisée par la tendance de l'animal à tourner sur lui-même.

Or si l'on ouvre le cerveau d'un mouton mort du tournis, on trouve invariablement dans la substance cérébrale une ou plusieurs vessies limpides, depuis la grosseur d'un pois jusqu'à la grosseur d'un œuf de poule.

Jules. — Et ces affreux vers en vessie détruisent peu à peu, sans doute, la matière du cerveau ?

Paul. — Ils grossissent aux dépens de la cervelle.

Jules. — Je le crois bien que le mouton alors ne puisse se tenir debout.

Paul. — Ces vessies sont des ténias dans leur premier état de développement, et proviennent des germes semés par les articles que le chien rejette avec ses excréments.

Ce qui le prouve sans réplique c'est que, si l'on fait avaler à des agneaux des articles de ténia rendus par un chien, ces agneaux sont bientôt manifestement atteints de tournis et présentent, dans leur cerveau, les vers en vessie, cause de cette maladie. Il faut donc que les germes de ces articles éclosent dans l'intestin de l'agneau, il faut ensuite que les vermisseaux provenant de cette éclosion, s'ouvrent, à travers mille obstacles, un passage jusqu'au cerveau, seul point du corps convenable à leur développement.

Jules. — C'est dans le cerveau que les petits vers grossissent et deviennent des vessies du volume d'un œuf de poule?

Paul. — C'est uniquement là qu'ils peuvent prospérer. Mais ces vers en vessie ne sont que des êtres incomplets, comparables aux larves des insectes; et tant qu'ils resteront dans le cerveau du mouton, leur dernier développement ne sera pas atteint. Pour acquérir leur forme finale, pour devenir des ténias, des vers en ruban, ces larves doivent passer dans l'intestin du chien. Une expérience concluante le démontre. Si l'on fait prendre à un chien, avec sa nourriture, des vers vésiculaires extraits du cerveau d'un mouton, l'animal donne bientôt des signes non équivoques de la présence du ténia : ses excréments contiennent des chapelets plus ou moins longs d'articles mûrs. D'ailleurs en sacrifiant le chien pour mieux juger de la chose, on retrouve dans ses intestins les vers vésiculaires convertis en véritables ténias, en vers rubanés. Ainsi le chien donne au mouton les germes qui se développent dans le cerveau en vers vésiculaires; et le mouton rend au chien ces vers vésiculaires, qui se transforment en vers rubanés dans l'intestin.

Louis. — Mais comment le chien peut-il s'infester tout seul de vers vésiculaires quand on ne lui en donne pas expressément avec sa nourriture, dans le but d'une expérience?

Paul. — Rien de plus simple. Le mouton affecté du tournis est abattu; et sa tête, siège de la maladie, est jetée à la voirie. Les chiens qui la trouvent s'en repaissent.

Louis. — Et voilà les chiens de garde atteints du ténia. Leurs excréments répandront maintenant le tournis parmi le troupeau.

Paul. — Il faut donc, comme le recommandent les personnes qui, dans les écoles. vétérinaires, ont étudié expérimentalement ce sujet, surveiller de près les chiens de garde et tenir éloignés du troupeau ceux d'entre eux qui seraient atteints du ténia ; enfin si le tournis se déclare, il faut ensevelir, à l'abri de leurs dents, les têtes des moutons abattus.

XXXVIII

Le Cheval.

Paul. — Voulez-vous entendre d'éloquentes paroles écrites sur le cheval il y a quelque mille ans ? Je les tire du livre de Job, l'homme juste dont la Bible nous raconte l'admirable histoire.

Jules. — C'est bien Job qui, éprouvé par la main de Dieu, perdit la santé, sa famille, tous ses biens et fut réduit à une telle misère, que, couché sur un fumier, il raclait avec un tesson ses ulcères et sa vermine ? Sa confiance en Dieu lui rendit sa première prospérité.

Paul. — Oui, mon ami. L'homme juste, que les plus grands malheurs n'ébranlaient point en sa confiance en Dieu, nous a laissé, sur le cheval, les belles paroles que voici :

« Le cou revêtu d'une crinière flottante, il bondit aussi léger que la sauterelle. Son hennissement superbe répand la terreur. Il creuse du pied la terre, il s'élance avec audace et se précipite au-devant des armes ennemies. Il se rit de la crainte, il ne recule pas devant l'épée. Sur son dos retentissent le bouclier, la lance et le carquois. Il frémit, il hennit, il dévore la terre, quand résonnent les accents du clairon. Au premier bruit de la trompette, il dit : « Allons ! » Il flaire de loin la bataille, la voix tonnante des chefs et les cris de l'armée. »

Ainsi parlait Job, dans les anciens âges, tandis qu'autour de sa tente en poil de chameau bondissaient cavales et poulains sous l'ombrage des palmiers. Écoutons maintenant notre grand historien des animaux, Buffon, qui trace à son tour, en quelques phrases magistrales, le portrait du cheval.

« La plus noble conquête que l'homme ait jamais faite est celle de ce fier et fougueux animal, qui partage avec lui les fatigues de la guerre et la gloire des combats. Aussi intrépide que son maître, le cheval voit le péril et l'affronte ; il se fait au bruit des armes, il l'aime, il le cherche et s'anime de la même ardeur. Il partage aussi ses plaisirs à la chasse, aux tournois, à la course. Mais, docile autant que courageux, il ne se laisse point emporter à son feu ; il sait réprimer ses mouvements. Non-seulement il fléchit sous la main de celui qui le guide, mais il semble consulter ses désirs ; obéissant toujours aux impressions qu'il en reçoit, il se précipite, se modère ou s'arrête, et n'agit que pour y satisfaire. C'est une créature qui renonce à son être pour n'exister que par la volonté d'un autre ; qui, par la promptitude et la précision de ses mouvements, l'exprime et l'exécute ; qui sent autant qu'on le désire et ne rend qu'autant qu'on le veut ; qui, se livrant sans réserve, ne se refuse à rien, sert de toutes ses forces, s'excède et même meurt pour mieux obéir. » — Ainsi s'exprime Buffon sur le compte du cheval.

JULES. — Je préfère, et de beaucoup, la manière de dire de Job.

PAUL. — Et moi aussi. A mon avis, nul n'a mieux dit que le vieil auteur du pays des palmiers. En quelques mots d'une sublime énergie, il nous dépeint le caractère du cheval.

ÉMILE. — Je ne peux encore avoir d'opinion en sujet si

élevé ; toutefois je vous avouerai, mon oncle, que facilement je me perds dans les longues phrases de Buffon.

PAUL. — Telles que je vous les cite, ne les appelez pas longues, car, à votre intention, j'ai pris sur moi de les couper par des points. Dans l'auteur lui-même, le tout ne fait qu'une phrase. D'un bout à l'autre, la sonore période ne laisse pas le temps de reprendre haleine.

ÉMILE. — C'est égal : malgré les points, je m'y perds toujours.

PAUL. — Revenons alors au simple récit de l'oncle. — L'aspect du cheval dénote l'agilité jointe à la force. Le corps est puissant, le poitrail large, la croupe arrondie, la tête un peu lourde mais soutenue par une forte encolure ; les cuisses et les épaules sont musculeuses, les jambes élancées, les jarrets vigoureux et souples. Une élégante crinière, retombant de côté, règne sur le cou ; la queue porte longue touffe de crins, dont l'animal se sert pour chasser de ses flancs les mouches importunes. Ses yeux sont grands, à fleur de tête et très-expressifs ; les oreilles, d'une mobilité remarquable, se dirigent et s'ouvrent du côté d'où vient le bruit, pour mieux recevoir le son dans leurs cornets. Les naseaux sont amples et très-mobiles aussi ; la lèvre supérieure s'allonge et se replie pour saisir la nourriture, la disposer en une bouchée commode et la porter aux dents, ainsi que le ferait une main. Toute la surface de la peau, d'une sensibilité extrême, frémit et s'agite au moindre attouchement. N'oublions pas un caractère particulier au cheval et aux animaux qui lui ressemblent le plus, tels que le zèbre et l'âne : aux jambes antérieures et quelquefois aussi à celles de derrière, se trouve une partie privée de poils, dure comme de la corne et appelée *châtaigne* ou *noix.*

Le hennissement, ainsi se nomme la voix du cheval, varie suivant les sentiments exprimés. Le hennissement d'*allégresse* est d'assez longue durée ; il monte peu à peu et finit par des sons aigus. En même temps, l'animal rue, mais sans violence, sans chercher à frapper, et comme simple expression de sa joie. Dans le hennissement de *désir*, la voix dure longtemps, finit par des sons plus graves et n'est pas accompagnée de ruades. Parfois alors, le cheval montre les dents et semble rire. Le hennissement de *colère* est court et aigu. En outre, de vigoureuses ruades sont lancées, les lèvres grimacent et laissent voir les dents, les oreilles se couchent dirigées en arrière. A ce dernier signe se reconnaît l'intention de mordre. Le hennissement de *crainte* est grave, rauque et de courte durée. Il semble produit surtout par le souffle des naseaux et rappelle un peu le rugissement du lion. La principale ressource défensive de l'animal, la ruade, nécessairement l'accompagne. Enfin la voix de la *douleur* est un gémissement grave qui s'affaiblit, se calme, puis reprend avec les alternatives de la respiration.

Émile. — Ainsi lorsqu'il montre ses larges dents et semble rire, le cheval désire quelque chose !

Paul. — Oui, mon ami. La faim le presse, la fatigue l'accable et il songe au repos de l'écurie, à la crèche garnie de foin, à la mangeoire où sera versé le savoureux picotin d'avoine. Peut-être a-t-il entendu les hennissements joyeux de compagnons et de compagnes, et il voudrait bien les rejoindre. Les chevaux qui hennissent le plus souvent d'allégresse ou de désir sont les meilleurs, les plus vaillants.

Émile. — Et s'il couche les oreilles en arrière, c'est qu'il veut mordre ?

Paul. — C'est bien ainsi que s'annonce son intention de tirer vengeance, par une morsure, de quelque mauvais traitement.

Dans nos conversations sur les Auxiliaires, je vous ai déjà fait connaître la remarquable structure des dents ; je vous ai montré, en particulier, comment les molaires du cheval sont disposées, pour broyer la coriace nourriture, à la manière des meules d'un moulin. Une matière très-dure, capable de faire feu sous le briquet comme la pierre à fusil, l'émail enfin, enveloppe la dent et plonge dans l'épaisseur d'une matière moins résistante, l'ivoire, en formant à la surface supérieure de la couronne des replis sinueux. Ces replis, si durs, constituent une sorte de robuste lime, qui met en morceaux les brins de fourrage quand frotte la molaire opposée. Ai-je besoin de revenir sur ce sujet?

JULES. — Non, mon oncle : nous nous rappelons tous comment l'ivoire s'use peu à peu, tandis que les replis de l'émail font légèrement saillie et maintiennent les molaires dans un état propice à l'écrasement de la nourriture.

PAUL. — Je continuerai donc en vous montrant le parti que l'on tire de l'examen des incisives pour connaître l'âge du cheval. Ces incisives sont au nombre de six à chaque mâchoire. Elles sont accompagnées à la mâchoire supérieure et souvent aussi à la mâchoire inférieure, de deux petites canines en forme de mamelons pointus. Par delà, jusqu'à la rangée des molaires, s'étend un large espace vide, que l'on nomme la *barre*.

LOUIS. — Je sais : c'est dans la barre que se place le frein ou mors, avec lequel se gouverne le cheval.

PAUL. — Revenons aux incisives. Les deux du milieu de la mâchoire se nomment *pinces*; les deux suivantes, l'une à droite, l'autre à gauche des premières, sont qualifiées de *mitoyennes*; enfin les deux dernières, une de chaque côté, s'appellent *coins*. Retenez ces noms qui nous épargneront des expressions embarrassantes par leur longueur.

Quelques jours après la naissance, les pinces se montrent à chaque mâchoire du poulain. D'un mois à deux mois apparaissent les mitoyennes; et les coins percent la gencive de six à huit mois. Ce sont là des dents de *première dentition* ou des *dents de lait* comme on les appelle encore. Entre deux ans et demi et trois ans, elles tombent et sont remplacées par les dents de *seconde dentition*. Celles-ci apparaissent dans le même ordre que les précédentes : les pinces d'abord, puis les mitoyennes et finalement les coins. Leurs trois paires se succèdent à un an d'intervalle environ. J'ajoute que les incisives de lait sont plus blanches et plus étroites que les autres. Vous voyez déjà que, d'après le nombre des incisives et d'après leur caractère de première ou de seconde dentition, on peut reconnaître l'âge d'un jeune cheval; mais il y a d'autres signes qu'il nous faut maintenant apprendre.

Voici la coupe en long d'une incisive de cheval. Dans la

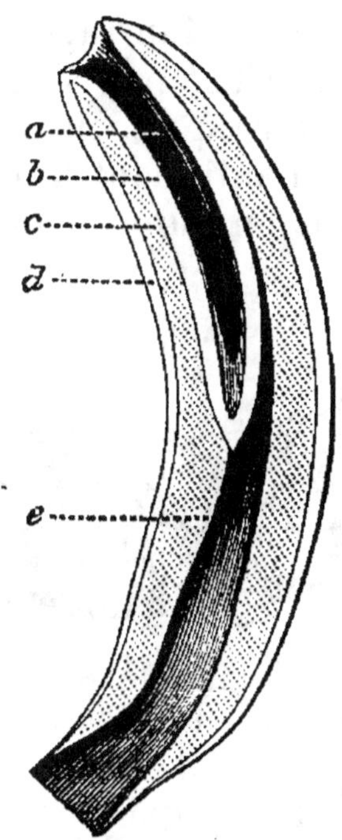

Fig. 40. — Coupe longitudinale d'une incisive de cheval.

a, cornet dentaire ; *d* et *b,* couche d'émail ; *c.* ivoire ; *e,* cavité du nerf dentaire et des vaisseaux sanguins.

partie inférieure ou racine de la dent est creusée une cavité *e,* dans laquelle plongent le nerf qui rend la dent sensible et les petits canaux sanguins, artères et veines, qui lui distribuent, avec le sang, les matériaux d'accroissement et d'entretien. La partie supérieure ou couronne est pareillement creusée d'une cavité *a,* nommée *cornet dentaire* et remplie d'une matière noirâtre. Une couche d'émail *d* recouvre l'extérieur de la dent, se replie au sommet de la couronne et plonge dans le cornet, dont elle tapisse la paroi. Le reste de la dent est composé d'ivoire *c*.

D'après cette structure, vous voyez que l'émail, se continuant sans interruption de l'extérieur à l'intérieur, forme, sur les bords du cornet, une crête tranchante. Mais cet état est de courte durée et ne s'observe que sur les incisives récemment sorties de l'os de la mâchoire. En effet, par le frottement des dents les unes contre les autres, lorsque l'animal triture le fourrage, la crête d'émail s'émousse d'abord, puis s'use peu à peu et finalement disparaît en laissant l'ivoire à découvert sur le haut de la couronne. L'usure se continuant toujours, le cornet dentaire devient de moins en moins profond et finit par être

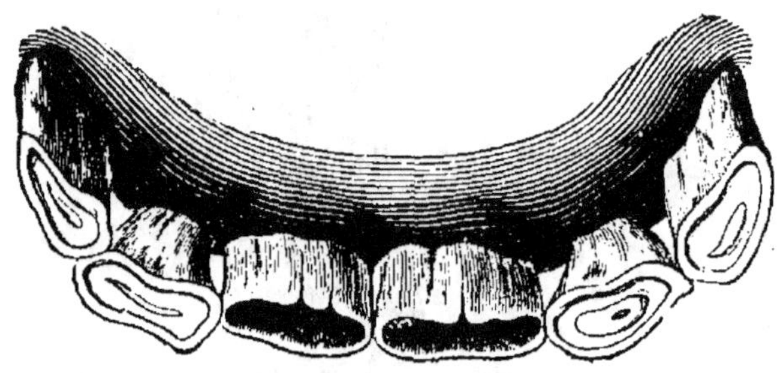

Fig. 47. — Incisives d'un cheval de trois ans.

détruit en entier. La face supérieure de la couronne est alors plate, de creuse qu'elle était au début. Cette disparition graduelle du cornet dentaire se nomme *rasement*. Une incisive est *rasée* lorsque le cornet dentaire n'existe plus et que son fond est au niveau de la surface frottante. Eh bien, c'est sur l'apparition et le rasement des dents, soit de l'une soit de l'autre dentition, qu'est basée la connaissance de l'âge du cheval. Je viens de vous dire l'époque de l'apparition des dents de lait; je termine ce qui les concerne par l'époque de leur rasement. Les pinces de lait sont rasées à 10 mois; les mitoyennes, à 1 an; et les coins, de 15 mois à 2 ans. Passons à la détermination de l'âge en dehors de ces limites.

Je mets sous vos yeux (*fig.* 47) les incisives de la mâchoire inférieure. Qu'y reconnaissez-vous de propre à vous renseigner sur l'âge ?

Jules. — J'y reconnais tout d'abord que les dents ne sont pas du même âge. Les deux du milieu, les pinces comme vous les appelez, sont plus récentes puisque leur cornet dentaire est entier, avec son bord tranchant d'émail. Les autres sont plus vieilles ; elles ont la couronne usée par le frottement ; enfin elles sont rasées.

Paul. — Sont-elles toutes les six de la même dentition ?

Jules. — Évidemment non, car si elles appartenaient à la même dentition, ce seraient les incisives du milieu qui présenteraient la plus grande usure, puisqu'elles apparais-

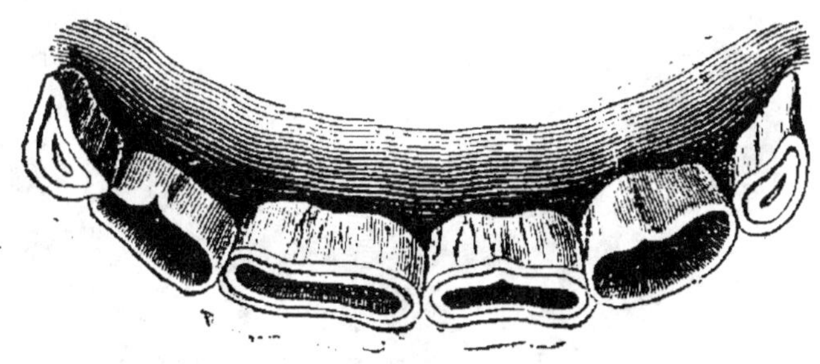

Fig. 48. — *Incisives d'un cheval de quatre ans.*

sent les premières ; et c'est précisément le contraire qui a lieu. Puisqu'elles sont toutes neuves, au milieu des autres déjà usées, elles doivent appartenir à la seconde dentition.

Paul. — C'est parfaitement juste. Trouvez alors l'âge de l'animal.

Jules. — Laissez-moi un instant réfléchir......... J'y suis. C'est entre deux ans et demi et trois ans que commence la chute des dents de lait. Les premières remplacées sont les pinces. La mâchoire que vous me montrez a les pinces de seconde dentition toutes neuves. Le cheval a par conséquent environ trois ans.

Paul. — La réponse ne laisse rien à désirer : le cheval est en effet âgé de trois ans. A vous Louis, que dites-vous de cette mâchoire-ci? (*fig.* 48).

Louis. — Il y a encore ici deux dentitions puisque les pinces et les mitoyennes sont moins usées que les coins. De plus, les mitoyennes sont récentes, ce que l'on reconnaît au bord tranchant de leur cornet. Ces mitoyennes sont de seconde dentition ; il en est de même des pinces, qui sont un peu usées parce qu'elles ont paru l'année précédente. Les coins, les plus détériorées des six incisives, sont des dents de lait.

Paul. — Tout cela est juste. Et l'âge de l'animal?

Louis. — Il doit être de quatre ans. A trois ans ont paru les pinces de la seconde dentition ; et maintenant, à quatre ans, apparaissent les mitoyennes.

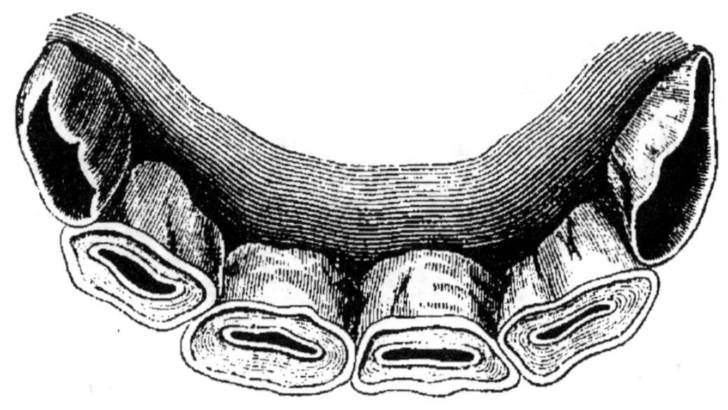

Fig. 49. — Incisives d'un cheval de cinq ans.

Paul. — Votre avis est le mien : le cheval a quatre ans. Reste Émile, à qui je soumets l'examen d'une troisième mâchoire. (*fig.* 49.) J'espère qu'il fera preuve de son habituelle perspicacité.

Émile. — Ces dents sont trop grosses pour être des dents de lait. Elles appartiennent toutes les six à la seconde dentition, et comme les plus récentes sont les coins, l'animal doit avoir un an de plus que le précédent, c'est-à-dire cinq ans.

Paul. — Très-bien, Émile ; c'est parler en maître. A cinq ans, toutes les incisives de seconde dentition ont poussé, et leur apparition ne peut plus fournir des caractères pour

reconnaître l'âge ; on se guide alors sur leur degré d'usure.
C'est ainsi qu'à six ans le cornet dentaire des pinces a complétement disparu, tandis qu'il est très-sensible encore
dans les coins. Enfin à huit ans les coins sont rasés jusqu'au
fond de leur cornet. On dit alors que le cheval *ne marque
plus*, qu'il est *hors d'âge*. Néanmoins un connaisseur

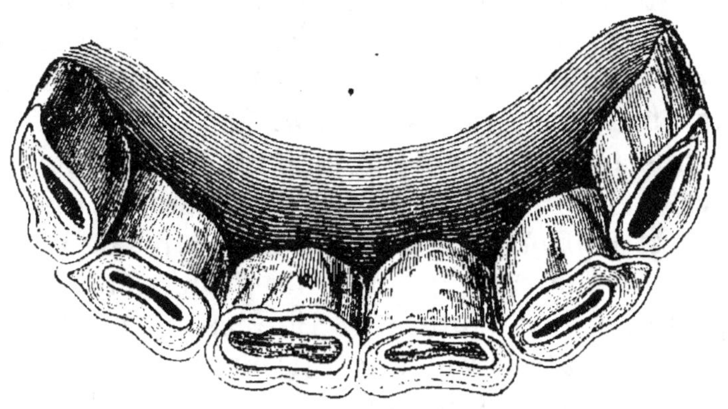

Fig. 50. — Incisives d'un cheval de six ans.

exercé trouve encore dans la surface des incisives, de plus
en plus usées, des indices qui lui permettent d'évaluer, au
moins par à peu près, l'âge du cheval jusqu'à la vingtième
année et au delà.

Jules. — Cet examen doit être difficile ?

Paul. — Fort difficile ; aussi je ne m'y arrêterai pas
davantage.

XXXIX

Le Cheval (Suite).

Disons quelques mots maintenant de la *robe* du cheval.
On appelle robe le pelage. Elle est simple ou composée
suivant qu'elle est d'une seule ou de plusieurs couleurs.
Les robes simples sont le blanc, le noir et *l'alezan*. Les

deux premières ne demandent pas d'autre explication. Un cheval est alezan lorsque son pelage est de teinte rougeâtre ou jaunâtre.

Parmi les robes composées, on distingue les suivantes. Le cheval et *pie* si le poil est à larges plaques, les unes blanches, les autres noires ou rouges. Il est *aubert* si le pelage est un mélange de blanc, de noir et de rouge sur tout le corps y compris les membres; mais si ces derniers sont noirs tandis que le corps présente un mélange des trois teintes, le cheval est *rouan*. Les chevaux *bais* ont le pelage alezan, c'est-à-dire rougeâtre ou jaunâtre, avec les membres et les crins du cou et de la queue bruns ou noirs. La robe est *pommelée* quand elle est semée de nombreuses plaques plus claires sur un fond d'une seule couleur. Le gris pommelé est commun. Elle est *isabelle* quand la teinte est jaunâtre avec une raie brune sur le dos, particularité assez fréquente dans l'âne et le mulet. Une foule d'autres expressions sont usitées pour désigner les détails de la robe. Ainsi on nomme *balzane* une tache blanche à l'extrémité des membres. Une tache blanche au milieu du front se nomme *pelote,* si elle est ronde; *étoile,* si elle est anguleuse.

Les différentes manières de marcher du cheval se nomment *allures*. Il y en a de naturelles et d'artificielles. Les premières sont employées par le cheval sans y être dressé; les secondes sont le résultat d'une éducation spéciale. Les allures naturelles sont le *pas*, le *trot* et le *galop*. Dans le pas, les membres se déplacent en diagonale, l'un après l'autre, dans l'ordre que voici : le membre antérieur droit, le postérieur gauche, l'antérieur gauche et le postérieur droit. Si le cheval est bien conformé, le pied postérieur vient occuper l'empreinte laissée par le pied antérieur du même côté.

Dans le trot, les membres se lèvent et se posent deux à deux, par paires diagonales, l'antérieur droit avec le postérieur gauche, et l'antérieur gauche avec le postérieur droit. Cette allure est plus rapide que la précédente, mais elle est aussi plus dure tant pour le cavalier que pour le cheval, à cause de la secousse qu'éprouvent les deux membres retombant à la fois sur le sol.

On distingue plusieurs sortes de galops. Le plus simple et le plus rapide consiste en une série de bonds en avant. Les deux membres antérieurs se lèvent à la fois, puis les deux membres postérieurs, qui poussent l'animal par une détente subite. Telle est l'allure des chevaux de course.

Parmi les allures artificielles, je vous citerai l'*amble*. Dans ce mode de marche, les membres se meuvent par paires de même côté, les deux de gauche à la fois, puis les deux de droite, alternativement. Le cheval éprouve ainsi une sorte de balancement, qui rend l'allure douce et peu fatigante pour le cavalier. L'amble est cependant rapide, car l'appui manquant du côté où les deux pieds sont levés, l'animal ne prévient la chute que par la promptitude du pas.

Le cheval au galop parcourt dix mètres par seconde, sans dépasser quinze mètres dans l'élan de sa plus grande vitesse. Au trot, il parcourt de trois à quatre mètres; et au pas, de un à deux mètres.

Émile. — Laissez-moi calculer à quelle distance cela revient par heure. Je prends les chiffres les plus forts.

Sur un bout de papier, Émile crayonna des chiffres et reprit : Cela ferait, par heure, treize lieues de quatre kilo-mètres pour le cheval lancé au grand galop; trois lieues seulement pour le cheval au trot; et une lieue et demie pour le cheval au pas.

Paul. — Je dois vous faire observer, mon ami, que si le cheval peut soutenir des heures entières le trot, il lui est impossible de conserver le galop une heure durant. La vitesse qui donnerait l'énorme distance de treize lieues par heure, dure une quinzaine de minutes au plus dans les courses, après quoi le cheval est à bout de forces. Remarquez en passant la supériorité de la machine des chemins de fer, de la locomotive, sous le rapport de la rapidité. Cette vitesse de treize lieues à l'heure, qui essouffle un cheval après un quart d'heure de course, la locomotive la conserve et va même au delà aussi longtemps qu'on le désire. Aucune comparaison, vous le voyez, n'est possible entre le coursier de fer et le coursier de chair et d'os.

Arrivons à la force. Un cheval chargé sur le dos porte, en moyenne, de 100 à 175 kilogrammes avec une faible vitesse. Si la charge est un cavalier, du poids de 80 kilogrammes, il peut marcher sept heures et parcourir dix lieues de quatre kilomètres. Mais la force est beaucoup mieux employée si, au lieu de porter le fardeau sur le dos, l'animal le traîne dans une voiture. Il suffit, en effet, alors d'un effort représenté par le poids de 5 kilogrammes pour mettre en mouvement une charge de 1000 kilogrammes si les roues de la voiture tournent sur les rails d'un chemin de fer. Pour la même charge et sur une route bien unie, il faut un effort de 33 kilogrammes; enfin si la route est pavée, l'effort doit être de 70 kilogrammes. Dans les conditions d'une excellente route, les chevaux de diligences traînent chacun 800 kilogrammes et parcourent six lieues en deux heures, après quoi ils sont relayés par d'autres.

Comparons encore une fois ce résultat avec celui de la machine. Une locomotive à voyageurs remorque, avec une vitesse d'une douzaine de lieues par heure, un convoi dont le poids total atteint 150000 kilogrammes. Une locomotive à marchandises remorque, à raison de sept lieues par heure, un poids total de 650000 kilogrammes. Plus de 1300 chevaux seraient nécessaires pour remplacer la première locomotive, et plus de 2000 pour remplacer la seconde, s'ils étaient employés à transporter de pareils fardeaux avec la même célérité et aux mêmes distances, à l'aide de chariots roulant sur des rails. Combien n'en faudrait-il pas avec des chariots roulant sur des routes ordinaires, dont les inégalités causent une si grande perte de force !

La domestication du cheval remonte aux premières sociétés de l'Orient. Après le troupeau durent bientôt venir, l'âne d'abord, pour transporter les bagages de la tribu en marche, puis le cheval, le vaillant compagnon dans la chasse et la guerre. Ce qui se passe encore de nos jours peut nous montrer avec quelle facilité le précieux animal se soumit à la domination de l'homme. Les plaines herbues de la Tartarie abondent en chevaux sauvages, et probablement l'espèce est originaire de ces régions asiatiques. Les Pampas de l'Amérique méridionale en nourrissent des troupes innombrables, pêle-mêle avec les bœufs dont je vous ai dit l'histoire. Les uns et les autres descendent des animaux domestiques importés dans le Nouveau Monde par les Européens. Chaque troupe est dirigée par un chef, d'une force et d'un courage éprouvés. S'il y a péril, si quelque bête féroce menace, loup, panthère ou jaguar, les chevaux se réunissent et se serrent les uns contre les autres pour la défense commune. Leur fière contenance et leurs ruades suffisent généralement pour mettre l'agresseur en fuite. Mais si l'ennemi s'élance, comptant sur une proie facile, le chef de la bande se cabre, retombe de tout son poids sur la bête et l'écrase avec ses sabots de devant ; puis il le saisit de ses puissantes mâchoires et le lance fracassé aux poulains, qui l'achèvent et caracolent sur son cadavre.

JULES. — Un animal qui se défend si bien ne doit pas devenir sans difficulté un serviteur docile.

PAUL. — La difficulté n'est pourtant pas bien grande. Ce qui se pratique aujourd'hui dans les Pampas, quand on veut se rendre maître d'un cheval sauvage, est de nature à nous renseigner sur les moyens employés par les antiques dompteurs. Une troupe de chevaux, habilement détournée de son pâturage et entourée peu à peu, est chassée, sans qu'elle se doute de la ruse, dans un vaste enclos appelé *coral*. Là, les plus beaux sont choisis du regard. Aussitôt vole le *lasso*, la longue courroie armée de boules, qui leur enlace le cou, les jambes, et les rend immobiles. Un licol est promptement passé au captif. Un cavalier habile, armé de forts éperons, monte la bête, et les entraves du lasso sont enlevées par des aides.

Voilà l'animal libre, tout frémissant de sa mésaventure.

Fig. 51. — Le Cheval arabe.

JULES. — Gare au cavalier !

PAUL. — Certes le premier moment n'est pas sans danger. L'animal indigné se cabre, rue, bondit et cherche à se rouler à terre pour se débarrasser de son fardeau ; mais le cavalier maîtrise cette fougue par la saignante piqûre de l'éperon ; il se maintient en place comme s'il faisait corps avec la monture. On ouvre alors la barrière de l'enclos. De son galop le plus rapide, le cheval s'élance et fuit jusqu'à ce que le souffle lui manque. Cette course effrénée suffit pour le dompter. Le cavalier le ramène sans résistance au *coral*, déjà obéissant au mors et à l'éperon. On peut désormais le laisser avec les chevaux domestiques sans qu'il cherche à s'enfuir.

Tels que la domesticité les a modifiés, les chevaux se classent en deux groupes principaux, ceux de *selle* et ceux de *trait*. Les premiers servent de monture au cavalier, les seconds voiturent des fardeaux. Parmi les chevaux de selle, le plus célèbre est le cheval arabe, remarquable par son ardeur, son intelligence, sa docilité, sa course rapide et son aptitude à supporter de longues abstinences. Il a la taille moyenne, la peau délicate, la tête petite, les formes sveltes, le port élégant, les jambes fines, le ventre peu développé, les sabots petits, lisses et très-durs.

Les chevaux de trait, dont la fonction est de voiturer au pas des fardeaux énormes, ont des caractères tout opposés. Ils manquent de légèreté et d'ardeur, mais ils déploient patiemment une force considérable, en rapport avec leur taille de colosse et l'abondante nourriture que réclame leur entretien. Ils ont le corps massif, la démarche pesante, la peau épaisse, la tête grosse, le poitrail large, la croupe vaste, le ventre volumineux, les jambes fortes, les sabots amples et grossiers. La France possède, dans la race *boulonaise*, le cheval de trait le plus estimé. Le vigoureux boulonais, généralement d'un gris pommelé, remplit les pénibles fonctions de limonier. Ils commence l'attelage, il est placé entre les deux brancards. C'est lui qui tire le plus fort aux montées ; c'est lui qui maîtrise, par sa masse énorme, les cahots sur les pavés d'une rue et

Fig. 52. — Cheval de trait (*race bouloraise*).

l'accélération dangereuse dans les pentes rapides. Comparez entre elles les deux figures que je vous montre et vous reconnaîtrez aisément, dans la première, le cheval fait pour la course prompte ; dans la seconde, le cheval fait pour le travail de force.

XL

L'Ane.

PAUL. — Les prédilections de l'oncle, vous avez pu déjà vous en apercevoir, mes amis, sont pour les faibles, les maltraités, les misérables. Je n'ai pas cherché à vous faire l'éloge du cheval, la vaillante bête se recommandant assez d'elle-même à nos soins ; mais très-volontiers je dirai les mérites de l'âne, triste victime de nos brutalités, malgré les services qu'il nous rend. Pour donner plus d'autorité à ma parole, je joindrai le témoignage de Buffon à mon propre témoignage.

L'âne, dit l'illustre historien des animaux, n'est pas un cheval dégénéré, ainsi que beaucoup se l'imaginent ; il n'est ni étranger, ni intrus, ni bâtard ; il a, comme tous les animaux, sa famille, son espèce et son rang. Quoique sa noblesse soit moins illustre, elle est tout aussi bonne, tout aussi ancienne que celle du cheval. Bref, l'âne est un âne, rien de plus, rien de moins.

Cette première vérité n'est pas de mince valeur. En le considérant comme un cheval abâtardi, nous sommes portés à comparer l'âne avec son origine prétendue, et la comparaison ne lui est pas favorable : le grison aux longues oreilles fait piteuse mine à côté du fringant et généreux coursier. Mais puisqu'il est, en réalité, un animal à part, demandons-lui simplement les qualités de son espèce, les qualités de l'âne, sans le déprécier par des comparaisons avec plus fort et mieux doué que lui, Médisons-nous du

seigle parce qu'il ne vaut pas le froment? Nous remer-
cions le Ciel de l'un et de l'autre, le premier, richesse des
montagnes, le second, richesse des plaines. Ne médisons
pas davantage de l'âne parce qu'il est inférieur au cheval.
Il possède les mérites de son espèce et ne peut en posséder d'autres. Nous ne faisons pas attention que l'âne serait pour nous le premier, le plus beau, le mieux fait, le
plus distingné des animaux, si dans le monde il n'y avait
pas le cheval. Il est le second au lieu d'être le premier, et
par cela seul, il semble n'être plus rien. C'est la comparaison qui le dégrade. On le regarde, on le juge, non pas
en lui-même, mais relativement au cheval. On oublie
qu'il a toutes les qualités de sa nature, tous les dons at-
tachés à son espèce; et on ne pense qu'à la forme et aux
qualités du cheval, forme et qualités qu'il ne doit pas
avoir.

Buffon ajoute que la noblesse de l'âne est aussi ancienne
que celle du cheval. J'oserai aller plus loin que le maître
et avancer qu'elle est certainement plus ancienne, en ce
sens que l'âne a devancé le cheval dans la domesticité.
C'est lui qui le premier vint au service des pasteurs de
l'Asie, voyageant à la recherche de meilleurs pâturages.
Il portait la tente pliée, les ustensiles de laiterie, les
agneaux nouvellement nés, les femmes, les enfants.
Quelle était la monture des anciens patriarches, la monture d'Abraham se rendant en Égypte? L'âne, mes amis;
l'âne pacifique. Presque à chaque page de la Genèse,
l'âne est mentionné; le cheval n'y paraît qu'à l'époque de
Joseph.

Jules. — L'antique origine de l'âne ne pourrait avoir
de plus nobles certificats.

Paul. — Pourquoi donc, se demande Buffon, tant de mé-
pris pour l'âne, si bon, si patient, si sobre, si utile? Les
hommes mépriseraient-ils, jusque dans les animaux, ceux
qui les servent bien et à trop peu de frais? On donne au
cheval de l'éducation, on le soigne, on l'instruit, on
l'exerce; tandis que l'âne, abandonné à la grossièreté du

dernier des valets, ou à la malice des enfants, bien loin d'acquérir, ne peut que perdre. S'il n'avait pas un grand fond de bonnes qualités, il les perdrait, en effet, par la manière dont on le traite. Il est le jouet, le souffre-douleur des rustres, qui le frappent, le surchargent, l'excèdent sans ménagement.

JULES. — Ah! que j'en ai vu de ces pauvres ânes, accablés sous le fardeau et roués de coups parce que les forces leur manquaient pour avancer!

PAUL. — Que peut devenir la malheureuse bête ainsi avilie par les mauvais traitements? Une créature indocile, abrutie, pelée, galeuse, exténuée, objet de pitié pour qui n'a pas le cœur plus dur que pierre. Mais considérons l'âne comme savent l'élever les Orientaux, dans le bien-être d'une domesticité soigneuse : nous trouverons un animal de belle apparence, au regard doux, au poil luisant, à l'attitude élégante et fière, trottant avec ardeur par les rues des grandes villes, où il sert d'habituelle monture pour se rendre d'un quartier à l'autre. Son allure, sans fatigue pour le cavalier, le fait préférer au cheval; les plus grandes dames ne dédaignent pas de s'asseoir, dans leurs visites, sur son bât richement orné. La seule ville du Caire, en Égypte, emploie une quarantaine de mille de ces gentils trotteurs. En pareille société, notre honteux baudet oserait-il paraître? Ah! plaignons-le : c'est la misère qui l'a fait tel que nous le possédons.

ÉMILE. — Volontiers je serais de l'avis des gens du Caire : je préférerais l'âne pour monture. Au moins, si l'on fait une chute, le péril n'est pas grand.

PAUL. — L'âne est la monture faite exprès pour les faibles, les enfants, les femmes, les vieillards; il est de son naturel aussi doux, aussi tranquille que le cheval est fier, ardent, impétueux. Puisqu'en le dotant d'une patience à toute épreuve et d'une petite taille, qui rend une chute sans danger, le Ciel a créé l'âne expressément pour vous, montrez, par vos soins, à la bonne bête, que vous n'êtes pas oublieux de votre serviteur.

L'âne est patient : il souffre avec constance et peut-

Fig. 53. — L'Âne.

être avec courage les châtiments et les coups. Cette belle

vertu est inscrite pour ainsi dire sur son pelage. Vous verrez fréquemment sur le dos de l'âne une longue raie noire, et une autre raie plus courte croisant la première sur les épaules. Les deux bandes sombres forment l'image de la croix, divin symbole de la résignation à la souffrance. Je sais bien que cette particularité du pelage, par elle-même, n'a pas la moindre signification ; mais encore est-il digne de remarque que l'âne, souffre-douleur de nos brutalités, porte la croix sur son dos.

L'âne est sobre, et sur la quantité et sur la qualité de la nourriture. Il se contente des herbes les plus dures et les plus désagréables, que le cheval et les autres animaux lui laissent et dédaignent. Le long du chemin, il broute les sommités épineuses des chardons, quelques rameaux de saule, quelques pousses d'aubépine. S'il peut, après, se rouler un instant sur le gazon, c'est pour lui le comble des félicités en ce monde. Mais il est fort délicat sur l'eau : il ne veut boire que de la plus claire et aux ruisseaux qui lui sont connus. Il boit aussi sobrement qu'il mange, et n'enfonce point du tout son nez dans l'eau par la peur que lui fait, dit-on, l'ombre de ses oreilles.

Jules. — Ce serait là une singulière peur !

Paul. — Aussi je ne crois pas le dire fondé. L'âne n'est pas assez sot pour s'effrayer de l'ombre de ses oreilles. S'il boit du bout des lèvres, sans plonger le museau dans l'eau, c'est qu'à l'exemple du chat, il craint l'humidité. Il ne se vautre pas, comme le cheval, dans la fange et dans l'eau ; il redoute même de se mouiller les pieds, et se détourne pour éviter la boue. Aussi a-t-il toujours la jambe sèche et plus nette que le cheval. Son aversion de l'humide nous explique assez sa manière de boire, sans recourir à la sotte peur de l'ombre des oreilles.

Jules. — Pourquoi parle-t-on de cette peur alors ?

Paul. — Uniquement pour le malin plaisir de mettre sur le compte de l'âne une sottise de plus. N'est-il pas convenu que la malheureuse bête a tous les travers ; son nom seul n'est-il pas devenu la souveraine expression de la sot-

tise ? Ce sont là pures calomnies : loin d'être l'idiot que
l'on dit, l'âne est une bête rusée, prudente, pleine de cir-
conspection, comme le prouve le soin qu'il prend de ne se
désaltérer qu'aux sources connues, déjà éprouvées par l'u-
sage.

Émile. — A quoi bon faire tant le difficile pour boire ?

Paul. — A quoi bon ! Eh ! mon ami, mal nous en prend
à nous-mêmes quelquefois de ne pas apporter, dans le choix
de la boisson, la prudence de l'âne. La source inconnue où
nous puisons, peut être trop froide, malsaine, chargée de
matières nuisibles. Mieux avisé que nous, l'âne ne trempe
ses lèvres que dans des eaux reconnues saines par son
expérience.

Jules. — Et il a cent fois raison.

Paul. — Si j'en avais le courage, je blâmerais l'âne
de la manie qu'il a de se rouler à terre, hélas ! quelquefois sans aucun souci de la charge qu'il porte. Mais est-
ce bien sa faute ? Comme on ne prend pas la peine de l'é-
triller pour soulager ses démangeaisons de peau, il se
vautre sur le gazon et semble ainsi reprocher à son maître
le peu de soin qu'il prend de lui. Que l'étrille et la brosse
lui tiennent l'échine propre et l'âne ne cherchera plus à se
frotter, les quatre jambes en l'air, contre le feuillage piquant des charbons. Ce sont la poussière et la crasse ac-
cumulées qui le tourmentent et non les parasites, car, de
tous les animaux couverts de poils, l'âne est le moins sujet à la vermine. Jamais il n'a de poux, ce qui vient apparemment de la dureté et de la sécheresse de sa peau,
qui est en effet plus dure que celle de la plupart des autres
quadrupèdes. C'est par la même raison qu'il est bien
moins sensible que le cheval au fouet et à la piqûre des
mouches.

Quand on le charge trop, il se couche sur le ventre et
ne bouge plus, décidé à se laisser assommer de coups plutôt que de se relever. Ah! le têtu! Ah ! la bourrique! dit
le maître; et le bâton de frapper. Est-ce, de la part de
l'animal, obstination à se refuser au travail! Écoutez d'a-

bord une courte histoire. — Au vieux temps de l'empire romain, un homme d'une profonde sagesse, Épictète, était esclave dans la maison d'un brutal. Un jour, le maître le frappait sans pitié de son bâton. « Maître, lui dit Épictète, je vous avertis que si vous continuez ainsi, vous me casserez la jambe, et votre esclave perdra de sa valeur. » — Le brutal frappa plus fort, et l'os atteint craqua. Avec une sublime résignation, pour tout reproche, l'esclave dit : « Je vous l'avais bien annoncé que vous me casseriez la jambe ! »

Je reviens à l'âne chargé au delà de ses forces. S'il avait la parole, certainement il s'exprimerait ainsi, à l'imitation du sage. « Maître, je vous le dis très-humblement, la charge que vous me mettez m'accable et je ne pourrai la porter. » — Mais, l'homme continue sans ménagement d'augmenter le fardeau. Enfin les reins de la bête fléchissent sous le faix : l'âne incline la tête d'abord, abaisse les oreilles et puis se couche. C'est sa manière à lui de dire : « Je vous l'avais bien annoncé que je ne pourrais porter si lourd fardeau. » — Qui n'est pas un rustre se hâte d'alléger la charge sans rouer l'animal de coups, et l'âne se relève quand le faix est en rapport avec ses forces.

JULES. — En le frappant, on ne lui donnera pas la vigueur qui lui manque.

PAUL. — Et de plus on fera d'une bête docile une bête opiniâtre, à mauvais vouloir. Dans la première jeunesse, en effet, alors qu'il ne connaît pas encore les duretés de la vie, l'âne est gai, folâtre, plein de gentillesse; mais avec la triste expérience de l'âge, l'écrasante fatigue et les mauvais traitements, il devient indocile, lent, têtu, vindicatif. Mais aussi n'est-ce pas notre faute ! Combien d'offenses la malheureuse bête n'a-t-elle pas à venger, et quel fonds de bonnes qualités ne lui faut-il pas pour demeurer ce que nous le voyons ! Si l'âne gardait rancune des coups reçus, son maître lui serait odieux, et il le poursuivrait sans cesse de la dent et du pied. Tout au contraire, il s'attache à lui, il le flaire de loin, il le distingue de tous les autres hommes et sait au besoin le retrouver au milieu du tumulte d'une foire ou d'un marché.

Avec une nourriture passable et surtout de bons procédés, l'âne devient le compagnon le plus soumis, le plus fidèle, le plus affectueux. Qu'on lui mette la selle, le harnais d'attelage, le bât, les hottes, les crochets, les paniers, il ne se refuse à aucun travail. S'il y a de quoi, il mange ; s'il n'y a rien, il broute les chardons du bord du chemin ; si les chardons manquent, il jeûne, sans que l'abstinence puisse troubler un instant sa bonne volonté. C'est la bête philosophe, non humiliée du bât du pauvre, non enorgueillie de la housse élégante du riche, et n'ayant d'autre souci que de faire partout et toujours son devoir.

L'âne a les yeux bons, l'odorat admirable, l'oreille excellente. De la finesse d'ouïe et de la longueur de ses oreilles, on conclut que l'âne est timide. Cette conclusion, je la partage volontiers, l'âne n'ayant jamais fait parler de lui sous le rapport de prouesses d'audace. D'ailleurs la finesse de l'ouïe et la longueur des oreilles lui sont communes avec beaucoup d'autres animaux qui n'excellent pas par le courage. Témoins le lièvre et le lapin, mieux doués encore que l'âne en dévelopement d'oreilles. Leur faiblesse, leur manque de moyens de défense, les exposent à mille dangers et les font vivre dans des transes continuelles. Pour être avertis à temps du péril et s'y soustraire par une prompte fuite, leur meilleure ressource est l'excellence de l'ouïe, que favorise l'ampleur exagérée des cornets auditifs, mobiles dans tous les sens afin de percevoir les sons suivant toutes les directions.

De ce que l'âne porte les longues oreilles caractéristiques de la timidité, en ferons-nous un poltron ! Nous aurions tort, car, s'il ne cherche pas le danger, du moins il sait y faire face quand il ne peut recourir aux moyens pacifiques de salut. Le cheval est belliqueux, l'âne préfère les douceurs de la paix et n'a recours à la bataille que lorsqu'il lui est impossible de faire autrement ; mais alors son courage s'élève à la hauteur du péril. Si, dans l'état de liberté, il est surpris par un assaillant, il se hâte de rejoindre ses compagnons de pâturage ; et tous, se groupan d'après la tactique de guerre du cheval, se mettent à ruer et à mordre avec une telle fougue, que l'ennemi décampe au plus vite, la mâchoire brisée d'un coup de pied.

JULES. — Après un tel exploit, qu'on ne vienne pas me dire que l'âne est un poltron.

ÉMILE. — Je m'imagine qu'ayant mis en fuite l'ennemi, les ânes ne manquent pas d'entonner en chœur un chant de victoire.

PAUL. — Il n'est pas douteux que, pour se féciliter mutuellement et célébrer leur exploit, les ânes ne donnent alors quelques vigoureux coups de clairon comme ils savent en donner. Le cheval hennit et l'âne brait, ce qui se fait par un grand cri, très-prolongé, très-désagréable et composé d'une suites de dissonances alternatives de l'aigu au grave et du grave à l'aigu.

ÉMILE. — De plus, les derniers coups de gosier sont plus rauques et vont en mourant.

PAUL. — Je vois qu'Émile connaît à fond la voix de l'âne ; passons à d'autres détails de mœurs. De tout temps, on a fait à l'âne la réputation d'un sot : son nom est synonyme de la stupidité. Il existe tout un vocabulaire d'injures à son adrese, et ces injures font presque toujours allusion à la sottise. On l'appelle baudet, bourrique, grison, roussin, aliboron, que sais-je enfin ; et pour achever de diffamer l'animal, on coiffe l'écolier ignare du bonnet à oreilles d'âne. Jamais calomnie n'a été plus flagrante. L'âne un sot ! Allons donc ! N'est-ce pas lui qui, par une prudence digne d'être imitée, se refuse à boire aux sourres inconnues ; n'est-ce pas lui qui, perdu dans la foule d'un marché, sait retrouver son maître presque aussi facilement que le chien et se met à braire de joie en le revoyant ? Mais il y a mieux en faveur de son intelligence. Considérez sur une grande route le long attelage d'un roulier. Il y a là quatre, six, huit chevaux, tirant vaillamment l'énorme charge. Entre les deux brancards, posté de la plus grande fatigue, est le massif limonier; et à la tête de l'attelage, marche fièrement un âne, harnaché à la légère. Que fait-il, lui si petit, en tête de ces robustes compagnons? D'abord il tire avec ardeur, autant que ses forces le lui permettent, et puis il a une fonction plus importante à remplir. C'est à lui de guider l'équipage et de le maintenir sur le milieu de la route; c'est à lui d'éviter les ornières, de contourner les passages difficiles et de choisir les meilleurs endroits. Tandis que les lourds chevaux travaillent seulement des épaules pour tirer le fardeau, l'âne, pour conduire la marche, travaille en même temps de la tête. Ce poste d'honneur, ce poste de chef de file lui serait-il confié s'il n'était reconnu le plus intelligent de l'attelage?

Je voudrais vous montrer encore l'âne voyageant dans les pays de montagnes, en compagnie de chevaux ou de mulets. C'est lui qui dirige la bande, enseignant aux autres les détours à prendre pour se tirer d'affaire en un passage dangereux. Si le sentier devient trop mauvais, l'âne prévoit le péril avec une sagacité étonnante; il s'écarte un moment de la voie tracée, contourne le point difficile par un crochet habilement calculé et reprend plus loin l'habituel chemin. Tel mulet, tel cheval qui dédaigne de se conformer aux intelligentes indications de l'âne, court risque de s'engager dans quelque pas difficile, d'où l'on aura toutes les peines du monde à le tirer.

JULES. — A ce que je vois, l'âne est encore plus intelligent que le cheval, puisqu'il lui sert de guide.

PAUL. — C'est aussi mon avis, malgré la réputation de stupidité qu'on lui a faite, je ne sais pourquoi. L'âne marche, trotte et galope comme le cheval, mais tous ses mouvements sont petits et beaucoup plus lents. Quoiqu'il puisse d'abord courir avec assez de vitesse, il ne peut fournir qu'une petite carrière et pendant un petit espace de temps. Quelque allure qu'il prenne, si on le presse, il est bientôt rendu. Il convient surtout pour les pays de montagnes. Ses sabots durs et petits lui permettent de marcher avec la plus grande facilité sur les sentiers pierreux ; son allure prudente, son pas ferme et circonspect lui donnent accès dans les lieux escarpés et sur les pentes les plus rapides. Où le cheval ne pourrait aller sans se casser les jambes au milieu des rochers ou se laisser rouler dans quelque précipice, lui va toujours, de son petit pas tranquille et circonspect.

L'âne est très-robuste. A taille égale, c'est peut-être celui de tous les animaux qui peut porter la plus grande charge ; mais comme il est petit de corps, le fardeau qu'on lui impose ne doit pas excéder de modestes limites. Quel précieux serviteur n'aurait-on pas alors avec un animal qui joindrait, aux qualités de l'âne, les puissantes dimensions du cheval ! Telle créature n'existe pas dans l'ordre naturel, mais l'homme a su l'obtenir par l'intervention de son art.

L'espèce du cheval et l'espèce de l'âne sont rigoureusement distinctes et ne s'allient jamais dans l'état de liberté. Néanmoins, comme elles sont très-voisines l'une de l'autre, ainsi que le prouve leur étroite ressemblance de formes, l'alliance entre elles est possible si elles est provoquée par nos soins. De cette union contre nature résulte le *mulet*, dont le père est l'âne et la mère la jument. Le mulet n'est donc pas une espèce animale particulière, ayant son existence propre ; ce n'est pas un âne, ce n'est pas un cheval, mais une créature bâtarde, intermédiaire entre les deux. A son père l'âne, il doit une grosse tête, des oreilles longues, des sabots étroits et durs, une peau épaisse, un pelage rude, généralement obscur et parfois orné de la double raie noire figurant une croix sur le dos. Il lui doit aussi la sobriété, la ténacité au travail, le tempérament robuste, la sûreté du pied si précieuse dans les pays de montagnes. Par sa mère la jument, il a du cheval la taille puissante, l'allure vive, les formes dégagées. Sa rusticité, sa force, sa sobriété, sa résistance aux plus dures fatigues, son indifférence aux fortes chaleurs, en font un animal des plus utiles, surtout dans les climats brûlants où règnent de longues sécheresses.

TABLE DES MATIÈRES.

FIN DE LA TABLE.

ABBEVILLE. — TYP. ET STÉR. GUSTAVE RETAUX.